A Student's Guide to Newton's Laws of Motion

Newton의 운동법칙

Sanjoy Mahajan 지음

최준곤 옮김

學山 도서출판 학산미디어

A Student's Guide to Newton's Law of Motion

A Student's Guide to Newton's Laws of Motion

Newton의 운동법칙

지은이: Sanjoy Mahajan

Sanjoy Mahajan의 Massachusettes Institute of Technology의 수학과의 연구교수이며 Jameel World Education Lab의 J-WEL의 연구원이다. University of Oxford에서 수학을 공부하고, California Institute of Technology에서 물리학을 공부한 후 African Institute for Mathematical Sciences, University of Cambridge를 포함하여 여러 나라에서 물리학, 수학과 공학을 가르쳤다. 그는 The Art of Insight in Science and Engineering(MIT Press)와 Street-Fighting Mathematics(MIT Press)의 저자이기도 하다.

옮긴이: 최준곤(chay@korea.ac.kr)

1984년 서울대학교 물리학과 졸업
1986년 Harvard University 물리학 석사
1990년 Harvard University 입자물리학 이론 박사
1990-1992 University of Washington 박사후 연구원
1992-현재 고려대학교 물리학과 교수
"양자역학 3판[David J. Griffiths, Darrell F. Schroeter 지음] 최준곤 옮김 텍스트북스"
"수리물리학 3판[Mary L. Boas 지음] 최준곤 옮김 한티에듀" 등을 번역하였다.

Newton의 운동법칙

발행일 | 2022년 1월 20일
저 자 | Sanjoy Mahajan
역 자 | 최준곤 번역
발행인 | 문정임
발행처 | 학산미디어
기 획 | 이덕선
표 지 | 장진희
편 집 | 장진희
주 소 | 서울특별시 노원구 동일로245가길 41
전 화 | 02-935-0670 / 010-3223-7340
팩 스 | 02-932-0670
이메일 | sorgento2000@hanmail.net
등록번호 | 제 25100-2011-000001호
ISBN | 979-11-85294-35-3 (03400)
정 가 | 20,000원

Newton의 운동법칙에 대한 지침서

힘을 도입하고, 힘이 어떻게 운동에 영향을 끼치는지 설명하는 Newton의 운동법칙은 물리학의 관문이다. 그러나 미묘한 부분이 많기 때문에 종종 오해하고 있다. 필자가 이십 년 동안 물리학과 공학을 강의한 경험을 기초로 하여 만든 이 Newton의 운동법칙에 대한 직관적인 지침서는 이 기본적인 주제에 대한 많은 오류를 고쳐준다. 일상적이고, 교육적인 접근과 분명하고, 다가가기 쉬운 방법을 택한 이 간단한 교재에서는 Newton의 법칙을 힘과 운동에 대한 일관성있는 이야기로 들려준다. 조심스럽게 구성한 일상적인 예제, 그리고 개념과 방정식에 대한 완전한 설명을 통해 물리학을 공부하는 모든 학생이 Newton의 운동법칙을 깊게 이해하는 데 도움을 줄 것이라고 확신한다.

Sanjoy Mahajan는 Massachusettes Institute of Technology의 수학과의 연구교수이며 Jameel World Education Lab의 J−WEL의 연구원이다. University of Oxford에서 수학을 공부하고, California Institute of Technology에서 물리학을 공부한 후 African Institute for Mathematical Sciences, University of Cambridge를 포함하여 여러 나라에서 물리학, 수학과 공학을 가르쳤다. 그는 The Art of Insight in Science and Engineering(MIT Press)와 Street−Fighting Mathematics(MIT Press)의 저자이기도 하다.

Newton의 매혹적인 운동법칙을

이해하는 여정을 시작하게 한 업적을 세운

London의 Brunet 대학교 물리학과와 물리교육과의 교수인

John William Warren(1923–2016)에게 바칩니다.

서문

거의 모든 과학과 공학의 기초가 되는 Newton의 세 법칙은 인류 문화의 큰 업적 중의 하나이다. 이것을 이용하여 자연계와 인간이 만들어낸 세계에서 물체의 움직임을 설명하고, 예측하고 계획한다. 그러려면 힘이 어떻게 운동에 영향을 끼치는지 알아야 하는데, 이것은 Newton의 제2법칙에 담겨 있다. 이 책의 궁극적인 목표는 이 법칙을 잘 사용할 수 있도록 하는 것이다. 하지만 먼저 이 법칙이 언제 성립하는지 알아야 하는데, 이는 Newton의 제1법칙에 들어있다. 그리고 제1법칙을 이해하려면 Newton의 제3법칙에 있는 상호작용이라는 개념을 먼저 알아야 한다.

따라서 다음과 같은 순서로 세 법칙을 접하게 될 것이다. (1) 상호작용을 도입하는 제3법칙, (2) 제2법칙을 언제 사용할 수 있는지 설명하는 제1법칙, (3) 그리고 마지막으로 힘이 무엇을 하는지 기술하는 제2법칙이다.

그러나 힘의 효과(제2법칙)나 상호작용(제3법칙)의 개념을 공부하기 전에 힘이 무엇인지 알아야 할 필요가 있지 않을까? 아무도 이 질문에 완전히 대답한 적은 없다. 다행히도 이 철학적인 어려운 문제에 대한 해답이 없어도 Newton의 법칙을 이해하고 사용할 수 있다. 힘에 대해 알 필요가 있는 것은 단지 힘은 밀거나 잡아당긴다는 것이다. 따라서 힘은 세기가 있고, 공식적으로는 크기와 방향이 있는 것으로 알려져 있다. 수학적으로 힘은 벡터이다.

이제 Newton 법칙에 대한 준비가 되었다. 이를 배우는 데 도움을 주기 위해 이 책을 통해 세 가지 형태의 질문을 집어넣었다. 오른쪽으로 향하는 삼각형(▶)을 붙인 질문은 저자가 독자에게 질문하는 것이다. 이 질문은 Newton 법칙에 대한 일대일 해설에서 저자가 질문하는 것이다. 왼쪽으로 향하는 삼각형(◀)을 붙인 질문은 독자가 저자에게 하는 것이다. 이 질문은 학생들이 질문해왔거나 질문해야 할 것들이다. 두 형태의 삼각형이 있는 질문, 특히 저자로부터 독자로 향하는 질문(▶)에 대해서는 저자가 설명하기 전에 답하려고 노력해야 한다. 이 방법으로 Newton의 법칙을 더 빨리 배울 것이다. (저자의 설명이 길고, 답 자체를 놓치기 쉬울 때는 어느 삼각형 질문의 답인지 표시할 것이다.)

세 번째 형태의 질문은 각 장의 끝부분에 있는 문제이다. 전형적인 숙제 문제와 같이 이 질문에서 (이전 장을 포함해서) 지금까지 배운 개념을 적용하는 방법을 물어본다. 그 답은 온라인에서 찾을 수 있다. 삼각형 문제와 마찬가지로 저자의 답을 보기 전에 직접 풀어보기를 권하지만, 저자의 답을 예제로 사용하기 바란다. 이것이 배우는 가장 효과적인 방법 중의 하나이다[20].

Newton의 법칙은 미묘하다. 저자는 이 법칙을 지난 30여년 간 공부했고, 20여년 동안 가르쳐왔다. 이제서야 그 많은 미묘한 점을 이해하게 되었다. 이 책은 저자가 수십년 간 배운 것을 몇 주 동안 배우도록 도움을 줄 것이다. 이것은 물리학자 Edwin Jaynes가 기술한 교육목적을 완성하고자 하는 시도이다. 그의 방법은 "교사가 2년에 배운 것을 학생은 1년에 배울 수 있게" 하는 사고방식을 도입한다는 것이다[10]. 그리고 여러분은 할 수 있다. 저자는 여러 우회로를 지나갔고, 기호를 다루는 것과 수식에서 심각한 오해를 했었으며, 많은 개념의 함정에 빠졌었다. 이 함정은 부분적으로는 물리교육자 J. W. Warren이 "접근방법의 놀라운 혼동"으로 언급한 함정이다[25, 45쪽]. 여러 장에서 이 매력적인 분야의 핵심에 빠르게, 직접적으로 다가가는 여행을 떠날 것이다.

이제 가보자!

역자 서문

물리학이나 공학을 공부하는 학생들에게 고전역학은 과학적인 사고방식을 배우는 첫 번째 관문이다. 과학적 사고방식이란 문제가 주어졌을 때 이 문제에서 중요한 부분이 무엇인지 이해하고, 이를 바탕으로 어떻게 논리적으로 사고방식을 전개하여 문제를 푸는 방법을 익히는 것이다. 과학적 사고방식을 배우는 기본적인 방법은 고전역학에서 Newton의 법칙으로 시작한다.

그러나 학생들은 Newton의 법칙을 적용할 때 문제에 따라 어떻게 생각하는 것이 적절한지 어렵게 느낄 때가 많고, 가끔은 잘못된 개념을 이용하여 문제를 엉뚱하게 풀 수도 있다. 이 책의 저자는 Newton의 법칙이 나온 근거와, 이를 이용하여 어떻게 올바른 개념을 적용하는지, 그리고 잘못된 개념을 어떻게 고쳐야하는지 여러 예제를 통하여 자세하게 설명하고 있다. 이 책은 실제 강의시간에서 사용하는 교재로는 적절하지 않지만, 보충교재나 혹은 과학적인 사고방식을 배우고 싶은 독자는 천천히 읽어 보면 많은 도움을 얻게 될 것이다. 강의시간에 머리 속에 떠오르는 질문, 강의시간에 차마 질문하지 못할 어리석은 것 같은 문제를 잘 선택하여 학생의 입장에서 친절하게 설명하였다. 한편 물리학자가 물리학에 대해 설명할 때 나타나는 특이한 유머도 흥미있다.

이 책을 읽으면서 분석적으로 생각하는 마음, 논리적으로 문제를 이해하는 방법을 통해 과학적인 사고방식을 익히며, 과학에 대한 사랑이 싹트기를 기대한다.

2021년 12월 14일

최 준곤

감사의 글

여러분에게 받은 도움에 대해 감사드린다. 이 책의 조판을 도와준 Wolfgang Schuster, Mikael Sundqvist와 Hans Hagen은 책을 쓰는 동안 귀한 조언을 해주었다. Asymptote 개발자들은 과학적인 그림을 만드는 강력하고 즐거운 도구를 제공해주었다. Olin 대학에서 교수개발프로그램에서는 저서 연구비를 제공하였고, Vincent Manno는 적절한 시간에 개발할 수 있는 기간을 배정하였다. Deborah Beers-Jones는 필자에게 피아노를 가르쳐주며 어떻게 강의하는지 가르쳐주었다. Dave Pritchard는 여러 해 동안 Newton의 법칙을 가르치는 것에 대한 현명한 지식을 공유했다. Steve Holt와 Dan Fleisch는 책 전체에 대한 통찰력있는 지적을 해주었다. Joshua Roth도 모든 페이지의 내용을 개선해주었다. Cambridge University Press의 Simon Capelin, Nick Gibbons와 Roisin Munnelly는 책을 쓰는 동안 소중한 지도를 해주었고, John King은 마지막 원고를 전문가의 기술을 적용해 편집하였다. 나의 역학 강의를 들었던 학생들이 많은 혼동스러운 부분을 분명하게 하는 데 도움을 주었다. MIT의 The Art of Insights 그룹의 Sheryl Barnes, Dave Darmofal, Denny Freeman, Woody Flowers, Warren Hoburg, Sanjay Sarma와 Gerry Sussman은 물리학과 공학을 강의하는 것에 대해 다시 생각하게 하는 고무적인 토론회를 조직하였다. Arthur Eisenkraft는 물리학의 매력에 눈뜨게 하였다. Understanding Force[25]와 다른 책을 쓴 J. W. Warrren은 Newton의 법칙을 이해하는 길에 들어서게 하였다. 이 목록의 끝에 있지만, 내 인생에서는 처음인 Juliet은 내가 작가가 되도록 격려하였다.

차례

01

Newton의 제3법칙: 힘은 상호작용이다

Newton의 세 가지 법칙 중 가장 중요하지만, 한편으로 가장 오해하고 있는 것이 제3법칙이다. 왜냐하면 이 법칙에서 상호작용의 개념이 도입되기 때문이다. 이 개념이 없이는 상호작용을 제거해야 하는 Newton의 제1법칙(3장)은 의미가 없다. 그리고 제1법칙 없이 언제 역학의 핵심인 Newton의 제2법칙(4장)을 사용할 수 있는지 알 수 없다. 상호작용이 없으면 물리학이란 영역은 사라지게 된다!

필자와 마찬가지로 독자는 제3법칙을 “모든 작용에 대해 항상 같은 크기이고, 방향은 반대인 반작용이 있다”는 작용–반작용의 형태로 들었거나 배웠을 것이다. 필자에게는 20년 동안 이 형태가 혼동스러웠고, 아마 독자들도 그럴지 모른다. 여기에 물리교육자 Cornellis Hellingman이 제안한 것에 영감을 받아 더 분명한 형태를 쓰겠다.

Newton의 제3법칙 힘은 두 물체 A와 B 사이의 상호작용의 한쪽 부분이다. 상호작용은 A에서 B로, B에서 A로 향하는 두 개의 반대 방향으로 같은 세기로 작용한다.

이 상호작용의 형태로 인해 힘을 접할 때는 언제나 이 힘에 속하는 상호작용을 찾게 되고, 따라서 두 상호작용하는 물체를 찾게 된다.

같은 법칙을 수학적으로 표현할 수 있다. 만일 두 물체 A와 B가 있고 한 힘이 $\mathbf{F}_{\mathrm{A\,on\,B}}$이다. 즉 물체 A가 상호작용에 의해 물체 B에 작용하는 힘이다. 더 간단히 말하면 A가 B에 작용하는 힘이다. 다른 힘은 $\mathbf{F}_{\mathrm{B\,on\,A}}$이다. 이 힘은 물체 A에 상호작용하여 물제 B에 작용하는 힘이다. 즉 B가 A에 작용하는 힘이다. **F**로 굵은 글자로 쓴 것은 **F**가 벡터라는 것을 표시한 것이다. 즉 이 양은 크기와 방향이 있다. (손으로 쓸 때 굵은 글자를 사용하기 힘들면 이탤릭체로 쓰고 위에 화살표를 붙여 $\vec{F}$로 쓸 것이다.) Newton의 제3법칙은 다음과 같이 쓸 수 있다.

$$\mathbf{F}_{\mathrm{A\ on\ B}} = -\mathbf{F}_{\mathrm{B\ on\ A}}. \tag{1.1}$$

−1을 곱하는 것을 뜻하는 마이너스 부호로 인해 두 힘은 크기가 같고 방향이 반대임을 나타내었다. 국제표준단위계(SI 계)에서 그 크기는 뉴턴으로 측정한다. 흔히 하는 농담에서 Newton은 이 단위를 전혀 사용하지 않았다. 1.4절에서 다양한 힘의 크기를 알아보면서 이 단위에 대한 감을 잡을 것이다. 그러나 먼저 제3법칙을 어떻게 사용하는지 배울 것이고(1.1절), 힘을 분류하는 방법을 배울 것이며(1.2절) 우리 주위의 세상에서 가장 중요한 힘을 보게 될 것이다(1.3절). 마지막 절에서는(1.5절) 항상 혼동을 불러일으키는 두 개의 익숙한 힘을 피해야 하는 이유를 배울 것이다.

1.1 제3법칙 이용하기

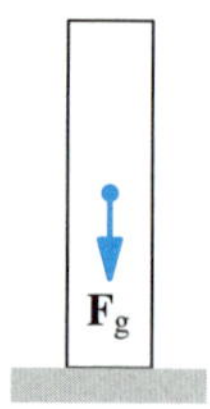

그림 1.1 땅에 서 있기. 땅에 서 있으면 중력 $\mathbf{F}_g$가 아래로 잡아당긴다. $\mathbf{F}_g$에 대응하는 제3법칙의 힘은 무엇인가?

여기 Newton의 제3법칙에 대한 일상적인 예를 들고, 이것이 어떻게 놀라운 세상의 숨겨진 면을 나타내는지 보도록 하자. 상황은 다음과 같다. 땅 위에 서 있으면 지구는 사람을 중력 $\mathbf{F}_g$로 잡아당긴다. (그림 1.1) 몸 속에 있는 각각의 입자를 잡아당기지만, 이 분포되어 있는 힘은 대부분의 경우 질량중심에 작용하는 하나의 힘과 동등하다. (문제 5.8에서 이 동등함이 성립하지 않는 경우를 보게 될 것이다.)

이제 삼각형으로 표시한 다음 질문을 대답해보자. (vii쪽에 있는) 서문에서 말했듯이 오른쪽으로 향하는 삼각형은 Newton 법칙에 대한 일대일 지침서에서 저자가 독자에게 묻는 질문을 나타낸다. 비록 개인적인 형태로 써있지는 않지만 이 질문에 대해 답하려고 시도하기 바란다. 그리고 시도한 답을 뒤에 나오는 완전한 설명과 비교해보아라.

▶ 중력에 대한 제3법칙에서 대응되는 힘은 무엇인가?

대부분의 학생과 많은 교사들은 이 질문에 대해 잘못 대답한다. (예를 들어 Hellingman의 연구[7]와 Terry와 Jones의 연구[24]를 참조하여라.) 필자는 학생일 때, 그리고 교수로 지낸 여러 해 동안 "땅이 나에게 작용하는 위로 향하는 힘"이라고 대답하는 많은 사람 중의 한 사람일 것이다. 왜냐하면 Newton의 제3법칙의 작용–반작용의 형태를 사용하여 다음과 같이 추론할 것이기 때문이다. 중력은 땅으로 잡아당기므로 땅으로 잡아당기는 힘이 작용이어야 한다. 땅이 다음과 같이 불평할 것이다. "잠깐! 세상의 무게가 나를 누르더라도 나는 여전히 딱딱한 물체이다. 따라서 나를 지나가지 못한다!" 자신을 방어하기 위해 땅은 사람을 위로 밀어올릴 것이다. 이러한 위로 향하는 힘이 반작용임에 틀림없다. 따라서 이 힘은 중력과 정확하게 크기가 같다. (이 결론은 땅에서 위로 향하는 어떤 힘도 "반작용 힘"이라고 부르는 영어권 국가에서는 거의 피할 수 없는 것이다.)

이 결론이 맞더라도 그 추론은 틀렸다. 이것이 맞는 것과 틀린 것이 섞인 최악의 경우이다. 왜냐하면 결론이 맞다는 것이 추론의 기본적인 실수를 가리기 때문이다. 결과가 과정을 정당화하는 시대에서 맞다는 것이 충분한 정당화가 되는 것처럼 보인다. 그러나 다른 많은 경우에서 같은 추론을 하면 땅에서 위로 향하는 힘에 대한 틀린 결론을 얻게 된다. 예를 들어 어떤 사람이 당신을 아래로 밀 때, 뛰어오른 후 바닥에 내려올 때, 혹은 가속되는 엘리베이터 안에 서있을 때 그렇다.

다행스럽게도 Newton의 제3법칙에 대한 상호작용의 형태를 사용하면 이러한 함정에 빠지지 않는다. 그것은 다음과 같은 과정을 통해 얻는다.

1. 어떤 두 물체가 상호작용하여 주어진 힘을 만드는지 결정한다. 여기서 주어진 힘이란 사람에게 작용하는 중력이다. 그러므로 상호작용하는 두 물체는 사람과 지구이다.
2. 상호작용을 분류한다. 1.2.1절에서 곧 배우겠지만, 중력 상호작용과 전자기적 상호작용 중에 하나를 선택한다. 여기서 상호작용은 중력이다.
3. 주어진 힘을 이 상호작용의 한 부분으로 기술한다. 말로 하면 당신에게 지구가 중력을 작용한다. 기호로 표현하면 $\mathbf{F}_{\text{earth on you}}$이다.
4. 제3법칙의 대응되는 힘을 상호작용의 다른 부분으로 기술한다. 두 물체의 역할을 바꾸기만 하면 된다. 여기서 "지구가 사람에게 작용하는 중력"은 "사람이 지구에 작용하는 중력" $\mathbf{F}_{\text{you on earth}}$이다.
5. 대응되는 힘의 세기와 향하는 방향을 항상 기억하여라. 중력(혹은 다른 어떤 힘)을 구성하는 두 힘은 크기가 같고, 반대 방향이므로($\mathbf{F}_{\text{A on B}} = -\mathbf{F}_{\text{B on A}}$) 사람이 지구에 작용하는 중력은 지구가 사람에게 작용하는 힘과 크기가 같고, 방향은 반대 방향이다.

따라서 중력 상호작용을 통해 사람은 지구를 위로 잡아당긴다. 필자는 제3법칙을 적용하여 알게 된 이 숨겨진 힘에 놀란다. 어떻게 일개 한 사람이 거대한 지구를 잡아당길 수 있다는 것을 생각할 수 있겠는가? 위의 삼각형 질문에 대한 이 긴 대답을 요약하면 다음과 같다. (1) 힘은 상호작용이다. (2) 사람에게 작용하는 중력에 대한 제3법칙에 의한 대응되는 힘은 $\mathbf{F}_{\text{you on earth}}$이고, 이 힘은 사람으로부터 지구에 작용하는 중력이다. 대응되는 힘은 $\mathbf{F}_{\text{ground on earth}}$가 아니다. 이 힘은 전혀 다른 상호작용이다.

상호작용이야말로 제3법칙에 대한 Newton 자신의 견해이다. [2, 568−569쪽]

> 모든 작용은 상호적이다... 이것은 태양이 목성을 잡아당기는 한 작용도 아니고 목성이 태양을 잡아당기는 작용도 아니다. 그러나 (운동의 제3법칙에 의해) 태양과 목성이 서로 가까이 다가오려는 하나의 작용이다.

인과관계에 대한 잘못된 해석을 쉽게 불러일으키는 "작용−반작용"보다는 "상호작용"이 제3법칙의 핵심이다. 그 차이는 아래에 있는 필자와 Massachusetts 주의 Arlington 고등학교에서 여러 해 동안 물리학을 가르친 Joshua Roth와의 대화에서 볼 수 있다. 제3법칙 쌍의 예를 드는 학생은 다음과 같은 인과관계를 제안하였다. "작용: 내가 너의 얼굴을 때린다. 반작용: 네가 나를 때린다." Roth: "아니야! 그건 모세의 법률이고, 아마도 정의일 수 있지만, Newton의 제3법칙은 아니야. 작용: 네가 내 얼굴을 때린다. Newton의 법칙에 의한 반작용: 네 손목이 부러진다." 혹은 "건드림을 당하지 않고 건드릴 수 없다." [8, 81쪽]

1.2 힘을 분류하기

힘은 Newton 영화의 주인공이다. 힘에 대한 어휘력을 높이면 그 대본을 더 잘 이해할 수 있다. 그러므로 다음으로 힘을 분류하는 세 가지 방법을 논의할 것이다. 네 가지 기본 상호작용 중의 하나로서(1.2.1절), 능동적, 혹은 수동적인 힘으로(1.2.2절), 그리고 짧은 영역 혹은 긴 영역의 힘(1.2.3절)으로 구분할 것이다.

이와 같이 보기에 따분한 분류과정을 하다 보면 왼쪽을 향하는 삼각형으로 표시한 다음의 질문을 하게 될 것이다. 서문에서 말했듯이 이 삼각형은 학생이 필자에게 묻거나, 물어야 하는 질문을 표시한다. 답을 약간 찔러보고, 그 이후에 나오는 모든 설명과 당신의 답을 비교하여라.

◀ 힘을 분류하기 위해 왜 이런 노력을 기울여야 하는가?

필자가 피아노를 배우는 것과 비유를 해보겠다. Händel의 G 장조 춤곡(그림 1.2)의 마지막 악보의 어려운 구절을 배울 수 없었다. 선생님은 이 악보를 연주하고, 생각해보는 여러 방법을 보여주었다. 왼손의 음표를 연결하여 음표의 집합(화음)으로 만들면서 오른손으로 선율을 연주하고, 한편으로는 오른손의 음표를 연결하고, 왼손으로 선율을 연주하거나, 왼손으로 연주하는 동안 오른손의 선율을 노래로 불러보는 것 등이었다. 이러한 방법을 시도해본 후 이 악보가 이해가 되었고, 써있는대로 연주할 수 있었다. 독자는 물리학에서 통과하기 가장 어려운 부분인 힘에 대한 개념을 연주하고 있으므로, 힘에 대해 생각할 수 있는 모든 방법으로부터 도움을 받고 위안을 찾기 바란다!

그림 1.2 Händel의 G 장조 춤곡(HWV 491) 악보의 마지막 줄. 오른손으로는 윗단을 연주하고, 아랫단에 있는 음표는 왼손으로 연주한다.

1.2.1 자연계의 네 가지 상호작용

과학에서 현재까지 알고 있는 자연계에는 네 형태의 상호작용이 있고, 따라서 네 종류의 힘이 있다.

1. **중력 상호작용.** 이 상호작용은 우주의 어느 곳에서든 어떤 두 물체 사이에서도 작용한다.
2. **전자기적 상호작용.** 이 상호작용은 전하를 띤 물체 사이에서만 작용한다. 여기에는 두 전하 사이의 정전기적 상호작용과 (자석을 포함한) 움직이는 전하 사이의 자기적 상호작용이 있다.
3. **강한 핵상호작용.** 이 상호작용은 양성자와 중성자를 구성하는 쿼크 사이에서 작용하며, 이들을 붙들어 놓는다.
4. **약한 핵상호작용.** 이 상호작용은 양성자, 중성자, 전자 사이에서 작용하고, 양성자를 중성자로, 혹은 그 반대로 변환시킬 수 있다. 이로 인해 방사성 붕괴나 핵분열이 일어난다. 이름이 암시하는대로 강한 핵상호작용보다는 매우 약하다.

마지막 두 상호작용인 강한, 그리고 약한 핵상호작용이 작용하는 범위는 매우 짧아서 약 1 펨토미터(10^{-15} 미터)로 핵의 크기 정도이다. 우리 생활 주변에서는 직접적인 영향이 없다. (그러나 간접적인 영향은 중요하다. 이 상호작용이 없으면 양성자와 중성자가 서로 붙어있지 못하고, 원자가 존재하지 않을 것이다.) 따라서 Newton의 법칙을 배우고 사용할 때에는 이 상호작용을 무시한다.

이렇게 단순화시키고 난 후 모든 상호작용을 분류하면 두 가지 힘이 있다. 중력과 전자기력이다. 그 결과는 다음과 같다.

어떤 힘이 중력도 아니고 전자기적인 힘도 아니라면, 존재하는 힘이 아니다.

중력과 그 상호작용은 우주의 모든 쌍의 물체를 연결하므로 놀랍게도 보편적이다. 이와는 대조적으로 전자기력은 다양하다. 그 중에는 닿아 있는 물체 사이의 접촉력, (예를 들어 물에서 수소와 산소 원자 사이와 같은) 분자 사이의 공유결합, (예를 들어 물 분자와 같은) 극성분자 사이의 수소결합, (예를 들어 소금 내부의 나트륨과 염소 이온과 같이) 고체 내부의 이온결합, (예를 들어 헬륨 원자와 질소 분자와 같이) 비극성 원자나 분자 사이의 Van der Waals 힘이 포함되어 있다.

이렇게 중력, 전자기력, 그 이외는 없는 분류를 하면 흔하고 위험한 오류를 방지할 수 있다.

▶ 한 바퀴 돌고 있는 자동차나 기차 안에 앉아 있는 승객을 상상해보자. 승객에 작용하는 바깥쪽으로 향하는 힘이 있을까? 있다면 무엇이라고 부르는가?

아마 바깥으로 향하는 힘이 있다고 의심할 것이고, 이것을 원심력이라고 부른다고 할 것이다. 필자가 학생이었다면 동의했을 것이다.

그러나 이제 우리 모두 힘과 상호작용을 네 형태 중의 하나로 분류하는 방법을 알고 있다. 그렇다면 소위 원심력이라는 것은 어디에 속하는가? 이것은 강한 혹은 약한 핵상호작용일까? 아니다. 6쪽에서 언급했듯이 일상생활에서 핵력은 나타나지 않는다. 이 힘의 영역은 (핵의 크기 정도로) 매우 짧다. “너무 짧은 영역”이라는 것이 이 힘이 관계가 있는가에 대한 질문에 대해 항상 답이 되므로 이제부터는 핵력에 대해서는 잊어버리도록 하겠다.

바깥쪽 힘은 중력인가? 아니다. 왜냐하면 어떤 행성도 자동차 문 밖에 있어서 승객을 행성 쪽으로 잡아당기지 않기 때문이다. 그렇다면 전자기력인가? 그렇다면 이 힘을 만드는 전하는(혹은 자석이) 어디 있는가? 아마 자동차 문에 있을까? 그러나 자동차 문이 승객을 잡아당기거나 밀어내는 것을 느낀 적이 있는가? 필자는 없다. 문은 승객을 안쪽으로 밀어서 문에서 멀어지도록 할 뿐이다.

그 대신 아마 바깥쪽 힘은 의자 때문일지 모른다. 즉 의자가 승객에게 바깥쪽 힘을 작용한다. 그러나 의자가 어떻게 이렇게 할 수 있는가? 압축되어 찌그러진

부분은 바깥쪽 끝에 있으므로 바깥쪽이 아니라 안쪽으로 승객에 힘을 작용한다. 1.5.1절에서 더 논의하겠지만 여기서 실수는 의자가 승객에 작용하는 힘(안쪽 힘)과 승객이 의자에 작용하는 힘(바깥쪽 힘)을 혼동해서 일어난 것이다.

사실 삼각형 질문에 대답을 하면 어떤 바깥쪽 힘도 승객에 작용하지 않는다는 것이다. 따라서 소위 원심력이란 것은 자연계에 존재하는 네 가지 힘 중 어떤 것에도 속하지 않는다. 그 힘은 존재하지 않는다. (그러면 왜 승객과 자동차는 원궤도를 따라 움직이는가? Newton의 모든 법칙이 들어 있는 이 심오한 질문은 답이 더 길어지므로 7.3.2절에서 자세히 다루겠다.)

규칙을 정하자면 원심력은 말하지도 말아라! 대부분의 규칙처럼 8.1절에서 논의할 예외가 있다. 그때까지는 이 규칙을 지키고, 넓게 퍼진 오해의 근원을 피하고 Newton의 법칙을 올바로 사용하는 기회를 크게 높이도록 하자.

1.2.2 능동적 힘과 수동적 힘

두 번째 힘의 분류는 능동적인 힘과 수동적인 힘이다. 이 분류는 네 종류의 힘으로 분류하는(1.2.1절 참조) 것과는 달리 자연계에 내재되어 있는 것은 아니다. 오히려 이것은 인간이 선택한 것이다.

1. 능동적인 힘은 알려진 중력과 전자기력이고 (사람이든, 너구리든, 곰이든) 움직이는 물체를 의도적으로 밀거나 잡아당긴다. 예를 들어 사람들에게 작용하는 중력과, 사람이 바닥에 정지해있는 무거운 상자를 미는 것 등이다.
2. 이와는 대조적으로 **수동적 힘**은 능동적인 힘에 대응하여 일어나고, 조절된다. 한 예는 사람이 땅에 서 있을 때 땅이 사람에 작용하는 힘이다. (1.1절) 이 힘은 사람에 작용하는 능동적인 힘인 중력이 사람을 땅으로 잡아당기려는 힘에 대응하여 자체적으로 조절된다. 두 번째 예는 무거운 상자가 움직이는 것을 방해하는 마찰력이다. 이 힘은 사람이 상자에 작용하는 능동적인 힘에 반응하여 조절된다. 내가 더 세게 밀면 마찰력의 크기도 커진다. 미는 힘이 충분히 세다면 마찰력은 더이상 이에 맞춰질 수 없고, 상자는 움직이기 시작한다. 이러한 변화를 보면 수동적 힘의 특성은 이 힘은 어떤 한계 안에서만 크기 혹은 방향

을 조절할 수 있다는 것을 알 수 있다.

사람이 만들어낸 이 분류는 꽉 짜여진 것은 아니다. 예를 들어 책을 머리 위에서 잡고 있으면, 책에 작용하는 능동적인 힘은 책에 아래로 작용하는 중력이지만, 사람이 위로 들어올리는 힘은 어떤 종류인가? 사람이 들고 있으므로 능동적인가? 혹은 중력에 따라 얼마나 세게 밀지(큰 책은 더 세게 밀어야 한다) 조절해야 하므로 수동적인가? 필자라면 수동적인 힘이라고 부르겠지만, 어떤 선택을 해도 이러한 분류의 주된 목적을 만족한다. 그리고 (문이나 바닥과 같은) 무생물로부터 나오는 힘을 그냥 지나치지 않도록 한다.

특히 수동적인 힘이 (항상 대부분) 무생물이 만들어낼 때 혼동되는 점은 어떻게 그 크기를 아느냐 하는 것이다. 예를 들어 무거운 상자에 작용하는 마찰력(8쪽)은 상자가 꿈쩍도 하지 않는 것에 신경질난 사람이 더 세게 밀 때에도 어떻게 이 상자가 움직이지 않도록 힘이 조절되는가 하는 것이다. 이 깊은 질문은 세 가지 미묘한 개념을 포함한다. 용수철 힘(1.3.2절), Newton의 제2법칙(2장)과 가속도(6.2절)이다. 따라서 그 답은 이것을 모두 공부한 후 알려줄 것이다.(7.1.6절)

그때까지 수동적인 힘을 만든 주된 이유를 기억하여라. 생물체가 아닌 물체가 작용하는 힘이라는 영역을 만들었다. 이 영역으로 인해 무생물체가 힘을 작용한다는 것을 보여준다. 그러면 이 힘은 놓치기 어렵게 된다.

두 번째 이득은 분류방식으로 인해 힘 사이의 중요한 관계를 알게 된다. 그렇지 않다면 Newton의 제3법칙으로 잘못 이름 붙여질 뻔했다. 땅 위에 사람이 서 있고, 이때 작용이면서, 능동적인 힘인 중력이 사람을 아래로 잡아당기고, 바닥은 사람을 위로 밀어올리는 반작용을 가한다. 1.1절에서 배웠듯이 이 반작용은 제3법칙에 의한 작용에 대응되는 것이 아니다. (이러한 이유로 필자는 제3법칙에서 작용-반작용이란 용어를 사용하는 것을 싫어한다.) 그러나 이 반작용은 수동적인 힘에 대응하여 일어나는 수동적인 힘이다. 한 힘이 다른 힘을 이끌어낼 때 두 힘은 거의 항상 제3법칙의 쌍을 구성할 수 없고, 하나가 능동적인 힘이면 이에 대응하는 수동적인 힘이 생기는 것이다.

1.2.3 긴 영역의 힘과 짧은 영역의 힘

세 번째이자 마지막 분류는 물체 혹은 부피힘으로도 알려진 긴 영역의 힘과, 접촉 혹은 표면힘으로도 알려진 짧은 영역의 힘이다. 중력에 대해서 이러한 분류는 쉽다. 중력은 항상 긴 영역의 힘이다. 중력은 매우 약해서 효과가 있으려면 소행성, 달, 행성과 같이 큰 물체가 있어야 한다.

이와는 대조적으로 상대적으로 센 전자기력은 느낄만한 효과를 나타내기 위해 전하가 많이 있을 필요는 없다. 따라서 전자기력은 짧은 영역의 힘일 수도 있고, 긴 영역의 힘일 수도 있다. 긴 영역의 예는 태양에서 움직이고 있는 전자 때문에 우리 눈동자의 전자에 작용하는 전자기력이다. 이 힘으로 태양을 본다. 다른 예는 지구 중심에서 돌고 있는 전자에 의해 나침반 바늘에 작용하는 힘이다. 반대로 손가락과 펜 사이에 작용하는 힘은 비록 전자기적이기는 하지만 짧은 영역의 힘(접촉힘)이다. 용수철 힘(1.3.2절)에서 배우겠지만 이 접촉힘은 사람 피부 내부에 있는 분자 안의 최외각 전자와 펜의 분자에 있는 최외각 전자 사이의 정전기적인 미는 힘에 의해 생기는 것이다.

이 책에서 전자기학보다는 역학에 초점을 맞출 것이므로 이 책에서 나타나는 모든 전자기력은 짧은 영역의 접촉힘이다. 따라서 중력과 전자기력을 분류하는 것은 긴 영역과 짧은 영역의 힘으로 분류하는 것과 비슷하다.

어떤 분류를 하더라도 힘을 놓치지 말아야 한다. 물체에 작용하는 짧은 영역의 힘은 쉽게 알아챌 수 있다. 각각 접촉한 물체에 의해 생기기 때문이다. 그러나 긴 영역의 힘은 놓치기 쉽다. 눈에 보이지 않으면 머리에도 나타나지 않는다. "이 물체에 긴 영역의 힘도 있는가?"라고 자문해보면 이 힘도 찾아낼 수 있을 것이다.

1.3 중요한 힘

힘이 상호작용(1.1절)에 속한다는 것을 이해하는 것은 힘을 분류하는 것(1.2절)만큼 중요하다. 그러나 분류할 힘이 필요하다. 따라서 다음으로 우리 주위의 세상에 가장 중요한 힘을 볼 것이다. 이 힘으로 Newtons의 법칙을 통해 대부분의 일상 생활의 물체나 천체의 움직임을 설명한다.

1.3.1 중력

중력은 두 가지 다른 형태로 나타난다. 한 가지 형태는 더 유명한 것으로 Newton의 만유인력의 법칙이다. 이 법칙에 의하면 질량 m_1과 질량 m_2 사이의 중력 크기는

$$F = \frac{Gm_1m_2}{r^2} \tag{1.2}$$

이다. 여기서 G는 Newton의 중력상수이고, r은 (점이라고 가정한) 두 질량 사이의 거리이다. 방향을 정하자면 힘은 서로 잡아당겨서 각각의 질량이 서로 잡아당기는 방향이다. (그림 1.3)

힘과 같은 벡터를 지정하려면 크기와 방향을 정해야 한다. 따라서 중력이라고 하지 말아야 한다. 이것은 단지 크기만을 나타낸다. 벡터와 그 크기 사이의 차이를 광적으로 지적하겠다. 이 두 양을 혼동하면 이미 미묘한 주제인 Newton의 법칙을 더 어렵게 만든다. (광신도들도 가끔 실수를 하므로, 이 책에서 그와 같은 실수를 찾으면 알려주기 바란다.)

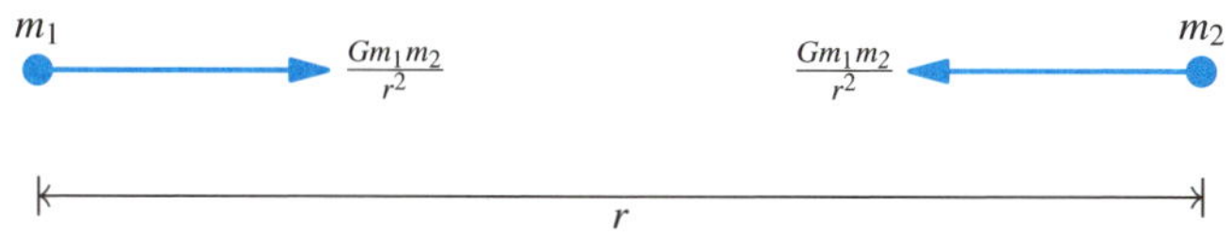

그림 1.3 중력 상호작용. 거리 r만큼 떨어져 있는 두 입자 m_1과 m_2가 중력 상호작용을 받는다. 상호작용에 의한 두 힘의 크기는 Gm_1m_1/r^2이고 서로 반대 방향을 향한다.

물체가 점입자가 아니고 구면 대칭적인 밀도를 갖는 공이라면 (대부분의 행성에 대해서 대충 맞는 말이다) 힘의 법칙 (1.2)는 r이 물체의 중심 사이의 거리라면 여전히 성립한다. (Newton이 미적분학을 만든 한 이유는 이것을 증명하려고 한 것이다.) 다르게 표현하면 구면 대칭적인 물체는 중력 상호작용에 관해서는 모든 질량이 중심에 모여 있는 것처럼 작용한다.

적어도 인류에게 가장 중요한 중력은 태양이 지구에 작용하는 힘이다. 또한 지구의 중력이 각자에게 작용한다고 말할 수도 있다. 그러나 태양으로부터 적당한 거리에 태양이 지구를 잡아두어 지구 표면에서 생명체가 살 수 있도록 적당한 온도로 유지시키지 않았으면 다른 가능성에 대해 논쟁하는 살아있는 사람은 아무도 없을 것이다.

▶ 태양이 지구에 작용하는 중력은 대략 얼마나 클까?

이것을 알아보려면 힘의 법칙 (1.2)에 적당한 값을 대입해보면 된다. Newton의 상수(G)는 대략 7×10^{-11}이고, SI 단위는 복잡하지만 킬로그램당 초의 제곱당 세제곱미터($\mathrm{kg^{-1}m^3s^{-2}}$)이다. 지구의 질량($m_1$)은 대략 6×10^{24} 킬로그램이다. 태양의 질량(m_2)은 거의 정확하게 2×10^{30} 킬로그램이다. 그리고 지구와 태양 사이의 거리(r)은 대략 1.5×10^{11} 미터이다. 따라서 다음을 얻는다.

$$F \approx \frac{\overbrace{7\times10^{-11}\,\mathrm{kg^{-1}\,m^3\,s^{-2}}}^{G}\times\overbrace{6\times10^{24}\,\mathrm{kg}}^{m_1}\times\overbrace{2\times10^{30}\,\mathrm{kg}}^{m_2}}{\underbrace{\left(1.5\times10^{11}\,\mathrm{m}\right)^2}_{r^2}}. \tag{1.3}$$

계산기를 꺼내서 힘 F를 계산하면 소수점 아래 숫자가 많이 나타나고, 세상의 양에 대한 직관과 거리가 있으므로, 그 대신 손으로 F를 대략 평가해보자. 이러한 계산은 가장 중요한 것부터 가장 덜 중요한 순서로 이루어진 세 단계로 이루어진다. 즉 단위, 10의 지수, 그리고 남은 숫자이다. 세 단계를 다시 결합하면 다음과 같이 쓸 수 있다.

$$F = \text{숫자}\times10^{\text{지수}}\ \text{단위}. \tag{1.4}$$

1. 단위. 이 단계를 제일 먼저 적용하는 이유는 잘못된 단위를 쓰면 그 앞에 있는 숫자가 위험할 정도로 틀리기 때문이다. (NASA에서 화성 기후위성이 충돌한 슬픈 사실도 있다.[15]) 여기서 단위 부분은 다음과 같다.

$$\frac{\overbrace{\mathrm{kg^{-1}\,m^3\,s^{-2}}}^{G}\times\overbrace{\mathrm{kg}}^{m_1}\times\overbrace{\mathrm{kg}}^{m_2}}{\underbrace{\mathrm{m}^2}_{r^2}}. \tag{1.5}$$

분자에서 $\mathrm{kg^{-1}}$와 두 개의 kg중 하나가 상쇄된다. 게다가 분모에 있는 $\mathrm{m^2}$은 분자에 있는 $\mathrm{m^3}$ 중 $\mathrm{m^2}$와 상쇄된다. 따라서 다음을 얻는다.

$$\frac{\cancel{\mathrm{kg^{-1}}}\,\mathrm{m}^{\cancel{3}}\,\mathrm{s^{-2}}\times\cancel{\mathrm{kg}}\times\mathrm{kg}}{\cancel{\mathrm{m^2}}} = \underbrace{\mathrm{kg\,m\,s^{-2}}}_{\mathrm{N}}. \tag{1.6}$$

단위를 결합한 kg m s^{-2}는 기본 SI 단위계의 킬로그램, 미터, 초를 사용했을 때 N으로 표시한 뉴턴의 형태로 쓸 수 있다. 1 뉴턴은 킬로그램 미터 초의 제곱이다. (따라서 힘의 차원은 질량 곱하기 길이를 시간의 제곱으로 나눈 양이다.) 이 단위를 정하는 단계 후 힘의 계산은 다음과 같다.

$$F \approx 숫자 \times 10^{지수}\ \text{N}. \tag{1.7}$$

이 단위 계산을 통해 다른 유익한 효과가 있다. G에 대한 복잡한 단위(즉 $kg^{-1}m^3s^{-2}$)로 시작하여 올바른 힘의 단위(즉 뉴턴)로 끝나므로, G에 대한 복잡한 단위를 확인할 수 있다.

2. 10의 지수. 여기서 10의 지수는 다음과 같다.

$$\frac{\overbrace{10^{-11}}^{G} \times \overbrace{10^{24}}^{m_1} \times \overbrace{10^{30}}^{m_2}}{\underbrace{\left(10^{11}\right)^2}_{r^2}}. \tag{1.8}$$

분자에서 10의 지수는 $-11+24+30$, 즉 43이다. 분자를 분모로 나누면 10의 지수는 $43-22$, 즉 21이 된다.

따라서 10의 지수 단계 후 지금까지 한 힘의 계산은

$$F \approx 숫자 \times 10^{22}\ \text{N} \tag{1.9}$$

이다.

3. 숫자(남은 요소). 단위와 10의 지수를 제치고 난 후 다음의 숫자가 남는다.

$$\frac{\overbrace{7}^{G} \times \overbrace{6}^{m_1} \times \overbrace{2}^{m_2}}{\underbrace{1.5^2}_{r^2}}. \tag{1.10}$$

분자의 숫자 6은 분모의 1.5 중 한 개와 결합하면 6/1.5, 즉 4가 된다. 분자의 숫자 7과 2를 분자의 남은 1.5와 결합하면 14/1.5, 즉 거의 10이 된다. 따라서 숫자는 대략 4×10, 즉 40이 된다.

삼각형 질문에 대한 이 긴 답을 요약하면 다음과 같다. 삼 단계를 지난 결과를 보면 중력의 크기는

$$F \approx 40 \times 10^{21}\,\text{N} = 4 \times 10^{22}\,\text{N} \qquad (1.11)$$

이다. 이 힘은 지구에서 태양으로 향한다. (그림 1.4) 지구가 태양에 미치는 힘은 크기는 같지만, 태양에서 지구로 향한다. (*The Art of Insight in Science and Engineering*에서 이와 같은 삼 단계 계산을 볼 수 있을 것이다.[14, 222, 307쪽, 그리고 336–337]

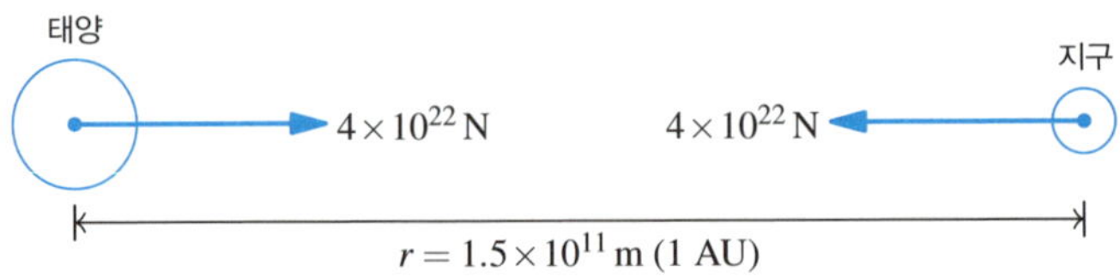

그림 1.4 지구-태양 사이의 중력 상호작용. 두 중력의 크기는 4×10^{22} N으로 같고, 방향은 반대이다. (분리된 거리는 1 천문단위(AU)이고, 그 미터값은 외울 필요가 있다.)

흥미있는 것은 태양의 중력 때문에 지구가 태양 주위를 공전하지만 지구는 이 힘의 방향으로는 절대로 움직이지 않는다는 것이다. (지구는 이 힘에 수직방향으로 움직인다.) 이 예를 통해 힘이 운동 자체를 만들어내지 않는다는 Newton 법칙의 커다란 미묘함을 볼 수 있다. 운동은 힘이 없어도 일어날 수 있다. 7장에서 자세히 다룰 제2법칙의 중요한 메시지는 힘은 운동을 변화시킨다는 것이다.

(1.2)와는 대조적으로 중력의 두 번째 형태에서는 중력가속도로 알려진 (소문자) g로 쓰는 상수를 사용한다. 그 값은 대략 $10\,\text{m/s}^2$이다. 이 형태로 쓰면 질량 m에 작용하는 중력의 크기는

$$F = mg \qquad (1.12)$$

이다. ($m \approx 60\,\text{kg}$인) 사람에 뉴턴의 정의 (1.6)을 사용하면 힘의 크기는 다음과 같다.

$$F \approx 60\,\text{kg} \times 10\,\text{m}\,\text{s}^{-2} = 600\,\text{kg}\,\text{m}\,\text{s}^{-2} = 600\,\text{N}. \qquad (1.13)$$

그림 1.5 지구 표면에 있는 질량 m인 물체. 지구는 그 중심에 질량이 모인 한 점으로 작용한다.

이 두 번째 형태는 새로운 형태로 보인다. 곧 보겠지만 이 표현은 첫 번째 형태를 유용하게 어림한 것인데, 이는 지구 표면이나 그 근처에 있는 물체에만 적용되는 Newton의 만유인력 법칙 (1.2)이다. (그림 1.5) 이 극한에서 (1.2)에 있는 두 물체 사이의 거리 r은 대략 지구의 반지름이다.

$$r \approx R_{\text{earth}} \approx 6.4 \times 10^6\,\text{m}. \tag{1.14}$$

그 이유는 지구의 밀도분포는 (11쪽에서 언급한 경우인) 구면대칭을 이루고 있기 때문이다. 그러므로 지구는 지구 중심의 한 점에 질량이 모여있는 것처럼 중력이 작용한다.

첫 번째 형태 (1.2)에서 거리 r을 R_{earth}로 놓으면 질량 m인 물체에 작용하는 중력의 크기는 다음과 같다.

$$F = \left(\frac{Gm_{\text{earth}}}{R^2_{\text{earth}}}\right)m. \tag{1.15}$$

괄호 안에 있는 양 $Gm_{\text{earth}}/R^2_{\text{earth}}$는 모든 물체에 대해 같으므로, 한 번만 계산하면 된다. 꽤 정확한 값으로 구하면 다음과 같다.

$$\frac{Gm_{\text{earth}}}{R^2_{\text{earth}}} \approx \frac{7\times 10^{-11}\,\text{kg}^{-1}\,\text{m}^3\,\text{s}^{-2} \times 6\times 10^{24}\,\text{kg}}{(6.4\times 10^6\,\text{m})^2} \approx \underbrace{10\,\text{m}\,\text{s}^{-2}}_{g}. \tag{1.16}$$

이 결과가 g이다! (g에 대한 삼단계 평가를 하는 것이 연습문제 1.3의 주제이다.) (1.15)에 있는 괄호 안의 양을 g로 바꾸면, 중력 F는 그 크기가 mg가 된다.

주의: (1.16)에서 계산한 g를 이용한 $F=mg$의 형태는 물체가 지구 표면이나 그 근처에 있어서 $r \approx R_{\text{earth}}$로 어림한 것이 거의 정확할 때만 쓸 수 있다. 왜냐하면 지구 표면으로부터 물체의 거리는 (수 천 킬로미터인) 지구의 크기에 비해 작기 때문이다. 약 10 킬로미터 위인 대기권의 꼭대기에서 g는 해면에서의 값에 비해 0.3 퍼센트 정도만 작다. 대기권 위 지구의 낮은 궤도에서도 g는 해면의 값보다 수 퍼센트 정도만 작을 뿐이다. (이것은 연습문제 1.5에서 보일 것이다.)

물체가 매우 높이 있어서 g의 변화가 매우 크더라도 g를 수정한 값을 사용하면 여전히 $F=mg$의 형태로 쓸 수 있다. 물체의 높이 h가 변하지 않으면 (1.16)에서 R_{earth} 대신 $R_{\text{earth}}+h$로 바꾸어 수정된 g를 구할 수 있다. 예를 들어 (24시간 주기를 갖는) 정지궤도를 도는 인공위성의 고도는 $h \approx 5.6R_{\text{earth}}$이다. 이 높이에서 g는 해면에서의 값보다 6.6^2만큼 작다. 그러나 인공위성의 고도가 $5.6R_{\text{earth}}$로 유지되는 한 이 작은 g 값을 이용해서 $F=mg$를 사용할 수 있다. 다시 지구 위로 돌아와서 (1.12)의 $F=mg$인 형태를 사용하면 뉴턴의 크기를 느끼거나 기억할 수 있는 즐거운 방법을 얻을 수 있다. 출처는 분명하지 않지만 흑사병 때문에 Cambridge를 떠나 영국 시골 정원에 있는 사과나무 밑에서 (아직 많은 것이 풀리지 않았던) 중력의 신비에 대해 고민하며 앉아 있었다고 한다. 사과가 나무에서 그의 머리에서 떨어지면서, Newton은 겉으로 보기에는 매우 다른 사과의 운동과 달의 운동은 한 개의 보편적인 자연법칙으로 설명할 수 있다는 위대한 통찰력을 얻었다고 한다.

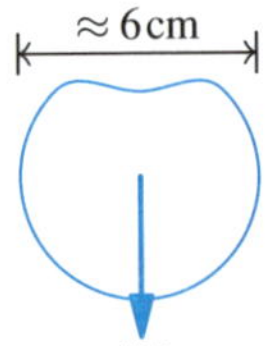

그림 1.6 아마도 Newton에게 떨어졌을지도 모를 작은 사과. 그 질량은 대략 0.1 킬로그램이므로, mg는 대략 1 뉴턴이다.

선택적 번식과 유전공학이 출현했던 Mendel 이전의 Newton 시대에 사과는 작았다. (그림 1.6) 작은 Newton의 사과에 작용하는 중력은 질량이 대략 100 그램, 즉 0.1 킬로그램일 때 그 크기는 대략 1 뉴턴이다.

$$F \approx \underbrace{0.1\,\text{kg}}_{m} \times \underbrace{10\,\text{m}\,\text{s}^{-2}}_{g} = 1\,\text{N}. \tag{1.17}$$

1.3.2 용수철 힘

옛날에 "용수철"이란 단어를 들으면 자전거 의자나 자동차 아래에 있는 승차감을 부드럽게 하는 큰 금속 코일을 연상하였다. 그러나 이와 같은 거시적인 용수철이 작용하는 힘은 미시적인 용수철 상호작용에서 나온다. 이는 원자나 분자 사이에 작용하는 짧은 영역의 전자기적 상호작용이다. 이와 같은 상호작용은 거시적인 용수철 상호작용과 마찬가지로 (용수철이 늘어났을 때는) 잡아당기고, (용수철이

눌렸을 때는) 밀어낸다. 원자(혹은 분자)가 어떻게 이와 같이 잡아당기거나 압축될 수 있는지 보려면 소금인 염화나트륨에 대한 대략적 모형을 예를 들어 생각해보자. 나트륨 원자는 최외각에 있는 한 개의 약하게 속박되어 있는 전자를 쉽게 내줄 수 있다. 이웃에 있는 염소 원자는 이 선물을 쉽게 받아 최외각 전자껍질(기술적으로는 3*p* 껍질)을 완성한다. 이렇게 선물을 주고 받아서 양전하를 띠는 Na^+ 나트륨 이온과 음으로 대전된 염소 이온 Cl^-(염화물이라고도 부른다) 사이의 상호작용을 만들어낸다.

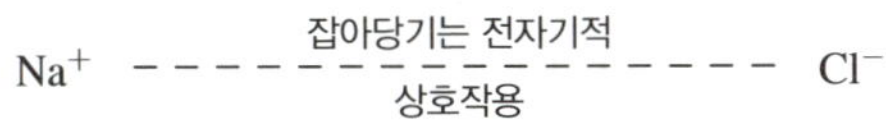

그림 1.7 멀리 떨어진 나트륨 이온과 염소 이온 사이의 인력

이 이온들이 멀리 떨어져 있으면 그림 1.7에 보인 것처럼 서로를 한 개의 양의 전하와 한 개의 음의 전하로 본다. 이 반대 전하 사이의 상호작용은 서로 잡아당긴다. 이것은 마치 이들 사이에 용수철이 있다면 잡아당겨진 것과 같다.

이온이 서로 가까이 있으면 다른 이온의 내부구조인 핵 안에 있는 양전하를 띤 양성자와 핵을 둘러싸고 있는 음전하의 전자를 보게 된다. 이제 가장 강한 상호작용은 가장 가까운 전하 사이에서 일어나는데 이는 전자 구름이다. 이 같은 전하 사이의 전자기적 상호작용은 서로 밀어낸다. (그림 1.8) 따라서 매우 가까이 있게 되면 이온들은 서로 밀어낸다. 이것은 마치 이들 사이에 용수철이 있으면 압축된 경우와 같다.

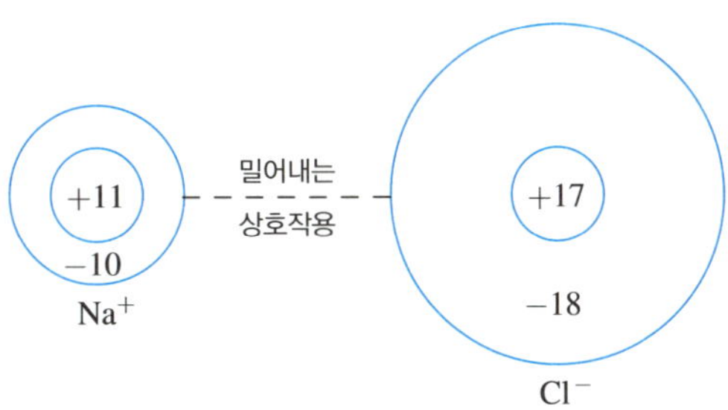

그림 1.8 가까이 있는 나트륨 이온과 염소 이온 사이의 밀어내는 전자기적인 힘

그 중간 어딘가에서는 나트륨 이온과 염소 이온 사이의 결합이 상호작용이 밀지도 않고 (골디록의 용어로는 "전혀 너무 가깝지 않고") 잡아당기지도 않는("너무 멀지

도 않은") 고유길이, 즉 힘을 받지 않는 길이에 있을 수 있다. 이 성질은 염화나트륨에만 국한되지 않고, 어떤 원자 사이의 상호작용에서도 적용된다.

따라서 모든 원자 사이의 결합이 고유길이에서 작용할 때 물질은 고유한 크기와 형태를 갖는다. 고유상태에서 벗어나면 외부의 상호작용이 나타난다. 예를 들어 식탁 위에 놓여있는 물컵을 상상해보자. 유리에는 두 가지 상호작용이 작용한다. 지구와 작용하는 중력과 식탁과 작용하는 용수철 상호작용이다. 용수철 상호작용이란 접촉면 근처에서 유리와 식탁 사이의 화학적 결합을 의미하고, 이로 인해 길이가 변한다. 식탁과 유리는 약간 변형된다. 이와 같은 변형을 볼 수 있게 하려면 부드러운 소파에 앉을 때 쿠션과 엉덩이가 어떻게 변형되는 지 관찰하면 될 것이다!

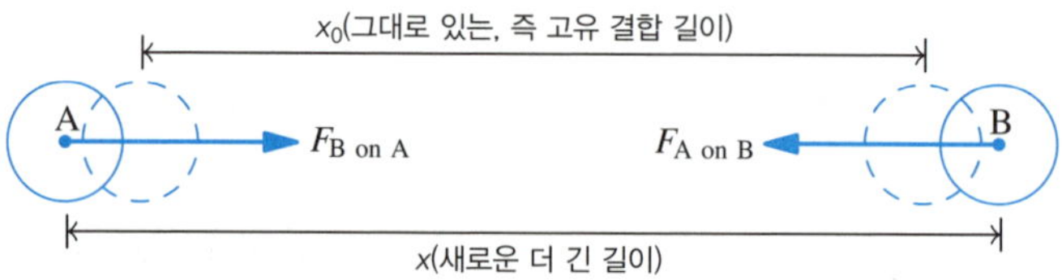

그림 1.9 늘인 원자 결합 용수철. 원자 A와 B 사이의 고유길이는 x_0이다. 거리 x가 x_0보다 커지면 용수철 상호작용으로 인해 잡아당기는 두 힘이 생긴다.

용수철 길이의 변화가 작을 때 그 용수철이 물리적인 용수철이든 상호작용이든 분자 사이의 결합 용수철(그림 1.9)이든 용수철 상호작용에 나타나는 두 힘의 크기는 Hooke의 법칙으로 주어지는

$$F = k|x - x_0| \tag{1.18}$$

이다. 여기서 k는 용수철 상수라고 하며, 용수철의 딱딱한 정도를 나타내고, x_0는 용수철의 고유길이이며, $|x - x_0|$는 (고유길이와 비교했을 때) 용수철 길이의 변화이다. 따라서 용수철이 압축되면 $x - x_0$는 음수이지만, $|x - x_0|$는 여전히 양수이고, (크기인) F도 양수이다.

Hooke의 법칙을 $F = -kx$의 형태로 보았을 것이다. 그러나 더 복잡한 형태인 (1.18)이 더 낫다. 이 표현에 고유길이가 명확히 나타나 있고, (용수철이 늘어난 길이) x의 의미에 숨겨있지 않다. 그리고 음의 부호도 없다. 따라서 결코 음수가

될 수 없는 용수철 힘의 크기와 (음수가 될 수 있는) 힘의 성분값과 혼동하지 않게 된다.

상호작용에서 이 두 힘은 용수철의 고유길이의 변화와 반대로 작용한다. 양의 축이 오른쪽으로 향하는 (원자 A로부터 원자 B로) 좌표계에서 힘 벡터의 성분은 다음과 같다.

$$\begin{aligned} F_x^{\text{A on B}} &= -k(x - x_0), \\ F_x^{\text{B on A}} &= +k(x - x_0). \end{aligned} \tag{1.19}$$

$F_x^{\text{A on B}}$의 힘 성분에 있는 음의 부호는 용수철이 늘어났을 때 ($x > x_0$) 원자 B에 작용하는 힘은 잡아당기는 것에 저항하고, 원자 B를 원자 A로 잡아당긴다. $F_x^{\text{B on A}}$에서 양의 부호는 원자 A에 작용하는 힘이 늘어나는 것에 대항한다는 점에서 같은 기능을 한다.

▶ 힘 성분에 대한 이 공식은 용수철이 (늘어났을 때가 아니라) 압축되었을 때는 달라지는가?

그렇지 않다! 그림 1.10에 의하면 주어진 힘과 방향이 주어진 압축된 용수철을 나타낸다. (1.19)가 성립하는 성분을 확인해보자.

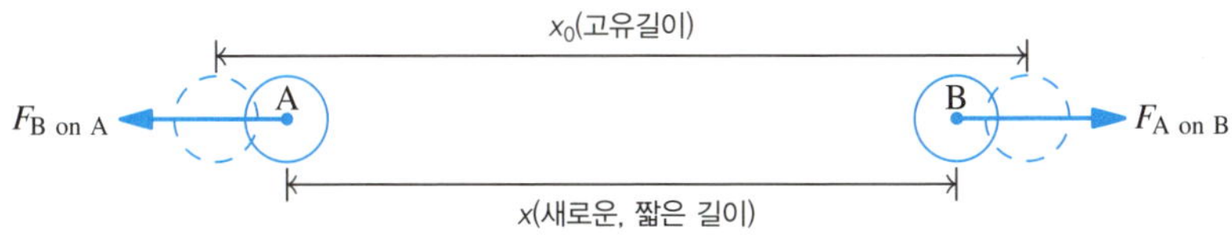

그림 1.10 압축된 원자 결합 용수철. 원자 A와 B의 고유길이는 x_0이다. 거리 x가 x_0보다 작을 때 용수철 상호작용으로 인해 밀어내는 두 힘이 생긴다.

압축될 때 $x - x_0$는 음수이므로 (1.19)의 힘의 성분

$$F_x^{\text{A on B}} = -k(x - x_0) \tag{1.20}$$

은 양수이다. 반드시 그렇게 되어야 하지만 앞에 있는 음의 부호와 $x - x_0$의 음수값과 상쇄된다. 압축된 용수철은 원자 B를 원자 A로부터 양의 x 방향으로 밀어내려고 하고, 용수철이 고유길이를 갖는 평형위치로 돌아오려고 한다.

이제 식탁 위에 있는 물컵을 다시 상상해보자. 식탁과 컵의 상호작용에 의한 접촉힘은 각각 엄청난 수의 작은 원자 사이의 (혹은 분자 사이의) 전자기적 용수철 힘을 더한 것이다. 다르게 표현하면 접촉힘은 용수철의 변형이 보이지 않을 정도로 작더라도 용수철 힘이고, 용수철 힘은 짧은 영역의 전자기적 힘이다.

1.3.3 끌림

아마 낙원이 아닌 세상에 살고 있다는 것을 일깨워주는 것은 일상생활에서 가장 널리 퍼져 있는 힘이 마찰력이라는 것이다. 따라서 개념적으로 점점 더 복잡해지는 가장 중요한 마찰력을 살펴보겠다. 끌림(이 절), 운동 마찰력(1.3.4절), 정지마찰력(1.3.5절)이다.

공기 혹은 유체의 저항으로도 알려진 끌림은 유체를 지나가는 어떤 물체의 운동도 방해한다. 이것은 물체와 유체 사이의 접촉으로 인해 일어나므로 다른 형태인 짧은 영역의 전자기적 접촉힘이다. 대부분의 유체 안에서 가장 일상적인 물체에 대해 그 크기는 대략

$$F_{\mathrm{drag}} \sim \rho v^2 A_{\mathrm{cs}} \tag{1.21}$$

로 주어진다. 여기서 ρ는 유체의 밀도, v는 물체의 속도이고, A_{cs}는 (흐름에 수직인 넓이인) 물체의 단면적이다. 예를 들어 그림 1.11에 오른쪽으로 속력 v로 움직이는 원뿔과, 원뿔이 접근할 때 그 앞에서 본 그림을 나타내었다. 단면적 A_{cs}는 원뿔의 뒷쪽 표면의 넓이(그림자 면적)이지, 원뿔 전체의 면적은 아니다. (이 그림과 다음의 그림에서 속도는 화살표의 한쪽만 그린 화살표로 나타낸다. 이렇게 표시해서 이것은 힘의 화살표가 아니라는 것을 나타낸다.)

이렇게 이해하면 F_{drag} 공식 (1.21)이 물리적으로 의미가 있다는 것을 알 수 있다. (ρ가 큰) 수영장에서 달리는 것은 (ρ가 작은) 공기에서 달리는 것보다 훨씬 힘들기 때문에 F_{drag}은 ρ가 증가하면 증가해야 하고, 사실 증가한다. 마찬가지로 물 안에서 빨리 달리는 것은(큰 v) 천천히 달리는 것보다(작은 v) 훨씬 힘들기 때문에 F_{drag}은 v가 증가하면 증가해야 하고, 사실 그렇다. 마지막으로 똑바로 앉아서 자전거를 타면(큰 A_{cs}) 웅크리고 자전거를 타는 것보다(작은 A_{cs})보다 어려우므로

F_{drag}는 A_{cs}가 증가하면 증가해야 하고, 사실 증가한다.

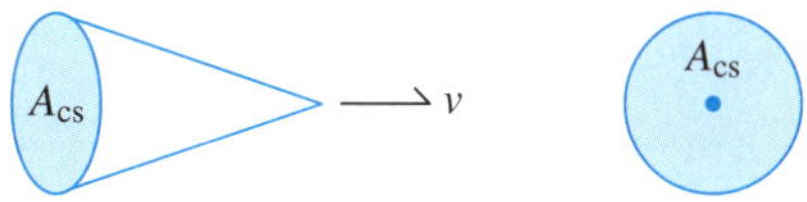

그림 1.11 단면적 A_{cs}. (a) 유체 안에서 움직이는 원뿔. (b) 같은 원뿔을 다가오는 앞에서 본 그림. 그림자로 표시된 면적이 단면적이다.

(1.21)에서 ~으로 나타낸 것은 여기에 차원이 없는 0.7, π, 혹은 2.3과 같은 순수한 숫자인 상수를 생략했다는 것을 표시한다. 이 빠진 숫자는 특별한 경우에는 계산할 수 있고, 여러 경우에는 풍동에서 측정할 수 있다. 기억해두면 좋은 것은 빠진 숫자는 1과 그리 다르지 않다는 것이다.

끌림의 중요성에 대한 예로 (지름이 1인치, 즉 수 센티미터인 속이 빈 플라스틱 공인) 탁구공에 작용하는 두 힘인 중력과 끌림힘의 크기를 알아보자. (공은 부력이라는 세 번째 힘도 받지만, 이 힘은 작아서 이 책에서는 무시한다.)

1. **중력.** 탁구공의 질량 m은 대략 10 그램 정도, 즉 10^{-2} kg 정도이다. (1.12)로부터 이 공에 작용하는 중력의 크기는 mg이다. 따라서 다음을 얻는다.

$$F_{\text{g}} \approx \underbrace{10^{-2}\,\text{kg}}_{m} \times \underbrace{10\,\text{m s}^{-2}}_{g} = 0.1\,\text{N}. \tag{1.22}$$

2. **끌림힘.** 끌림힘은 공의 속력에 의존한다. 탁구 선수가 공을 서브하고, 두 번째 선수가 적당한 속력으로 되받아치는 경우를 상상하자. (필자가 낭비한 젊은 시절에는 탁구를 많이 했고, 두 번째 선수가 될 수도 있었다.) 되돌아 날아올 때 공의 속력 v는 예를 들어 초당 15 미터(시간당 33 마일)라고 하자. 공의 단면적은 약 5 제곱센티미터, 즉 5×10^{-4} 제곱미터이다. 그리고 공기의 밀도는 대략 세제곱미터당 1 킬로그램이다. 이 값을 집어넣으면 다음을 얻는다.

$$F_{\text{drag}} \sim \underbrace{1\,\text{kg}\,\text{m}^{-3}}_{\rho} \times \underbrace{\left(15\,\text{m}\,\text{s}^{-1}\right)^2}_{v^2} \times \underbrace{5 \times 10^{-4}\,\text{m}^2}_{A_{\text{cs}}} \approx 0.1\,\text{N}. \tag{1.23}$$

끌림힘은 중력과 거의 같은 크기이다. (그림 1.12) 따라서 탁구공의 움직임은 끌림에 의해 크게 영향을 받는다.

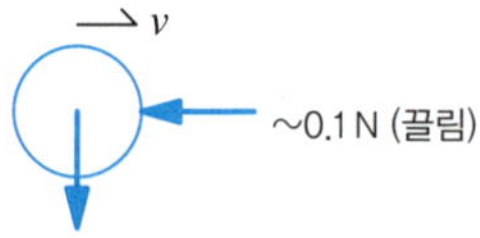

그림 1.12 탁구공에 작용하는 힘. 속력 v로 오른쪽으로 움직이는 공은 왼쪽으로 끌림힘을 받는다. 또한 아래 방향으로 중력을 받는다. 전형적인 탁구공의 속력에서 이 두 힘은 크기가 거의 비슷하다.

끌림은 유체 안에서 움직이기 때문에 생기는 다른 두 개의 힘인 양력과 추력이라는 것과 비슷하다. 나중에 이 책에서 이 힘과 다른 힘을 기술하기 위해 먼저 (개념적 함정을 없애기 위해 이 책에서 필자가 고안한 단어인) 부분과 (표준용어인) 성분을 구별할 필요가 있다.

벡터의 성분은 벡터를 주어진 방향으로 투영한 것이다. (z축이 아래로 향한다면) "중력의 z 성분은 20 뉴턴이다." 기호로 표시하면 z 성분 F_z는 스칼라곱으로 정의한다.

$$\underbrace{\text{벡터 }\mathbf{F}\text{의 } z \text{ 성분 } \mathbf{F}}_{F_z} \equiv \mathbf{F}\cdot\hat{\mathbf{z}}. \tag{1.24}$$

여기서 기호 ≡는 "정의한다"는 뜻이고, $\hat{\mathbf{z}}$("z 햇")은 $+z$ 방향의 단위벡터이다. 성분의 값은 선택한 방향에 의존하지만, 성분 자체는 방향이 없다. 따라서 이것은 벡터가 아니다.

대조적으로 부분은 벡터의 한 조각이다. "접촉힘의 z 부분은 아래로 20 뉴턴이다. x 부분은 왼쪽으로 10 뉴턴이다." 자체로 벡터인 부분은 크기와 방향이 있다. $\mathbf{F}_z$의 z 부분은 z 성분에 $\hat{\mathbf{z}}$ 단위벡터를 곱한 것이다. (단위벡터를 곱하면 성분을 벡터로 바꾼다.)

$$\underbrace{\text{벡터 }\mathbf{F}\text{의 } z \text{ 성분 } \mathbf{F}}_{\mathbf{F}_z} \equiv \underbrace{(\mathbf{F}\cdot\hat{\mathbf{z}})}_{F_z}\hat{\mathbf{z}}. \tag{1.25}$$

끌림과 추력에 특히 중요한 것으로 전체힘의 x(혹은 y, 혹은 수직 등) 부분을 말할 수 있고, 이는 전체힘에 기여하거나, 전체힘에 속하는 x 방향의 힘과는 개념적으로 구분된다.

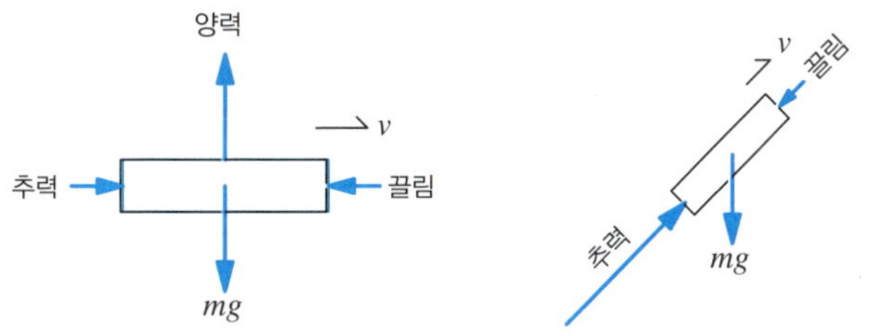

그림 1.13 (a) 비행기에 작용하는 공기의 접촉힘의 세 부분. (1) 양력은 비행기 운동에 수직인 부분이다. (2) 추력은 비행기 운동 방향의 부분이다. (3) 끌림은 비행기 운동 방향의 반대인 부분이다. (b) 로켓에 작용하는 추력과 끌림. 추력은 뜨거운 팽창하는 연료가 로켓에 작용하는 접촉힘이다. (모든 힘을 보여주기 위해 중력이 포함되었다.)

비행기는 양력, 끌림과 추력을 받는다. 한 개의 전체힘의 모든 부분은 비행기에 작용하는 공기의 전자기적 접촉힘이다. (그림 1.13a 참조) 양력은 비행기 운동방향에 수직인 부분이다. 추력은 비행기 운동과 나란한 방향이다. 그리고 끌림은 비행기 운동과 반대 방향인 부분이다. (따라서 비행기 운동 방향에 평행한 부분은 추력과 끌림의 합이다.) 끌림은 엔진이 작동하지 않아도 순전히 비행기 운동에 의해 생기는 힘이다. 추력은 엔진이 작동하기 때문에 생기는 힘이다. 그러나 흔한 함정을 조심하여라. 일상적으로는 그렇게 말하더라도 엔진이 추력을 제공하지는 않는다. 그보다는 엔진이 공기를 움직여 공기가 비행기에 앞으로 향하는 힘을 제공한다.

로켓(그림1.13b)은 추력과 끌림을 받는다. (보통 양력을 받지는 않는다.) 끌림은 공기와의 접촉힘이거나, 로켓이 우주에 있을 때에는 성간기체에 의한 접촉힘이다. 비행기에서 해석한 것과는 대조적으로 추력은 뜨겁게 폭발하는 연료의 접촉힘이다. 서로 미는 연료-로켓의 접촉 상호작용은 두 개의 같지만 반대인 측면이 있다. (1) 로켓은 연료에 뒤로 향하는 힘을 작용하고 (2) 연료는 로켓에 앞으로 향하는 힘을 가하는데 이것이 추력이다.

Newton의 제3법칙을 적용하는 것을 이해하지 못하면 1920년대 당대에 가장 유명한 Robert Goddard와 그의 동료들도 로켓 비행에 대한 생각으로 놀림을 받기도 하였다.[6] 그들은 "밀어낼" 공기가 없으면 로켓은 날아갈 수 없다고 주장하였다. Neil Armstrong이 달에 착륙한 지 50주년될 때 이 글을 쓴다. Goddard와 제3법칙이 최후에 웃는 자이다.

1.3.4 운동 마찰력

한 물체가 다른 물체와 접촉하여 미끄러질 때, 각각은 짧은 영역의 전자기적 힘인 접촉힘을 받는다. 이 힘은 두 부분으로 나눌 수 있다. 접촉 표면에 수직인 부분은 수직항력이라고 부른다.

운동마찰력의 크기 F_μ는 실험적인 관계

$$F_\mu = \mu N \tag{1.26}$$

으로 주어진다. 여기서 μ는 운동마찰계수이고(이것은 0.83이나 0.02와 같이 차원이 없는 상수이다), N은 수직항력의 크기이다. (계수란 "일차 원리로부터 계산할 수 없는 무차원의 양이어서 이것은 측정하거나 표에서 찾아보아야 한다는 것을 의미한다.)

미끄러운 표면은 작은 μ 값을 갖는다. 예를 들어 새로 다듬은 매끈한 얼음 위로 미끄러지는 아이스스케이트에 대해서 μ는 약 0.001이다. 필자는 잘 넘어지기 때문에 흔하게 일어나지는 않지만 필자가 스케이트를 탈 때 수직항력은 필자에게 작용하는 중력과 거의 같은 크기인 500 뉴턴이다. (5.1절에서 배우겠지만 두 힘의 크기는 Newton의 제2법칙에 의하면 같다.) 따라서 작용하는 운동, 혹은 미끄럼마찰력은 (크기가) 약 0.6 뉴턴이다.

$$F_\mu \approx \underbrace{0.001}_{\mu} \times \underbrace{600\,\mathrm{N}}_{N} = 0.6\,\mathrm{N}. \tag{1.27}$$

다른 상호작용 혹은 상호작용의 일부와 마찬가지로 운동마찰력은 두 가지 힘을 만든다. (1) 사람에 작용하는 0.6 뉴턴의 힘은 (사람의 운동방향과는 반대인) 뒤로 향하고, (2) 얼음에 작용하는 0.6 뉴턴의 힘은 (사람의 운동방향과 같은) 앞 방향으로 향한다. 스케이트를 탈 때 사람은 얼음을 앞으로 잡아당기려고 한다. 물론 얼음은 거대한 지구와 연결되어 있으므로 성공하지는 못한다.

1.3.5 정지마찰력

세 번째 중요한 "마찰력"은 정지마찰력이다. 운동마찰력과 같이 정지마찰력은 두 물체가 닿아 있고, 접촉힘의 평행한 부분이다. 그 크기 F_{static} 또한 운동마찰력의 크기 (1.26)과 비슷하게 보인다.

$$F_{\text{static}} \le \mu_s N \tag{1.28}$$

여기서 μ_s는 정지마찰계수이고, N은 (접촉힘의 수직한 부분인) 수직항력의 크기이다. 이렇게 형태가 비슷하기 때문에 정지마찰력을 마찰력으로 잘못 부르고 있다. "정지마찰력"이라는 이름이 얼마나 오해를 불러일으키는지는 크기에 대한 식 (1.28)을 설명한 후에 논의하겠다.

(1.28)의 흥미있는 특징은 ≤ 부호이고, 힘의 방향에 대한 정보가 없다는 것이다. 이 두 특징이 일어나는 이유는 정지마찰력은 수동적 힘이기 때문이다. (1.2.2절) 이 힘 자체는 두 물체가 서로에 대해 움직이는 것을 막는다. (마술과도 같이 보이는 이러한 적응과정은 7.1.6에서 설명한다.) 그러므로 이 힘은 운동마찰력이 일어나는 것을 방해하려고 하는 운동마찰력의 적이다.

비탈에 놓여있는 상자를 상상하자. (그림 1.14) 상자는 비탈 위로 향하는 정지마찰력에 의해 고정되어 있다. 이 힘은 상자가 그 자리에 있기 위해 크기와 방향을 조절한다. 움직이지 않지만 비탈 위로 상자를 밀어 올리면 정지마찰력의 크기가 줄어든다. 상자를 충분히 세게 밀면 정지마찰력은 상자를 제자리에 있게 하기 위하여 방향을 바꾸고, 아래 방향으로 향한다.

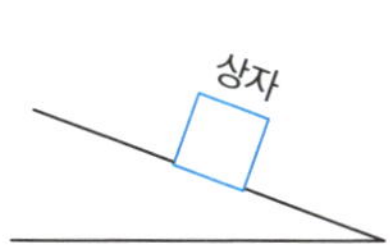

그림 1.14 비탈에 놓여서 정지마찰력에 의해 서있는 상자.

이제 상자를 평평한 땅 위에 놓고, 움직이지 않도록 살살 앞으로 밀어보자. 상자가 움직이지 않는 한 사람이 미는 것은 뒤로 향하는 정지마찰력과 반대 방향이다. 대신 상자를 반대로 움직이면 (여전히 상자는 움직이지 않는다) 정지마찰력은 역시 앞으로 향해서 사람이 미는 것을 방해한다. 정지마찰력의 크기뿐만 아니라 방향도 두 물체가 서로에 대해 움직이지 않도록 유지하게 한다.

그러나 이러한 적응에는 (1.28)에서 크기에 대한 부호 ≤가 나타내듯이 어떤 한계 내에서만 일어난다. 어떤 한계를 넘어서면 정지마찰력은 사라진다. 이 한계는 수직항력과 정지마찰계수 μ_s에 의존한다. 비탈에 기름을 칠해서 μ_s와 정지마찰력 한계를 줄이면 상자는 아마도 아래로 미끄러질 것이다. (그리고 이에 대한 적인 운동마찰력을 받는다.)

이 절이 시작할 때 말했듯이 "마찰"이란 이름은 정지마찰에 대해서는 잘못 선택하였다. 마찰은 에너지 손실, 물체의 운동을 방해하는 것, 그리고 이 운동의 에너지를 열에너지로 전환시키는 개념을 포함하고 있기 때문이다. 그러므로 종종 공기 마찰이라고 부르는 공기 끌림은 정당한 마찰이다. 그러나 운동(미끄럼)마찰력과는 달리 정지마찰력은 운동에너지를 열로 전환시키는 과정을 포함하지 않는다. 그리고 두 접촉한 물체는 어떤 상대적인 운동도 할 수 없다. 이것이 "정지"라는 단어의 요점이다. 간단히 말하면 "정지마찰력"은 서로 모순되는 단이이다. (그러나 이 이름이 너무 많이 사용되어 바꾸기는 어렵다.)

1.4 힘의 크기

주위의 세상에 Newton의 법칙을 적용하는 데 필수적인 힘을 보았다. 이 힘의 세기와 뉴턴의 크기에 대한 감을 잡기 위해 다양한 힘의 크기를 평가하고, 이 크기를 로그 축척으로 나타내보자. 선형 축척에서는 주어진 거리가 특정한 차이에 해당하는 반면에 로그 축척에서는 주어진 거리는 특정한 비율에 해당한다. 따라서 로그 축척에서는 매우 다른 크기의 힘이나 상호작용을 나타낼 수 있다. (그림 1.15)

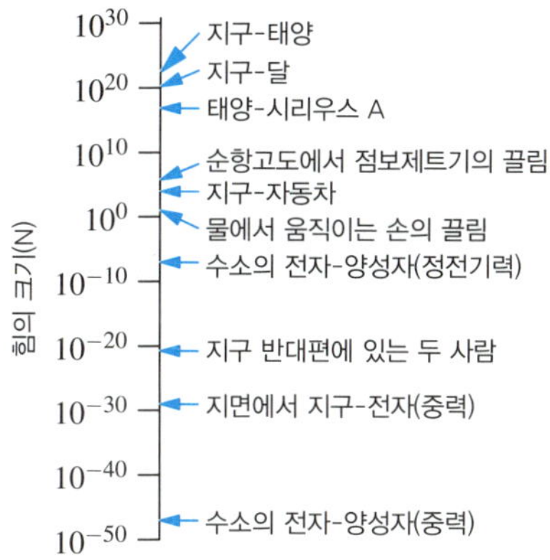

그림 1.15 로그 축척으로 그린 힘의 크기. 많은 힘은 본문에 설명하였고, 어떤 것은 문제로 주어졌다. (문제 1.8)

여기서 가장 약한 상호작용은 수소 원자 안의 양성자와 전자 사이의 중력상호작용이다. (1.2)로부터 다음을 얻는다.

$$F_{\mathrm{g}} \approx \frac{\overbrace{7\times10^{-11}\,\mathrm{kg^{-1}\,m^3\,s^{-2}}}^{G} \times \overbrace{1.7\times10^{-27}\,\mathrm{kg}}^{m_1} \times \overbrace{10^{-30}\,\mathrm{kg}}^{m_2}}{\big(\underbrace{0.5\times10^{-10}\,\mathrm{m}}_{\text{수소의 반지름}}\big)^2} \approx 5\times10^{-47}\,\mathrm{N}. \tag{1.29}$$

Newton의 제3법칙으로부터 이 값은 양성자가 전자에, 혹은 전자가 양성자에 미치는 중력의 크기이다.

같은 전자와 양성자 사이의 정전기적 상호작용은 훨씬 크다. (정전기력은 자기장이 없고, 전기장이 고정되어 있을 때 나타나는 전자기적 상호작용의 특별한 경우이다.) 그 크기는 정전기력에 대한 Coulomb의 법칙으로 주어진다.

$$F_{\mathrm{e}} = \frac{1}{4\pi\epsilon_0}\frac{|q_1 q_2|}{r^2}. \tag{1.30}$$

여기서 ϵ_0는 진공의 유전율이고, q_1과 q_2는 두 전하이고, r은 전하 사이의 거리이다. Newton의 만유인력법칙 (1.2)처럼 Coulomb의 법칙 또한 역제곱법칙이다. 즉 상호작용의 크기는 1/(분리거리)^{2}에 비례한다. 언제나 잡아당기는 중력과는 달리 정전기적 상호작용은 전하가 각각 같거나 다를 때 밀거나 잡아당긴다.

전자와 양성자의 전하와 수소의 반지름 a_0를 대입하면 다음을 얻는다.

$$F_e \approx \frac{1}{4\pi\epsilon_0}\frac{\overbrace{(1.6\times10^{-19}\,\mathrm{C})^2}^{|q_{\text{electron}}q_{\text{proton}}|}}{\underbrace{(0.5\times10^{-10}\,\mathrm{m})^2}_{a_0^2}} \approx 10^{-7}\,\mathrm{N}. \tag{1.31}$$

여기서 C는 전하단위인 쿨롱을 줄여서 쓴 것이다.

이 상호작용은 같은 전자와 양성자 사이의 중력 상호작용 (1.29)보다 10^{39}만큼 크다! (Coulomb의 법칙과 Newton의 중력 법칙은 모두 역제곱의 힘에 대한 법칙이기 때문에 이 거대한 비율은 어떤 전자–양성자 사이의 거리에서도 성립한다.)

이 그림의 가장 강한 끝에는 지구와 태양 사이의 중력 상호작용이 있다. 그 세기는 삼단계를 거쳐 (1.11)에서 계산하였다.

이 힘들 사이에 일상생활의 힘이 놓여 있다. 한 예는 자동차에 작용하는 중력이다. 중형 자동차의 질량은 대략 1,000 킬로그램이다. 지구 표면에서 $F=mg$로 표현한 (1.22)의 어림계산에 의하면 자동차에 작용하는 중력은 대략 10^4 뉴턴이다.

다른 일상적인 힘은 물 속에서 움직이는 손에 작용하는 끌림힘이다. 이것을 느끼려면 부엌 싱크에 물을 채운다. 그리고 약간 오므린 손을 적당한 속력인 대략 초당 1 미터로 손을 끌어라. 오므린 손의 단면적이 대략 10^{-2} 제곱미터라면 (10 센티미터 곱하기 10 센티미터) 끌림힘의 크기 (1.21)은 대략 10 뉴턴이다.

$$F_d \sim \underbrace{10^3\,\mathrm{kg\,m^{-3}}}_{\rho_{\text{water}}} \times \underbrace{(1\,\mathrm{m\,s^{-1}})^2}_{v^2} \times \underbrace{10^{-2}\,\mathrm{m}^2}_{A_{\text{cs}}} = 10\,\mathrm{N}. \tag{1.32}$$

필자가 이 실험을 해보았다. 손을 물 속에서 움직이면 중간 정도 크기의 책을 중력에 거슬러 들고 있는 것과 비슷한 노력을 해야했다. 그리고 중간 크기의 책에 작용하는 중력은 예를 들어 1 킬로그램의 질량의 경우 또한 대략 10 뉴턴이고, 이를 통해 끌림힘 크기에 대한 평가 (1.32)가 맞다는 것을 확인할 수 있다.

1.5 피해야 할 힘

1.3절의 근본적인 힘과는 대조적으로 두 개의 형편 없는 힘이 있다. 그것은 구심력과 원심력이다. Newton의 법칙을 사용할 때 이 힘 때문에 보통 재난을 당하게 된다. 따라서 절대 사용하지 말아야 한다. 이 주장이 충분하다면 이 절의 나머지 부분은 넘어가도 된다. 위의 권위적인 말과 어떤 문제를 막는지 그 이유를 알고 싶다면 계속 읽어보면 된다.

1.5.1 원심력

"원심(centrifugal)"이란 말은 라틴어에서 나온 것으로 "중심에서 멀어진다"는 의미이다. 따라서 원심력은 밖으로 향하는 힘이다. 이 힘은 물체가 원 위에서 움직일 때 나타난다. 예를 들어 1.2.1절에서 회전하는 자동차나 기차 안에 앉아 있는 승객에 작용한다. 소위 원심력은 바깥으로 향하며, 회전하는 원의 중심에서 멀어진다. 1.2.1절에서 자연계의 네 가지 상호작용을 고려하면서 확신시켜 주었듯이 원심력은 실제 힘이 아니고, 이를 고려하지 말아야 한다.

그러나 어쨌든 두 가지 이유로 이 힘이 자주 나타난다. 첫 번째는 바깥쪽으로 향하는 힘이 종종 나타난다. 이 힘은 승객에 의해 작용되는 것이지 승객에 작용하는 것이 아니다. 자동차가 회전할 때 승객은 자동차 문(혹은 안전벨트)을 바깥쪽으로 밀어낸다. 이제 "미는 것"이라는 것에 대해 두 가지 연관되어 있지만 다른 뜻 때문에 문제가 생긴다. 물리학에서는 "물체를 민다"는 것은 단순히 "물체를 향하는 힘을 작용한다"는 뜻이다. 그러나 일상 생활에서는 "민다"는 것은 의지를 가지고 행동하는 사람을 포함하고 있다. 예를 들어 물리학적 의미로는 책이 책상을 밀고 있는 책상 위의 책은 일상 생활에서는 책상을 민다고는 거의 표현하지 않는다.

따라서 일상적인 의미에서 비자발적으로만 문을 미는 승객은 문을 밀지 않는다. 승객은 수동적인 표현인 "밀린다"에서처럼 수동적 물체이다. 그리고 맞지는 않지만 편리하게 힘이 미는 것으로 표현한다. 그 힘이 원심력이다!

이 미묘한 문제를 치료하는 약은 Newton의 제3법칙이다. 문과 승객은 접촉상호작용을 공유한다. 접착제나 다른 잡아당기는 결합이 없이 다만 닿아 있다는 접촉의 성질 때문에 상호작용은 서로 미는 것이어야만 한다. (문은 바깥에 있고, 승객은 안쪽에 있는) 상대적인 위치 때문에 상호작용의 힘은 문에는 바깥쪽으로, 승객에는 안쪽으로 향한다. 원심력은 필요하지도 않고, 성립하지도 않는다.

두 번째로 원심력을 사용하는 적절한 이유는 회전좌표계에서 필요하기 때문이다. 이와 같은 좌표계는 (원심력이 그 중의 하나인) 여러 다른 힘들과 함께 유용한 도구이다. (이것은 8.1절에서 다룬다.) 그러나 이들을 사용하는 것은 전동 체인톱을 휘두르는 것과 같다. 아마도 쉽게 엄청난 실수를 할 것이고, 다리를 자를 수도 있다. 손을 쓰는 도구를 사용하여 아름다운 가구를 만들 때까지는 전동 체인톱을 내려놓아라. 회전좌표계와 여기서 나타나는 여러 다른 힘이 없이 Newton의 법칙을 능숙하게 사용할 때까지 원심력을 말하지 말아라. 그 힘은 존재하지 않는다!

1.5.2 구심력

원심력에 대응되는 것이 구심력이다. "구심(centripetal)"이란 라틴어로 "중심을 향한다"는 뜻이다. 따라서 구심력은 중심으로 향하는, 즉 안쪽으로 향하는 힘이다. 원심력과 비교하면 구심력은 존재하며 이것을 과도하게 사용하고 싶은 욕망을 느끼게 한다.

회전하는 기차 안의 생각에 대한 두 가지 표현을 고려하자.

1. **방석은 완전히 매끄럽고, 마찰이 없는 의자 위에 있고, 승객 또한 (예를 들어 문인) 마찰없는 바깥쪽 벽을 민다.** 두 물체에 닿아 있는 승객은 두 가지 짧은 영역의 접촉힘을 받는다. 의자의 접촉힘은 위쪽을 향한다. (마찰이 없으면 접촉힘의 수평 부분은 없다.) 마찰이 없는 접촉힘은 비슷하게 수평 부분이 없고 안쪽으로 향한다. 이것이 구심력이다. 이와 같은 유일한 힘으로서 이것이 구심력이다. 이러한 표현에서는 구심력은 존재하고, 그것을 사용하는 것은 맞다.
2. **방석은 충분히 거칠어서 승객은 벽에 닿지 않아도 미끄러지지 않는다.** 이제 승객은 방석으로부터 단지 하나의 접촉힘만을 받는다. 첫 번째 표현에서 두 개의 접촉힘의 합이므로 이 접촉힘은 위쪽, 그리고 안쪽 방향이다. 승객에 작용하는 유일한 다른 힘은 중력이다. 따라서 승객에 작용하는 어떤 힘도 안쪽을 향하지 않으므로 어떤 힘도 구심력이 아니다.

이러한 표현에는 구심력에 대한 두 가지 미묘한 측면이 있다. 첫째, 원 위에서 움직이는 물체에서도 구심력은 존재하지 않을 수 있다(표현 2). 둘째 존재할 때에는 (표현 1) 새로운 종류의 힘은 아니다. 오히려 "구심"이란 안쪽으로 향하게 되는 실제 물리적인 (1.2.1절에 있는 네 가지 자연계의 기본적인 힘 중의 하나인) 힘을 단지 다시 기술할 뿐이다.

따라서 선택의 여지가 있다. 이 두 가지 점을 마음에 두고 구심력이 존재할 때만 구심력을 사용하고, 이것은 새로운 힘이 아니라는 것을 기억한다. 혹은 구심력을 전혀 사용하지 않음으로써 인생을 단순하게 만들 수 있다. 필자는 구심력을 사용하지 않는 것을 추천한다. 왜냐하면 Newton의 법칙과 힘은 그 자체로 미묘하기 때문에 피할 수 있는 복잡함을 덧붙일 필요는 없다.

요약하면 구심력과 원심력은 잊어버려라.

1.6 연습문제

1.1 다음의 주어진 힘에 대해 (i) 두 개의 상호작용하는 물체 A와 B를 결정하고, (ii) $\mathbf{F}_{\text{A on B}}$의 형태로 힘을 쓰고(상황에 맞게 적당한 짧은 이름으로 A와 B를 바꾸어라), (iii) 힘의 제3법칙의 대응되는 힘을 기호와 말로 표현하고, (iv) 대응되는 힘의 방향을 정하여라. 여기 그 힘이 있다.

a. 사람이 땅 위에 서있을 때 땅이 사람에 작용하는 힘

b. 자유낙하하는 돌에 작용하는 중력

c. 나무에 붙어서 달려있는 체리에 나뭇가지가 작용하는 힘

d. 벌새가 꽃 위에서 날아다닐 때 작용하는 양력

1.2 연습문제 1.1에 나온 각각의 힘에 대해 이 힘이 능동적, 수동적인지, 전자기력, 중력인지, 짧은 영역, 긴 영역의 힘인지 분류하여라. (각 힘의 제3법칙에 대응되는 힘도 같이 분류된다.)

1.3 (계산기 없이) g를 계산하는 (1.16)에서 단위, 지수와 숫자를 구하는 삼단계 평가를 하여라.

1.4 달이 지구에 작용하는 중력(크기)를 추정하여라. 달의 질량과 궤도반지름으로 알려진 (중심에서 중심까지의) 지구와 달 사이의 거리를 찾아보아라. 태양이 지구에 작용하는 중력 (1.11)과 비교하여라.

1.5 소숫점 아래 둘 혹은 세자리까지 다음의 차원이 없는 비율을 구하여라.

$$\frac{200\ \text{km 고도(낮은 지구 궤도)에서의}\ g}{\text{해면에서의}\ g}. \tag{1.33}$$

이 비율은 예상했던 값과 비슷한가? (필자는 놀랐다.)

1.6 올림픽 스피드스케이터에 작용하는 끌림힘과 운동마찰력의 크기를 추정하고, 비교하여라.

1.7 1.3.5절에서 비탈에 가만히 있는 상자와 이 상자에 작용하는 정지마찰력으로 돌아가자. 이 힘에 대한 Newton의 제3법칙에 대응되는 것은 무엇인가? 이 대응되는 힘은 어느 방향으로 향하는가?

1.8 필요한 질량과 거리를 찾아서 다음 힘과 상호작용을 로그 축척에 대략 놓은 위치(그림 1.15)를 확인하여라.

a. 지구 표면에서 지구와 전자 사이의 중력상호작용

b. 지구 반대편에 있는 두 사람 사이의 (중력) 상호작용

c. 순항고도와 속력에서 점보제트기에 작용하는 끌림힘

d. 태양과 (밤하늘에 가장 밝은 별로 Dog Star로도 알려진) 시리우스 A 사이의 (중력) 상호작용

02

자유물체그림: 힘을 나타내기

힘은 특히 여러 물체가 많은 상호작용을 공유할 때 쉽게 못보고 넘어가게 된다. 힘을 따라가고 표현하는 도구가 자유물체그림이며, 이것은 회로도와 비슷하다. 회로도를 보면 회로를 이해할 수 있듯이, 자유물체그림을 보면 역학계를 이해할 수 있다.

2.1 자유물체그림 만들기: 실패할 염려 없는 방법

자유물체그림이라는 이름은 단어 세 개를 압축시켜 만든 단어이다. 각각의 용어인 자유, 물체와 그림은 중요한 십계명과도 같은 의미가 있다.

1. 그림. 힘은 크기와 방향을 표시한 화살표를 이용하여 그림으로 나타낸다.
2. 물체. 그림은 주된 물체라고 부르는 정확히 한 개의 물체에 작용하는 힘을 나타낼 것이다. 따라서 땅 위에 서있는 사람을 그린 그림(그림 1.1)은 땅이 아닌 사람에게만 작용하는 힘을 나타낸다. 물체는 머리 속에서는 한 개의 합성물체로 묶여있는 여러 물체일 수 있다. 예를 들어 사람과 그 사람이 신은 양말과 신발이다. 그리고 합성물체 바깥에서 작용하는 힘만을 생각하고, 그 안에서 작용하는 힘은 무시한다. (그 이유는 7.2절에서 볼 것이다.)

3. 자유. 물체는 다른 물체와 닿아있지 않게 그린다. 예제의 그림은 사람이 땅과 닿아있더라도, 사람만을 그리지, 땅을 그리지는 않는다.

이러한 계명은 올바른 자유물체그림에 대한 다음의 방법을 보면서 어떻게 스며드는지 볼 것이다. 이 비결에서 두 개의 원리를 사용한다. 상호작용은 짧거나 긴 영역에서 작용하고(1.2.3절), 힘은 상호작용의 한 측면(Newton의 제3법칙)이라는 것이다.

항상 올바른 자유물체그림을 그리는 방법

1. 짧은 영역에 작용하는 접촉된 상호작용을 다룬다.

1a. 주된 물체를 따로 그린다.

1b. 접촉되어 있지 않으면 접촉된 힘으로 바꾼다.

2. 긴 영역의 상호작용을 다룬다.

2a. 긴 영역의 상호작용을 찾는다.

2b. 긴 영역의 힘을 이러한 상호작용으로 나타낸다.

3. 선택 사항: 힘의 근원을 나타낸다.

이 방법을 보여주기 위해 사람이 땅 위에 서있는 친숙한 상황을 다시 살펴보자. 우리의 목표는 주된 물체인 사람의 자유물체그림이다.

1. 짧은 영역의 접촉힘을 처리한다. 상호작용는 짧은 영역이거나 긴 영역일 수 있다. 그러나 짧은 영역의 상호작용을 먼저 처리한다. 왜냐하면 이것은 찾기 쉽고 이렇게 하면 바로 주된 물체를 떼어내 볼 수 있기 때문이다.

1a. **주된 물체 떼어내기.** 주된 물체와 닿아있는 이차 물체를 뜯어낸다. (그림 2.1) 이로 인해 주된 물체는 다른 물체로부터 자유로운 자체의 그림으로 그릴 수 있다. 따라서 계명 3을 만족한다.

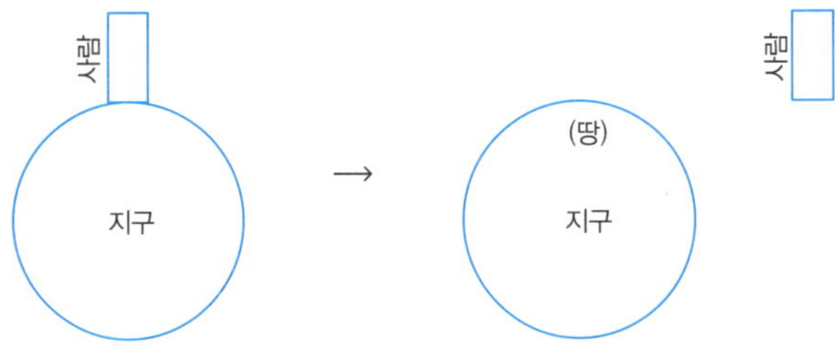

그림 2.1 단계 1a: 주된 물체(사람)를 자유롭게 한다. 자유물체그림에서 "자유롭다"는 것은 주된 물체를 다른 모든 물체에서 분리하여 그렸다는 것을 뜻한다.

여기서 주된 물체는 사람이고 떼어낸 (유일한) 이차 물체는 지구이다. 선택적 단계인 이차 그림을 그리면 Newton의 제3법칙을 연습하기 좋으므로 이 예제에서 그려보자. (이 이차 그림은 이 방법의 남은 부분 때문에 여기처럼 또한 자유물체그림이 될 수도 있다.)

1b. 떼어낸 접촉 부분을 접촉힘으로 바꾼다. 떼어내 각 부분은 접촉힘을 떼어낸다. 여기서 떼어낸 부분은 사람과 (지구의 일부분으로서) 땅 사이의 상호작용을 떼어낸다. Newton의 제3법칙에 의하면 상호작용은 크기가 같고 방향이 반대인 두 부분이 있다. 이 두 부분은 $\mathbf{F}_{\text{person on ground}}$와 $\mathbf{F}_{\text{ground on person}}$이다.

각각의 접촉 상호작용을 한 쪽에 놓는다. 주된 그림에는 주된 물체에 작용하는 힘을 놓는다. (그림 2.2) 다른 쪽에는 (만들고자 한다면) 적절한 이차 그림에 주된 물체로 인한 힘을 놓는다. 여기서 사람에 대한 그림에 힘을 넣고, $\mathbf{F}_{\text{ground on person}}$로 이름을 붙인다. 그리고 (땅은 지구에 속해 있으므로) 지구 그림에는 다른 힘을 넣고 $\mathbf{F}_{\text{person on ground}}$로 이름 붙인다.

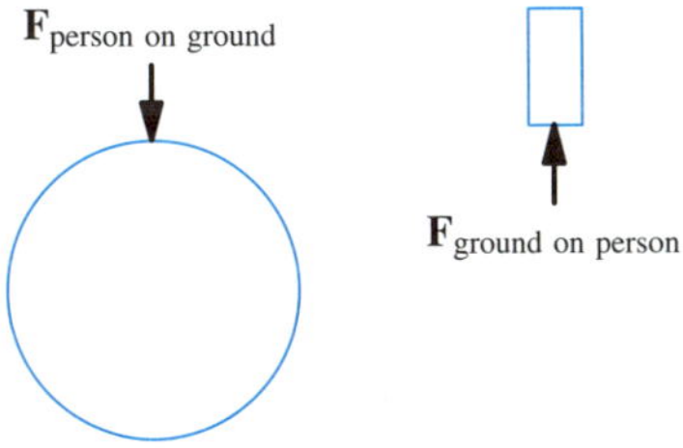

그림 2.2 단계 1b: 떼어낸 접촉을 접촉힘으로 바꾸기.

표현을 간단하기 위해 "사람에" 혹은 "땅에"를 이름에서 생략할 수 있다. 따라서 사람 그림에서는 힘을 단순히 $\mathbf{F}_{\text{ground}}$으로 이름 붙이고 "사람에"는 사람 그림에 있으므로 포함되어 있는 것으로 이해한다. 이 짧은 이름은 주된 물체를 자유롭게 했을 때 단계 1a 때문에 의미가 분명하다.

이차 그림에서는 주된 물체에 작용하는 각각의 접촉힘의 반대 부분에 그린다. 이는 Newton의 제3법칙의 상호적인 성질을 나타내며 흔히 보는 치명적 실수인 주된 그림에 반대쪽에 놓지 않게 할 수 있다. 접촉힘이 물체를 통과하지 않고, 물체 표면에 작용한다는 것을 나타내기 위해서 화살표를 물체의 바깥에, 하지만 접하도록 그린다. 더 흔한 경우인 접촉 상호작용이 밀어내는 힘일 경우, **바깥쪽에 있지만 접촉한다**는 것은 화살표의 끝이 물체와 접촉한다는 뜻이다. (꼬리는 여전히 물체 바깥쪽에 있다.) 접촉 상호작용이 예를 들어 껌 조각이 책상 밑에 붙어 있는 초등학생의 책상 사이와 같이 잡아당기는 힘이면 **바깥쪽이지만 접촉한다**는 것은 꼬리가 물체에 닿는다는 것을 뜻한다. (머리는 물체 바깥쪽에 있다.)

여기서 사람−땅의 상호작용은 서로 밀어내는 힘이다. 각 물체는 서로를 밀어낸다. 따라서 $\mathbf{F}_{\text{ground on person}}$는 그 머리가 사람의 아래 표면에 닿도록 그린다. (꼬리는 사람의 바깥쪽에 있다.)

2. **긴 영역의 상호작용을 처리한다.** 다른 상호작용은 긴 영역의 상호작용이다.

2a. 이제 주된 물체의 모든 긴 영역의 상호작용을 찾아낸다. 이 상호작용은 보통 중력이지만, 항상 그렇지는 않다. 예를 들어 두 개의 막대자석 사이에는 긴 영역의 전자기적 상호작용이 작용한다. 이 예제에서 유일한 긴 영역의 상호작용은 사람과 지구 사이의 중력 상호작용이다.

2b. **긴 영역의 힘을 그려서 이 상호작용을 나타낸다.** 짧은 영역의 상호작용(단계 1b)와 마찬가지로 각각의 긴 영역의 상호작용은 두 면이 있다. 각각의 긴 영역의 상호작용의 한 쪽에 놓는다. 이것은 주된 그림(그림 2.3)에 주된 물체에 (표시한) 힘이다. 다른 면에는 주된 물체에 의한 (표시된 힘)을 (그림을 그리기 원하는) 적절한 이차 그림에 놓는다. 따라서 사람 그림에는 중력 $\mathbf{F}_{\text{person on ground}}$를 놓고, 지구 그림에는 중력 $\mathbf{F}_{\text{person on earth}}$를 놓는다.

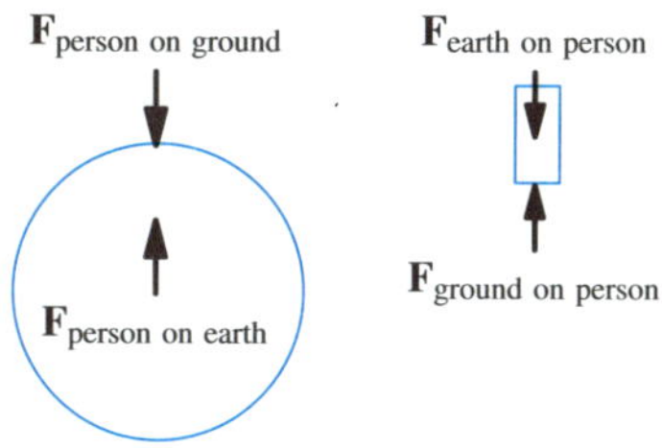

그림 2.3 단계 2b: 긴 영역의 힘 그리기. 긴 영역의 상호작용을 밝힌 후 각 상호작용으로부터 한 쌍의 힘을 그린다.

긴 영역, 즉 물체 힘은 표면에 작용한다기보다는 물체를 통해 작용한다는 것을 나타내기 위해 긴 영역의 힘을 적어도 일부는 물체 안쪽에 그린다. 그러나 (머리나 꼬리 중) 한 끝을 표면에 두지 않아야 힘이 짧은 영역이 되지 않는다. 더구나 역학에서 모든 긴 영역의 힘은 중력이고, 긴 영역의 중력에 대해서는 머리나 꼬리를 물체의 질량중심에 놓도록 한다. 그러나 이것은 단지 경험에 입각한 규칙일 뿐이다. 첫째, 가끔 조판을 고려하면 이를 무시하기도 한다. 둘째, 중력은 사실 물체 안의 많은 입자에 작용하는 많은 작은 중력의 합이다. 다행스럽게 대부분의 분석에서 이 힘들은 물체의 질량중심에 작용하는 한 개의 힘으로 결합된다.

◀ 물체의 질량중심은 무엇인가?

물체의 질량중심은 각 입자의 위치를, 각 입자의 질량으로 가중치를 두어 평균값을 구한 위치이다. 각 입자가 자신이 질량중심이라고 투표한다고 생각해보자. "저요, 저요, 저요!" 각 입자는 질량에 비례하는 만큼 투표수를 갖는다. 피할 수 없는 다툼은 질량중심을 (벡터) 중심에 놓아 해결한다. 예를 들어 물체가 두 개의 동일한 입자로 이루어져 있으면, 질량중심은 이 입자의 중간에 있다. 만일 한 입자가 다른 입자보다 질량이 두 배라면, 질량 중심은 질량이 큰 입자와 질량이 작은 입자 사이에서 질량이 큰 입자쪽으로 삼분의 일만큼 치우쳐 있다.

이제 주된 물체에 대한 자유물체그림을 그렸다! 이차 물체는 주된 물체와 상호작용을 할 때, 그 그림 또한 자유물체그림이 된다. 여기서 이차 물체(지구)는

(중력과 접촉 상호작용을 통해) 사람하고만 상호작용을 하므로, 지구의 그림 또한 자유물체그림이 된다. (이차 물체에 다른 상호작용이 있고, 이에 대한 자유물체그림을 그리려면 이차 물체를 새로운 주된 물체로 놓고, 위의 방법을 반복하면 된다.)

3. 선택: 힘의 원천을 표시한다. 복잡한 상황에서 도움이 되려면 점선을 사용하여 다른 물체를 그려 넣는다. 그러나 이 물체에 작용하는 어떤 힘도 포함하지 말아야 한다. (그림 2.4) 그렇지 않으면 계명 2를 위반하게 된다. 점선으로 그린 물체는 어떻게 상호작용이 일어나는지 알려준다.

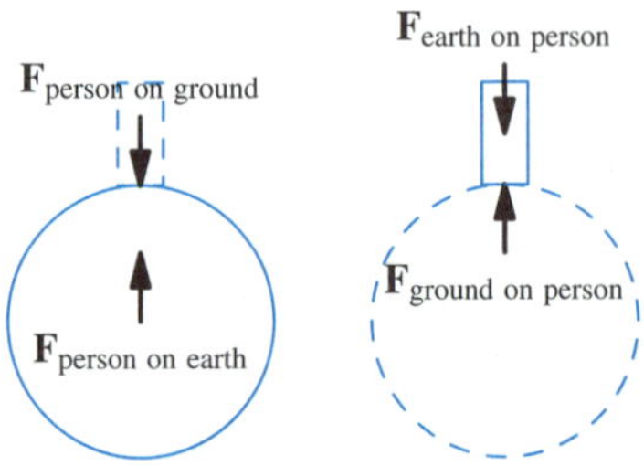

그림 2.4 단계 3 (선택 사항): 힘의 원천을 표시한다.

2.2 요령 연습하기

자유물체그림 요령은 두 개의 그림을 더 만들어보면 자동적으로 그릴 수 있을 것이다. 그 그림은 떨어지는 돌(2.2.1절)과 튕기는 공(2.2.2절)이고, 땅에 서있는 사람에 대한 흔하지만 틀린 그림을 고치겠다(2.2.3절).

2.2.1 떨어지는 돌

첫 번째 예제는 땅으로 떨어지는 돌이다.

▶ 대기와 공기 끌림을 무시하면 자유물체그림은 어떻게 되는가?

이 그림은 2.1절의 복잡한 요령을 사용하지 않고 그릴 수 있다. 그러나 어쨌든 그 요령을 사용하여 결과를 이미 알고 있는 상황에서 이것을 연습하고, 따라서 요령의 단계를 주의할 수 있다.

여기서 돌은 주된 물체이다. 대기가 없으면 (짧은 영역의 상호작용을 다루는) 일단계는 더이상 간단해질 수 없다. 어떤 물체도 돌과 닿아있지 않으므로 어떤 짧은 영역의 접촉 상호작용도 참여하지 않는다.

(긴 영역의 힘을 그리는) 2b 단계에서 돌의 유일한 긴 영역의 상호작용은 지구와의 중력상호작용이다. 그러므로 이것을 밝히고 나면 (긴 영역의 상호작용을 구하는) 2a 단계를 완성하였다. 대응되는 물체인 지구가 유일한 이차 물체가 된다.

(긴 영역의 힘을 그리는) 2b 단계에서 유일한 긴 영역의 상호작용을 두 부분으로 나눈다. $\mathbf{F}_{\text{earth on stone}}$과 $\mathbf{F}_{\text{stone on earth}}$이다. (그림 2.5) (1.12)의 각 힘의 크기는 크기가 mg이다. 여기서 m은 돌의 질량이다. 돌에 작용하는 힘은 돌로부터 지구의 (중심)으로 향한다. 이차 물체인 지구는 주된 물체와 작용하므로 지구의 그림 또한 자유물체그림이다.

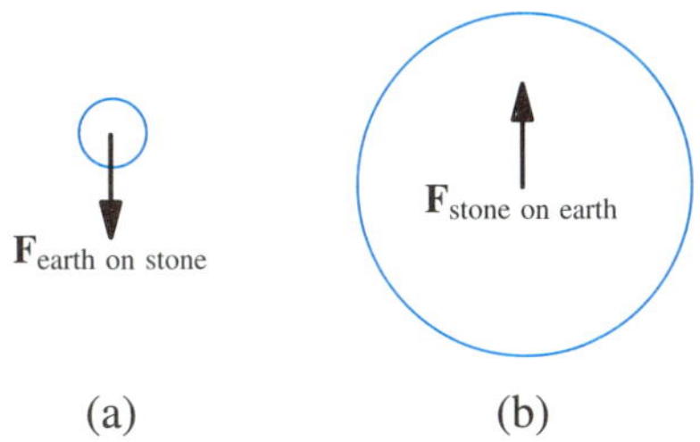

그림 2.5 돌과 지구의 자유물체그림. (a) (주된 물체인) 돌, (b) (이차 물체인) 지구

이 자유물체그림은 자유롭지 않은 물체에 대한 가능한 제일 단순한 그림이다. 각 물체는 단지 한 힘인 피할 수 없는 중력을 받는다. 이와 같은 물체는 자유낙하한다고 한다. 따라서 지구도 자유낙하하고 있다! 그리고 어떤 운동도 떨어지는 것에 대한 일상적인 이해에서는 벗어나지만 (공기저항이 없는) 던진 돌도 그렇고, 태양 주위를 도는 혜성도 그렇다.

선택적인 3단계에서는 상호작용하는 물체에 점선을 그려서 상호작용의 원인을 나타낸다. (그림 2.6)

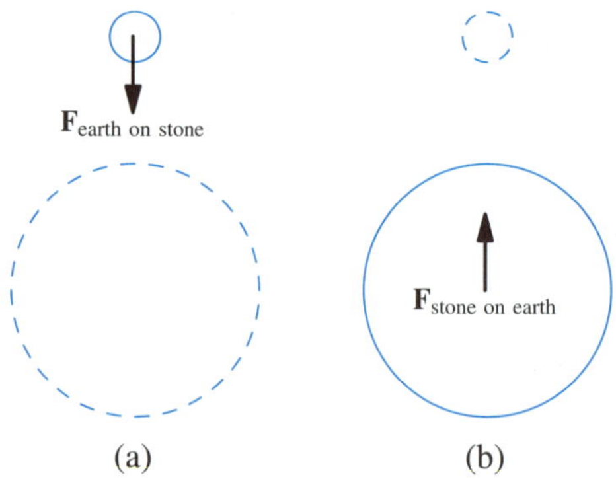

그림 2.6 상호작용의 짝을 알려주는 돌과 지구의 자유물체그림. (a) 돌. 점선으로 그린 지구는 중력상호작용에 대한 돌의 짝이라는 것을 나타낸다. (b) (점선으로 그린 돌을 함께 그린) 지구

2.2.2 튕기는 공

다음 예제는 끌림이 없는 튕기는 공이다. (그림 2.7)

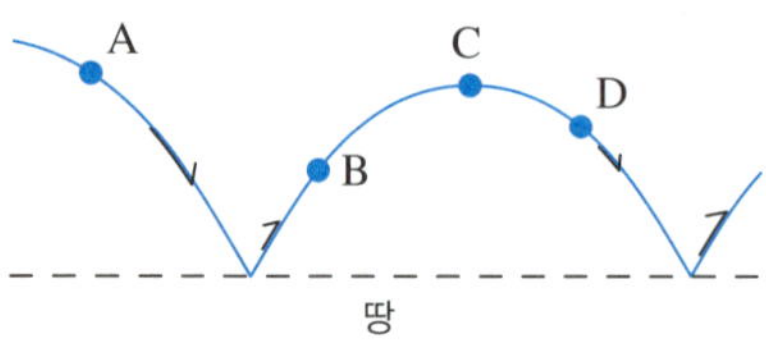

그림 2.7 땅에서 두 번 튕기는 것을 나타낸 튀는 공의 경로

▶ A, B, C와 D의 위치에서 공에 대한 자유물체그림은 무엇인가?

각각의 위치에서 공은 우리가 무시하는 공기만을 접촉한다. 그래서 이것은 이미 자유물체이고, (접촉 상호작용을 다루는) 1단계를 건너뛰겠다.

다음으로 긴 영역의 상호작용이다(2단계). 공의 유일한 긴 영역의 상호작용(2a단계)은 지구와의 상호작용이다. 이 상호작용의 $\mathbf{F}_{\text{earth on ball}}$ 쪽은 공의 그림으로 간다. 그 크기는 mg이고 지구 중심을 향한다. 따라서 삼각형의 질문에 답하면 다음과 같다. 각각의 위치 A, B, C와 D에서 공의 그림은 아래 방향의 힘 mg이고, 다른 힘은 없다. (그림 2.8) 공은 자유 중력운동(자유낙하)을 한다.

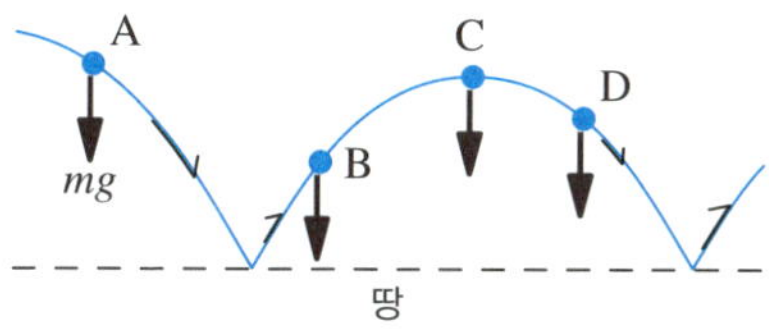

그림 2.8 각각의 점에서 공의 자유물체그림. 공에 작용하는 유일한 힘은 아래로 향하는 중력 mg이다.

이 그림을 그릴 때 아마 요령이 필요하지 않을 것이다. 그러나 어쨌든 천천히 요령을 따라가면 공의 운동 방향을 향하는 가짜 "운동의 힘"을 포함한 흔한 함정을 피할 수 있다. (연습문제 2.1을 풀어보아라.)

◀ 적어도 공이 공중에 있는 한 공의 자유물체그림은 떨어지는 돌의 그림과 같지만, 공은 돌과는 다르게 움직인다. 어떻게, 그리고 왜 그런가?

이 질문은 Newton 역학의 핵심을 물어보는 것이다. 무엇이 새로운 것이며, 왜 이해하기 어려운가? 이 물체에 작용하는 유일한 힘은 (아래로 향하는 mg로) 같지만, 힘은 단지 운동을 변화시키지, 직접 운동을 일으키지는 않는다. 이 직관에 어긋나는 개념은 4.1절에서 자세히 다루고, 이제 지겹도록 친숙해질 것이다.

여기서 공의 운동과 돌의 운동은 마찬가지로 변한다. 그러나 돌은 정지상태에서 시작했고, 공은 옆으로 움직이며 시작했다. 공이 옆으로 움직이는 것은 계속되며 이를 설명하기 위해 옆 방향의 힘이 필요하지 않다. 일정한 옆 방향의 운동과 아래로 향하는 중력 때문에 변화시키는 아래 방향의 변하는 운동을 더하면 공의 곡선 경로를 얻는다.

2.2.3 땅 위에 서있기. 잘못 그린 그림.

그림 2.9에 흔히 보는 틀린 자유물체 그림을 나타내었다.

▶ (이름 붙이는 것이 빠진 것 이외에) 이 그림에 틀린 것은 무엇인가?

사람은 자유롭지 않고, 여전히 지구와 닿아있다. 따라서 1a 단계를 넘어갔다. 이 과정의 실수 때문에 접촉점에서 힘의 화살은 분명하지 않다. 상자(사람) 안의 아래에 있는 아래로 향하는 힘은 지구에 작용하는가, 사람에 작용하는가? 2.1절에서 보았듯이 지구에 작용하지만, 틀린 그림에는 이 중요한 정보가 숨겨져 있다.

마찬가지로 원(지구) 안쪽에 위에 있는 윗방향의 힘은 지구에 작용하는가, 사람에 작용하는가?

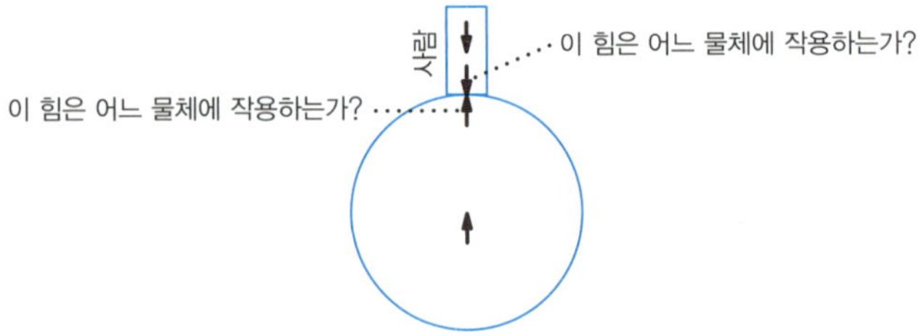

그림 2.9 (틀린) 흔한 자유물체그림

이 예제는 1a 단계를 기억시키려고 만든 것이다. 자유물체그림을 만들려면 주된 물체를 이것과 닿아있는 모든 물체에서 뜯어내고, 각각의 접촉점을 접촉 상호작용으로 바꾼다. 그러면 1b 단계에서는 각각의 접촉 상호작용의 한쪽에 주된 그림을 놓는다.

2.3 미묘한 문제: 상자 안의 땅벌

이 장에서 자유물체그림을 만드는 마지막 예제로 다음의 문제를 풀어보자. 이것은 땅벌이 있는 상자와 함께 화물을 실은 트럭에 관한 것이다. (어떤 벌도 이 실험을 상상하는 데 다치지 않는다. 상자에는 구멍이 있어서 벌은 충분한 산소를 얻을 수 있다.) 너무 무거운지 확인하기 위해 무게 측정소에 들렀다. 도로의 한계는 10톤이다. (10^4 킬로그램, 혹은 10^7 그램이다.) 아깝게도 저울에 올렸을 때 트럭의 무게는 10.00001 톤이어서 한도에서 10 그램을 넘었다.

문제: 운전사는 벌의 도움을 얻어 트럭의 무게를 줄일 수 있는가? 예를 들어 벌이 상자 바닥에서 평화롭게 자고 있을 때 상자를 쳐서 벌을 깨워 떠오르게 하면 어떻게 될까? 벌이 날고 있는 동안 트럭의 무게는 작아지는가?

이 문제를 풀려면 여러 사실 중에 무게, 그리고 무게와 중력 사이의 차이를 이해해야 한다. 따라서 이러한 개념을 논의한 후에 (7.4.5절에서) 완전히 풀 것이다. 그러나 이것을 푸는 첫 번째 단계는 이제 만들 자유물체그림이다.

자유물체그림을 그릴 때 중요한 단계는 올바른 주된 물체를 고르는 것이다. 트럭, 저울, 상자, 혹은 벌일 수도 있다.

혹은 이 물체를 결합할 수도 있다. 왜냐하면 Newton의 법칙에서 어떤 것도 주된 (혹은 이차) 물체가 하나의 강체일 필요는 없다. 천문학에서 유용한 주된 물체는 은하계에 있는 수십 억 개의 별이다. 여기서는 벌이 날고 있을 때 (벌을 둘러싼 상상하고 있는 상자와) 모든 벌이다. 혹은 벌을 둘러싸고 있는 물리적인 상자와 더불어 모든 벌일 수도 있다. 간단히 말하면 주된(혹은 임의의 이차) 물체는 합성할 수 있다.

주된 물체의 합성에 대한 가능성을 걸러내기 위해 적어도 트럭은 제거하자. 이제 벌 상자는 저울 위에 직접 놓여 있다. (전통적인 목욕탕 저울을 생각하자. 그림 2.10 참조) 이 저울의 눈금은 10.01 킬로그램이다. (10 그램 많다.) 수정된 문제에는 원래 문제와 같은 수수께끼가 있다. 상자를 두드리거나 벌의 운동에 영향을 주는 다른 행동으로 인해 무게를 10 킬로그램 아래로 줄일 수 있을까?

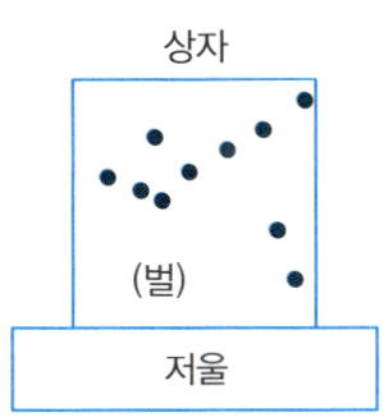

그림 2.10 벌이 있는 상자가 저울 위에 있다. 벌이 상자 바닥에 있을 때 저울 눈금은 10.01 킬로그램이다.

경험적인 규칙에 의하면 주된 물체의 상호작용을 걸러내도록 주된 물체를 자유롭게 선택한다. 이로 인해 남은 상호작용은 관심있는 모든 힘을 포함하기만 하면 된다. 그러나 여기서 그 힘은 무엇인가? 7.4절에서 배우겠지만 (용수철) 저울은 윗면에 작용하는 수직항력 N을 측정하고, 이 힘의 크기 N을 표시한다. (이 N은 N/g을 이용하여 질량의 단위로 바꾼다.) 따라서 관심있는 힘은 저울 윗면에 작용하는 수직항력이다.

그러면 주된 물체에 대한 놀라운 최선의 선택은 벌이 있는 상자이다. 이 합성물체에는 두 가지 상호작용만 있다. (그림 2.11) 이 개수는 즐겁게도 매우 적다.

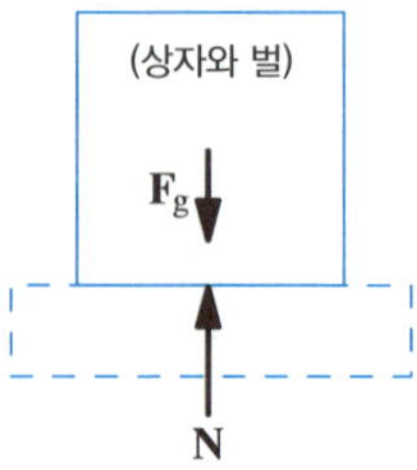

그림 2.11 상자와 벌의 자유물체그림. 아래의 점선 상자는 수직항력의 원인(저울)을 알려준다.

따라서 지구에 서있는 사람에 대한 자유물체그림과 같이(2.1절) 이 자유물체그림에는 단지 두 힘만 있다. 저울에 의한 수직항력과 지구에 의한 중력이다. 이 수직항력의 크기 N은 또한 저울에 작용하는 수직항력의 크기이기도 하다. (제3법칙의 결과이다.) 따라서 주된 물체의 상호작용이 관심있는 힘을 포함한다.

그러면 문제는 다음과 같다. N은 벌의 운동을 변화시키면 작게 만들 수 있는가? 조심스럽게 선택한 자유물체는 그 자체로 답이 되지는 않지만 이 문제를 Newton의 언어로 번역할 수 있게 도와주며 문제를 풀 수 있게 된다. 이 답은 7.4.5절에서 다루겠다.

2.4 연습문제

2.1 그림 2.7의 튀는 공에 작용하는 힘을 그릴 때 하는 흔한 실수는 운동 방향의 힘을 포함하는 것이다. 예를 들어 위치 A에서 아래쪽과 오른쪽, 혹은 위치 C에서 오른쪽이다. 1장에서 알고 있는 힘과 상호작용을 기초로 하면 고집있는 학생에게 이와 같은 힘을 포함시키지 않도록 설득시킬 수 있는가?

2.2 한 바퀴를 도는 트랙 주위로 도는 롤러코스터 차가 경로의 꼭대기에 있다. (그림 2.12a) 공기저항을 무시하면 자유물체그림(그린 2.12b)에는 놀랍게도 아래로 향하는 힘만 있다. (7장과 연습문제 7.19에서 위로 향하는 어떤 힘도 없이 궤도 위에 있을 수 있는지 배울 것이다.) 궤도와 (땅을 포함하는) 지구에 대한 이름을 붙인 자유물체그림을 그려라.

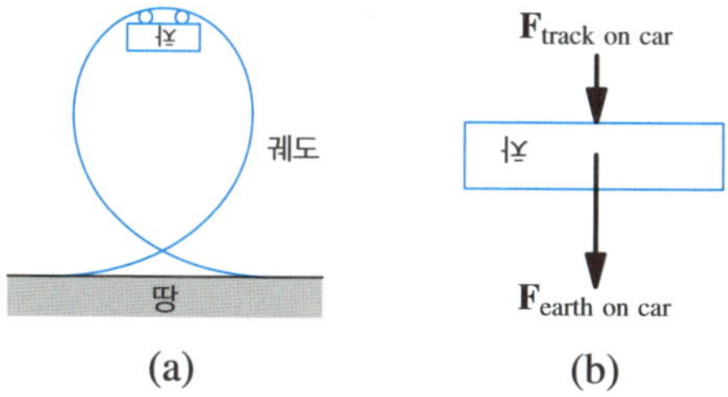

그림 2.12 롤러코스터 차와 자유물체그림. (a) 한 바퀴를 도는 차. (b) 롤러코스터 차가 궤도의 꼭대기에 있을 때 이 차의 자유물체 그림

03

Newton의 제1법칙: Newton의 제2법칙에 대한 사용허가

이제 모든 힘은 상호작용의 한 면(Newton의 제3법칙)이라는 것을 알게 되었다. 다음의 놀라운 단계는 상호작용이 전혀 없는 물체를 상상하는 것이다. 머리속에 그림을 그리는 것이 Newton의 제1법칙을 사용하는 첫 단계이다.

Newton의 제1법칙 아무 힘도 작용하는 않는 물체는 일정한 속도로 계속 (일정한 속력으로 한 직선 위로) 움직인다.

제1법칙으로 중요한 시험을 할 수 있다. 어떤 삼차원 공간인 좌표계가 이 시험을 통과하면 Newton의 제2법칙은 이 좌표계에서 성립하고, 제2법칙을 자유롭게 사용할 수 있다. 만일 한 좌표계가 이 시험을 통과하지 못하면 제2법칙을 사용할 수 없다. 제2법칙은 Newton 역학의 주된 부분이다. 이 법칙은 수학적으로 힘이 무엇을 하는지(즉 운동에 미치는 효과가 무엇인지) 기술한다. 운동을 이해하고 계획할 때 Newton 역학을 사용하려면 제2법칙을 사용할 수 있는지 알아야 한다.

그러기 위해 먼저 좌표계가 무엇인지 배워야 한다. (3.1절) 둘째로 제1법칙을 사용하여 좌표계를 어떻게 시험하는지 배운다. (3.2절) 셋째, 흔한 잘못된 좌표계를 볼 것이다. (3.3절) 마지막으로 새로운 지나가는 좌표계를 어떻게 만드는지 배울 것이다. (3.4절)

3.1 좌표계

좌표계는 세상을 보는 틀이다. Newton 역학에서는 (위치를 바꾸기 위해) 움직이고, (방향을 바꾸기 위해) 회전하는 무한히 큰 삼차원 유클리드 공간이다. 이것을 딱딱한 금속 막대로 만든 무한한 창살로 생각하자. 그러면 "(강체) 물체 X의 좌표계"란 X에 붙어있고, X와 함께 움직이고, 회전하는 창살을 의미한다.

창살의 운동과 회전은 (물체 X가 있는) 원점이라는 위치를 선택하고, 이 점에서 퍼져 나가는 세 개의 서로 수직인 막대를 선택하여 기술할 수 있다. (그림 3.1) 예를 들어 첫 번째 막대를 빨간색으로, 두 번째는 녹색, 세 번째는 파란색으로 칠하자. 그러면 창살의 운동은 원점의 위치와 빨강, 녹색, 파랑 막대의 방향으로 기술할 수 있다.

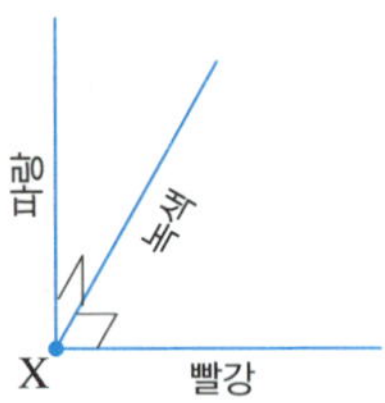

그림 3.1 좌표계의 위치와 방향 기술하기. 원점은 X이다. 빨강, 파랑, 녹색 막대는 서로 수직이고, 녹색 막대는 지면으로 들어간다. X의 위치와 세 막대의 방향으로 좌표계의 위치와 방향을 지정한다.

그러나 이 점과 세 개의 색칠한 막대에 특별한 것은 없다. 특히 어떤 관측자도 원점에 있지 않다. 오히려 Newton 역학에서 관측자는 모든 곳에 있고 무한한 전체 공간을 한 번에 본다. 이렇게 말하고 나면, 제1법칙 시험에서 중요한 단계인 물체가 좌표계에서 어떻게 움직이는지 결정하려면 먼저 머릿속에 원점에 관측자를 놓고, 좌표계의 방향에 따라 관측자의 방향을 정한다. 가끔 필자를 관측자로 생각하는데 아마도 너무 집중해서 그럴 수도 있고, 이렇게 하면 좌표계의 운동과 회전을 느끼는 감정을 더 강하게 느끼기 때문이다. 좌표계의 예를 들어보겠다.

1. **지구좌표계.** 이 좌표계는 태양을 주위로 지구를 돌고, 지구가 자전할 때 지구와 함께 회전한다. 이 좌표계는 일상생활에서 가장 흔하며 어떤 좌표계도 지정되지 않았을 때 보통 사용한다.

2. **직선 철로에서 일정한 속력으로 움직이는 기차의 좌표계.** 이 좌표계는 일정한 속도로 움직이고, 철로가 직선이므로 방향은 변하지 않는다. 그러나 여기서 미묘한 점을 숨겼다. "일정한 속도"와 "방향이 변하지 않는다"고 한 것은 누가 보고 있느냐에 따라 정해지기 때문이다. 더 공식적으로는 이러한 기술은 기차의 운동과 회전을 기술하기 위해 사용하는 기본좌표계에 의존한다. 지정하지 않으면 이 기본좌표계는 보통 여기처럼 지구의 좌표계(좌표계 1)이다.
3. **지구로 자유낙하하는 엘리베이터의 좌표계.** 이 좌표계는 Einstein이 중력과 일반상대론을 만들 때 사용했다. Einstein은 왜 중력이 전혀 힘이 아닌지 설명하기 위해 이 좌표계를 사용하였다! 이 놀라운 이야기는 8.3.2절에서 간단히 말하겠다.
4. **지구 중심과 같이 움직이지만, 지구와 같이 회전하지는 않는 좌표계.** 이 좌표계(그림 3.2)는 좌표계 1과는 달리 방향이 변하지 않는다. 여기서도 이 좌표계가 방향을 변하는지는 누가 보고 있는가에 의해 결정된다. 그러면 "지구와 함께 회전하지 않는다"는 것은 위에서 태양계를 내려다보았을 때 막대로 만든 창살은 움직이지만 회전하지 않는다는 것을 의미한다. 예를 들어 빨간 막대("r")는 항상 오른쪽을 향한다.

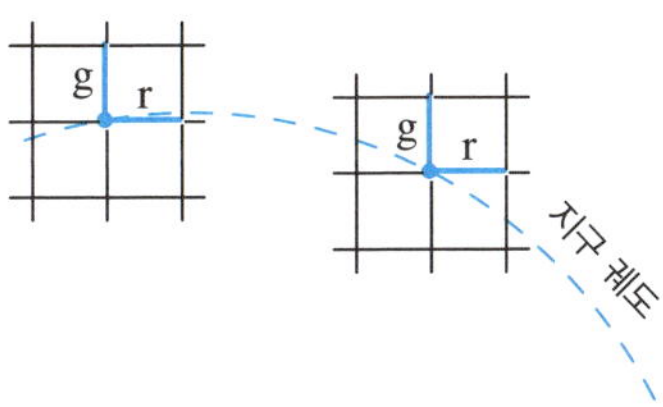

그림 3.2 원점이 움직이는 회전하지 않는 창살. 녹색과 빨간 막대는 기초좌표계에서 보면 그 방향을 유지한다.

5. **회전하는 회전목마에 고정된 좌표계.** 원점은 항상 회전목마의 중심에 있는 이 좌표계는 회전목마와 같이 회전하며 방향이 변한다.

3.2 시험 적용하기

3.1절의 흔한 좌표계를 포함한 어떤 좌표계에서도 Newton의 제2법칙이 성립하는지 알아야 한다. 즉 제2법칙을 통해 물체에 작용하는 힘과 물체의 운동변화를 연관시킬 수 있는가? 이 질문은 제1법칙 시험으로 해결된다. 이 시험은 두 단계를 거친다.

1. **고립된 물체를 준비한다.** 시험물체인 한 물체를 선택하고, 여기서 모든 상호작용을 제거한다. 이렇게 제거하는 데에는 짧은 영역과 긴 영역 상호작용의 두 부분이 있다. (1.2.3절) 짧은 영역의 상호작용을 제거하려면 시험물체가 다른 어떤 물체와도 닿아있지 않는 것을 확인한다. 긴 영역의 상호작용을 제거하려면 어떤 다른 물체도 중력으로 시험물체를 잡아당기지 않는다는 것을 확인한다. (여기서 긴 영역의 전자기적 상호작용은 무시하였다.) 이제 고립된 시험물체의 자유물체그림은 간단하다. 이것은 힘의 화살이 없는 시험물체뿐이다.
2. **물체의 운동을 관찰한다.** 후보 기준계에서 시험물체가 어떻게 움직이는지 관찰한다. 일정한 속력으로 직선 위에서 움직이는 일정한 속도로 운동을 한다면 이 좌표계는 시험을 통과한다. 이것은 관성좌표계이다. Newton의 제2법칙은 관성계에서만 성립한다.

좌표계를 시험할 때 필요조건과 충분조건을 구별하는 것이 중요하다. (어떤 상호작용도 하지 않는 물체인) 고립된 물체를 준비하고, 그 운동을 관찰하는 것은 충분조건이다. 그러나 놀랍게도 고립된 물체를 발견하는 것은 필요조건이 아니다. 고립된 물체가 없는 세상에서도 그 세상을 기술하는 데 사용하는 좌표계는 여전히 관성좌표계일 수도 있고, 제2법칙이 여전히 성립할 수도 있다. 하지만 어떻게 알 수 있는가? 이 경우 물리적인 실험보다는 사고실험을 상상하여 제1법칙을 시험한다.

이 문제는 단지 이론적인 것은 아니다. 가장 관심있는 좌표계는 지구좌표계(3.1절의 예로 든 좌표계 중 좌표계 1)로 고립된 물체는 전혀 없다. 각각의 물체는 지구와 중력 상호작용을 한다. 그러면 제2법칙이 성립되는지 어떻게 시험할 수 있는가?

가장 완전한 대답은 지구에서 매우 멀리 떨어진, 예를 들어 화성까지 거리의 반이 되는 곳에서 지구 중력의 효과가 매우 작을 때 시험물체를 사용한다. 물리적인 실험을 사용한 이 답은 돈이 많이 든다.

그 대신 사고실험을 사용하자. 좌표계를 지구표면의 작은 부분만으로 제한하고 수직운동을 무시한 문제의 일부만을 생각하자. 중력은 물체를 수직 방향으로만 잡아당기기 때문에 이 이차원 좌표계의 범위 밖으로 나가는 운동을 만든다. 마찬가지로 수직항력도 이 좌표계의 범위 밖으로 나가게 한다.

그러면 물체를 (좌표계 안의 방향인) 수평방향만 고려하는 시험물체를 고립시킨다. 중력을 무시하면 긴 영역의 상호작용은 없다. 짧은 영역의 상호작용 중 무시하지 않은 부분, 즉 (마찰과 공기저항을 포함한) 수평방향 부분을 제거하려면 공기가 없는 세계에서 완전히 매끄러운 면 위에 물체를 놓는다. 따라서 공기가 없는 지구에서 완전히 매끄러운 얼음으로 덮인 호수 위의 물체를 상상한다.

이제 시험을 적용한다. (2단계) (물체를 가만히 놓아두고 시험을 할 수도 있지만) 시험물체를 때려 움직이게 한 후 물체가 일정한 속력으로 직선 위를 움직이는, 즉 일정한 속도로 움직이는지 확인한다. (예를 들어 얼어붙은 호수 위에 서있는 것처럼) 지구 표면에 붙어있고, 매끄러운 표면의 일상적인 경험을 이상적인, 완벽하게 매끄러움 표면으로 연장시키면 물체는 얼음 위에서 일정한 속도로 움직이는 것을 보게 된다. 따라서 지구 표면의 작은 부분인 이차원 좌표계는 시험을 통과하고, 관성좌표계가 된다.

(매우 조심스럽게 하려면 한 조건이 더 필요하다. 즉 시험이 너무 오래 지속되지 않아서, 예를 들어 하루 중 매우 짧은 동안 시험해서 시험물체의 경로가 지구, 따라서 그 위에 있는 얼음판에 의해 크게 영향을 받지 않아야 한다. 이 조건을 표현하는 다른 방법은 8.1절에서 논의할 Coriolis 힘이 시험물체 속도에 크게 영향을 미치지 않아야 한다.)

◀ 그러나 세 번째인 수직방향은 어떻게 되는가? 삼차원 좌표계는 여전히 관성계인가?

이차원 분석에서 방금 무시한 수직힘 때문에 세 번째 차원은 정말로 미묘하다. 나무에서 떨어지려고 하는 사과를 시험물체로 하자. 사과가 매달린 가지가 부러진 직후 사과에 작용하는 유일한 힘은 (공기저항이 없는 공기가 없는 세상에서) 중력뿐이다. 이 시험물체를 고립시키기 위해 중력을 끄는 사고실험을 해보자. 그러면 (공기가 없는 세상에서 기술할 수 있다면) 사과는 공기 중에 떠있다. "움직이지 않는 것"은 일정한 속도로 움직이는 특별한 경우이다. 따라서 삼차원 좌표계는 관성계이다.

◀ 지구는 자전하는데 어떻게 관성좌표계가 될 수 있는가?

그렇지 않지만, 매우 가깝다. 예를 들어 전력으로 돌을 던질 때에도 그 궤도에서 지구 자전 효과를 거의 검출할 수 없다. 그러나 더 긴 거리를 여행하면, 예를 들어 우주선, 장거리포 혹은 철새와 같은 경우 이 효과는 크고, 포함시켜야 한다. 이것은 8.1절에서 다룰 것이다. 그때까지 지구좌표계를 관성좌표계로 취급할 것이다.

3.3 비관성계

모든 좌표계가 관성좌표계가 될 수는 없다. 그렇지 않다면 제1법칙은 필요가 없을 것이다. 비관성좌표계를 만들기 위해서는 회전하고 있는 회전목마의 중심에 서서 단지 수평인 이차원에서 운동을 고려하자. 시험물체인 돌이 회전목마 바로 바깥쪽에 완벽하게 매끄러운 얼음 위에 놓여 있다. 이 물체에 수평 상호작용이 작용하지 않으므로 단계 1을 마쳤다. 단계 2를 수행하기 전에 돌 옆에 얼음 위에 서있는 사람은 돌이 일정한 (0인) 속도로 움직이는 것을 보기 때문에 지구좌표계인 이 사람의 좌표계는 관성계이다.

이제 단계 2를 보자. 회전하는 회전목마의 중심에 있는 사람은 같은 돌이 이 사람을 중심으로 한 원 위를 움직이는 것을 본다. 회전목마가 일정한 비율로 회전하면 돌은 일정한 속력으로 움직이는 것을 볼 것이다. 그러나 일정한 속력만으로는 1차법칙 시험을 통과하기에는 충분하지 않다. 이 시험에서는 일정한 속도가 필요하다. 즉 일정한 속력과 고정된 방향이다. 여기서 돌이 원 주위를 움직일 때 돌의 방향은 변한다. 따라서 회전목마의 좌표계는 이 회전 때문에 시험에 실패하고, 관성좌표계가 되지 않는다. 이 좌표계에서 제2법칙은 사용할 수 없다.

(3.2절에서 얼음판 좌표계에서 시험은 지구의 회전 때문에 시험물체의 경로가 심각하게 영향을 받지 않도록 너무 오래 지속되지 말아야 한다는 조건을 뒤집어야 한다. 여기서 이 시험은 회전목마의 회전주기의 상당한 부분 동안 지속되어야 한다. 그러면 좌표계의 회전은 시험물체의 경로에 상당한 영향을 미칠 것이다.)

제2법칙을 사용하지 말아야 할 다른 예제로 커브를 도는 자동차 안에 앉아 있는 경우를 상상하자. (1.2.1절) 이 분석을 하면 자주 혼동스럽게 된다. 예를 들어 제1법칙 시험을 먼저 적용하면 피할 수 있는 가상적인 힘이 나타난다.

▶ 자동차 안에 앉아 있으면 관성좌표계에 있는 것인가?

이것을 결정하려면 얼어붙은 호수 위에 있는 고립된 돌과 같은 시험물체가 필요하다. 자동차와 함께 움직이고 회전하는 승객의 관점에서 보면 돌은 곡선 경로로 움직인다. 따라서 이것은 관성좌표계가 아니다. 그러므로 이 좌표계에서 Newton의 제2법칙은 성립하지 않는다. 특히 원심력과 구심력에 대한 위험한 오류는 제2법칙을 무턱대고 사용하기 때문에 생기므로 이 정보가 유익하다. (다 자세한 것은 7.3.2절에서 다룬다.) 제1법칙의 시험을 사용하면 이러한 문제는 나타나지 않는다.

3.4 새로운 관성계 만들기

관성좌표계를 찾는 것은 세 법칙 중 가장 중요한 Newton의 제2법칙을 사용하는 데 필요한 사전조건이다. 그러나 지금까지 지구에 고정된 좌표계인 단 하나의 관성좌표계만을 보았다. 하지만 이것도 어림한 관성계이다. Newton의 법칙이 이 한 좌표계에서만 적용된다면 이것을 법칙이라고 부를 가치는 거의 없다.

◀ 다른 관성계가 있는가?

있다! 기본 관성계에 대해 일정한 속도로 (그리고 회전하지 않는) 어떤 좌표계 또한 관성계이다. 이와 같은 유도 관성계의 고전적인 예는 일정한 속도로 움직이는 기차이다. (그림 3.3) “일정한 속도”란 철로는 완벽하게 직선이고 매끄럽다는 것을 뜻한다. 어떤 회전과 둔덕도 아주 작더라도 기차의 방향을 바꿀 것이다.

제1법칙을 이용하여 이 계를 시험하려면 기본 관성계인 큰 얼어붙은 호수를 상상하자. 그리고 이 호수를 지나는 이상적인 직선 철로가 있다. 시험물체는 북쪽으로 초당 30 미터(시간당 108 킬로미터)로 움직이는 돌이다. 기차는 동쪽으로 초당 40 미터(시간당 144 킬로미터)로 움직인다.

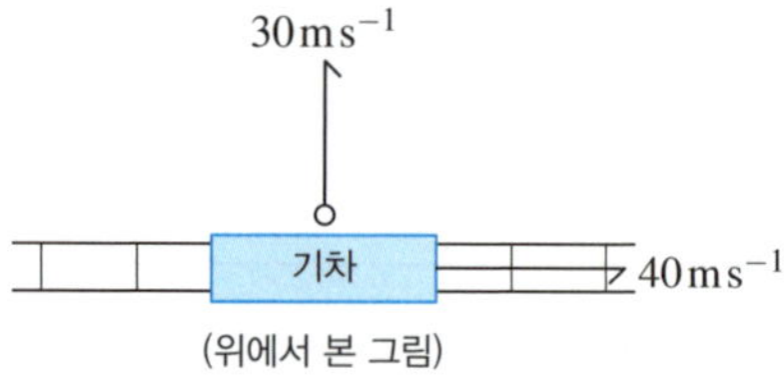

그림 3.3 북쪽으로 움직이는 돌을 지나 동쪽으로 가는 기차. 기차의 속도와 돌의 속도는 기본 관성계인 철로가 있는 얼어붙은 호수에서 측정한다.

▶ 기차의 좌표계에서 돌의 속도는 얼마인가?

돌이 (북쪽으로 움직이는 대신) 얼음에 고정되어 있다면 기차 승객은 돌이 초당 40미터로 (서쪽인) 뒤로 움직이는 것을 볼 것이다. 돌은 사실 (얼어붙은 호수에 대해) 초당 30 미터로 움직이기 때문에 기차 승객은 두 운동이 결합해서 움직이는 것을 관측한다. (그림 3.4)

$$\mathbf{v} = 30\,\mathrm{m\,s^{-1}}\ \text{북쪽} + 40\,\mathrm{m\,s^{-1}}\ \text{서쪽}. \tag{3.1}$$

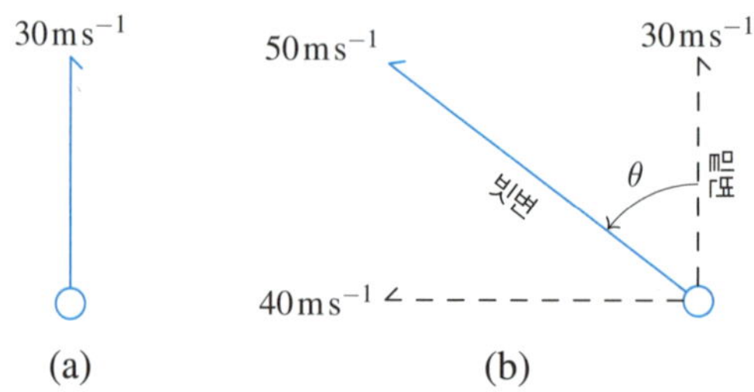

그림 3.4 두 관성계에서 측정한 돌의 속도. (a) 기본 좌표계(언 호수)에서 돌은 북쪽으로 움직인다. (b) 기차 좌표계에서 돌은 역시 서쪽으로 움직이고, 그 속도는 북쪽에 대해 각도 θ를 이룬다.

다른 방법을 사용하면 어떤 벡터와 마찬가지로 이 속도는 크기(속력)과 방향으로 기술할 수 있다. 피타고라스 정리에 의하면 (기차좌표계에서 본) 돌의 속력 v는 초당 50 미터이다.

$$v = \sqrt{(40\,\mathrm{m\,s^{-1}})^2 + (30\,\mathrm{m\,s^{-1}})^2} = 50\,\mathrm{m\,s^{-1}}. \tag{3.2}$$

(두 속도의 벡터합은 3−4−5의 직각삼각형을 이룬다.) 돌의 방향을 각도 θ로 정해진다. 코사인의 정의에 의하면

$$\cos\theta \equiv \frac{\text{base}}{\text{hypotenuse}} = \frac{30\,\text{m s}^{-1}}{50\,\text{m s}^{-1}} = 0.6 \tag{3.3}$$

을 얻는다. 따라서 θ는 대략 55도이다.

$$\theta = \arccos 0.6 \approx 55°. \tag{3.4}$$

그러므로 삼각형에 대한 두 번째 답은 다음과 같다. 돌은 거의 북서쪽으로 초당 50미터로 움직인다. (더 정확하게 말하면 나침반에서 약 305도를 향하는 방향이다.)

(3.2)로 주어진 돌의 속력과 (3.4)로 주어진 방향이 고정되어 있으므로 기차 좌표계는 제1법칙 시험을 통과한다.

이 계산을 통해 새로운 비회전 좌표계에서 물체의 속도를 어떻게 계산하는지 알 수 있다. 그 과정은 다음과 같다.

$$\begin{pmatrix}\text{새로운}\\ \text{좌표계에서 본}\\ \text{시험물체의 속도}\end{pmatrix} = \begin{pmatrix}\text{기본}\\ \text{좌표계에서 본}\\ \text{시험물체의 속도}\end{pmatrix} - \begin{pmatrix}\text{기본}\\ \text{좌표계에서 본}\\ \text{새 좌표계의 속도}\end{pmatrix}. \tag{3.5}$$

(기본좌표계에서 본) 새로운 좌표계의 속도가 일정하면 새 좌표계는 기본좌표계의 제1법칙의 시험 결과와 같은 결과를 얻는다. 기본좌표계에서 일정한 속도로 움직이는 시험물체는 새로운 좌표계에서 일정한 속도로 움직일 것이다. 마찬가지로 기본좌표계에서 일정하지 않은 속도로 움직이는 시험물체는 새로운 좌표계에서도 일정하지 않은 속도로 움직일 것이다. 따라서 새로운 좌표계는 기본좌표계가 관성계인 한 관성좌표계가 되고, 그 역도 성립한다.

요약하면 새로운 관성좌표계를 만들려면 알려진 (회전하지 않는) 관성계에 대해 일정한 속도로 움직이는 좌표계를 구하면 된다. 이제 몇 개의 관성좌표계를 알고, 다른 계는 어떻게 만드는지 알게 되었으므로 이제 제2법칙을 사용할 차례이다. 이것은 역학의 주된 근원이고, 다음 장에서 소개할 것이다.

3.5 연습문제

3.1 지구 궤도 위의 몇 개의 위치에서 3.1절의 좌표계 1에 대한 막대 창살을 그려라. 이 좌표계는 태양 주위로 움직이고, 지구 중심축에 대해 자전하는 좌표계이다. 이 창살을 지구 중심과 함께 움직이지만 지구와 함께 자전하지 않는 계의 창살(3.1절의 좌표계 4)과 비교하여라.

3.2 기차가 앞으로 가속되어 초당 40 미터보다 빨리 움직이면 (기차 좌표계에서 볼 때) 돌의 경로는 어떻게 보이는가? 이 가속되는 기차좌표계는 관성좌표계인가?

04

Newton의 제2법칙 소개

좌표계가 제1법칙 시험(3.2절)을 통과했기 때문에 이제 Newton의 제2법칙을 사용할 준비가 되었다. 아무 힘도 작용하지 않는 고립된 물체는 일정한 속력으로 직선 위로 움직였다. 그러나 힘이 작용하면 운동은 어떻게 될까? 역학에서 가장 중요한 이 질문은 Newton의 제2법칙을 사용하여 대답할 수 있다.

이 법칙에는 세 개의 중요한 개념이 있다. 첫째, 힘은 물체의 운동을 **변화**시킨다. (4.1절) 둘째, 이 변화는 물체에 작용하는 힘의 합으로 만들어진다. (4.2절) 셋째 이 변화는 물체의 **질량**에 반비례한다. (4.3절) 각각의 개념을 다듬으면서 이것을 기호로 표시하겠다. 따라서 이 짧은 장의 끝에서 Newton의 제2법칙에 대한 공식적인 표현과 모든 기호의 의미를 알게 될 것이다.

4.1 힘은 운동을 변화시킨다

제2법칙의 첫 번째 개념은 힘이 운동을 **변화**시키는 것이다. 여기서 운동은 속도(벡터)를 뜻한다. 따라서 힘은 속도를 변화시킨다.

변하지 않는, 즉 일정한 속도의 운동은 적어도 Newton의 법칙에서는 설명할 필요가 없다. 왜냐하면 새로운 관성좌표계로 바꾸기만 하면(3.4절) 물체가 임의의 속도를 가질 수 있고, 제2법칙 역시 여기서 성립하기 때문이다. 그러나 물체 속도의 변화는 어느 관성계에서나 같으므로 설명해야할 필요가 있다. 제2법칙이 이를 설명하고, 그 원인을 힘이라고 부른다.

Newton의 제2법칙(개념 1) 힘은 (속도가 아니라) 가속도를 일으킨다.

속도는 크기와 방향이 있으므로 벡터이기 때문에 두 가지 방법으로 변할 수 있다. 첫째, 크기인 속력이 변할 수 있다. 물체가 속력이 커지거나 느려지면, 0이 아닌 가속도를 갖게 된다. 둘째, 운동 방향이 바뀔 수 있다. 원형 철로를 일정한 속력으로 움직이는 장난감 기차를 상상해보자. 이 기차의 속력은 고정되어 있지만 운동 방향이 바뀌기 때문에 가속도가 0이 아니다. 이 두 번째 방법은 가끔 슬쩍 넘어가는데 일상 용어에서 가속과 감속은 속력의 변화만을 언급하기 때문이다.

힘이 가속도를 만든다는 Newton의 개념은 가장 오해가 많기 때문에 세 개념 중 첫 번째로 놓았다. 이 오해는 옛날부터 우리 머리 깊이 박혀있었다.

옛날 수 백만 년전 아프리카 사바나 지역에 인류의 조상 부족이 살고 있었고, 각각 좋아하는 나무에 기대어 있다. (그림 4.1) 이 부족은 힘에 대한 견해로 나뉘어졌다. 한 파벌은 힘은 속도를 일으킨다고 믿었다. 다른 파벌은 Newton 이전에 Newton 처럼 생각하여 힘은 속도를 변화시킨다(힘은 가속도를 일으킨다)고 믿었다.

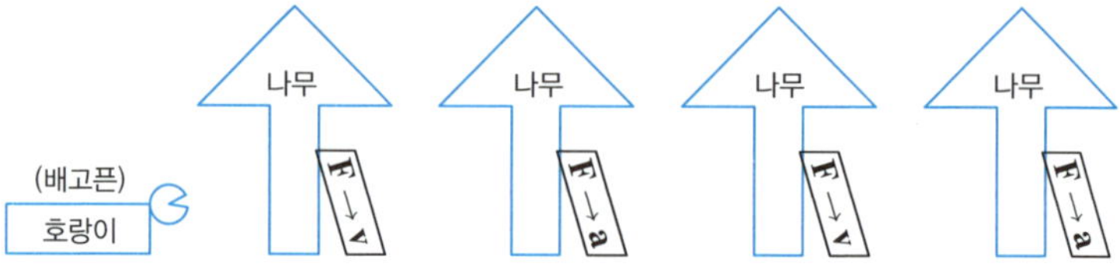

그림 4.1 사바나 지역의 인류 조상이 나무에 기대어있다. 이들은 힘이 속도 혹은 가속도를 일으키는가에 대해 다른 견해를 가지고 있다. 호랑이가 나타났을 때 **F→v** 부족은 열심히 달리고, 계속 달린다. **F→a**인 부족은 세게, 하지만 한 번만 나무를 민다. 이 Newton 이전 시대의 부족들은 후손을 거의 남기지 않았다.

맛있는 저녁감을 찾는 배고픈 호랑이가 왔다. 힘이 속도를 일으킨다고 믿는 파벌은 "도망가려면 큰 속력이 필요하니까 큰 힘을 가하는 것이 좋겠다"고 생각했고, 호랑이로부터 열심히 달렸다. 혁명적인 Newton의 생각을 가진 파벌은 힘은 속도를 변화시킬 때에만 필요하다고 믿으므로 한 번만 나무를 세게 밀어서, 이로 인해 생긴 속력으로 안전한 곳으로 갈 수 있다고 기대했다. 호랑이는 이 사람들 중 저녁감을 구하여, 이러한 믿음과 이를 믿는 사람들을 처리하였다.

Newton 식으로 생각하는 사람은 자손을 거의 남기지 않았고, 여러 세대가 지난 후 멸종되었다. 우리 조상은 모두 힘이 속도를 일으킨다고 생각하였고, 비록 호랑이가 더이상 이러한 생각을 배우는 사람을 잡아먹지는 않지만, 현재 학생들이 Newton 역학을 배우는 것이 어렵게 되었다.

4.2 중요한 것은 알짜힘이다

힘은 가속도를 일으킨다. 더 명백하게 말하면 물체에 작용한 힘은 물체의 가속도를 일으킨다. 그러나 이 말은 문제를 불러일으킨다. 어느 순간에 각 물체는 하나의 가속도를 갖는다. 그러나 어떤 물체도 하나의 상호작용를 하거나, 단지 한 힘만을 느끼는 경우는 거의 없다. 물체가 여러 상호작용에 참여하고, 여러 힘을 겪으면 어떤 일이 일어나는가? 이 질문에 대한 답은 Newton의 제2법칙의 두 번째 중요한 개념에 있다.

Newton의 제2법칙(개념 2) 여러 힘의 효과는 이들의 벡터합에 의한 효과이다.

이 벡터합을 알짜힘이라고 한다. 여기서 "알짜"는 "세금이나 할인이 적용될 때 빼고 남는" 상업적인 의미를 갖는다. [21, p.1178] 예를 들면 (포장지의 무게를 빼고 남은 무게인) "알짜 무게"가 그렇다. 이 개념을 역학으로 옮기려면 "빼는" 것을 "더하는" 것을 의미하는 것으로 일반화시키고, 그 부호를 유지한다. 벡터는 부호가 없으므로, 힘에 대해서는 부호란 개념은 방향으로 일반화된다. 그러면 "방향을 조심해서 따라가면 더하는" 것은 정확히 벡터합을 계산하는 방법을 기술한다. 이 벡터합에 대한 다른 이름은 영어권에서 흔히 사용하는데 "결과힘"이라고 한다. 여기서는 "알짜힘"이라는 용어를 사용하겠다. 왜냐하면 이것이 (벡터)합을 통해 결과를 어떻게 계산하는지 알려주기 때문이다.

기호를 사용하면 첫 두 개념은

$$\sum_i \mathbf{F}_i \text{가 } \mathbf{a}\text{를 일으킨다.} \tag{4.1}$$

$\sum$ 기호은 그리스 대문자인 시그마로 합을 의미한다. 아래첨자 i는 1, 2, 3...이고, 물체에 작용하는 각 힘에 대응하는 한 개의 숫자이다. $\mathbf{F}_i$는 i번째 힘이다. 따라서 $\sum_i \mathbf{F}_i$는

$$\sum_i \mathbf{F}_i \equiv \mathbf{F}_1 + \mathbf{F}_2 + \cdots \tag{4.2}$$

를 간단하게 나타낸 것이다.

예를 들어 사람이 땅 위에 서있으면 (1.1절) 사람에 작용하는 중력과 접촉힘인 두 힘은 크기가 같고, 방향이 반대이다. (이에 대해 5.1절에서 배울 것이다.) 따라서 벡터합은 0이다.

$$\sum_i \mathbf{F}_i = \mathbf{F}_{\text{earth on you}} + \mathbf{F}_{\text{ground on you}} = 0. \tag{4.3}$$

벡터합 $\sum_i \mathbf{F}_i$를 흔히 생략한 형태로 $\mathbf{F}_{\text{net}}$로 쓴다. 이 표기법을 사용하면 Newton의 제2법칙의 첫 두 개의 개념은 다음과 같은 단순한 형태를 갖는다.

$$\mathbf{F}_{\text{net}}\text{는 } \mathbf{a}\text{를 일으킨다.} \tag{4.4}$$

물체가 속력이 변하거나 방향이 바뀌는 가속도를 볼 때 물체에 여러 힘이 작용할 수 있고, 그 합이 가속도를 일으킨다는 것을 기억하자.

4.3 질량이 클수록 가속도는 작아진다

알짜힘이 가속도를 일으킨다는 것이 제2법칙의 전부인 힘의 가속도에 대한 효과일 수는 없다. 10 뉴턴의 힘이 기차에 작용하면 기차가 매끄러운 철로 위에 있다고 해도 기차의 운동을 거의 변화시키지 않는다. 큰 글자로 쓴 전쟁과 평화와 같은 두꺼운 책에 같은 힘이 작용하면 그 효과는 훨씬 크다. 이 직관을 세 번째 중요한 개념으로 표현한다.

Newton의 제2법칙(개념 3) 물체에 작용하는 알짜힘의 효과는 물체의 질량에 반비례한다.

세 개념을 결합한 것이 Newton의 제2법칙이다. 기호로 쓰면

$$\frac{1}{m}\sum_i \mathbf{F}_i \to \mathbf{a} \tag{4.5}$$

로 쓸 수 있고, m은 물체의 질량이다. 간단히 $\mathbf{F}_{\text{net}}$로 쓰면 더 간결한 형태로 쓸 수 있다.

$$\frac{\mathbf{F}_{\text{net}}}{m} \to \mathbf{a}. \tag{4.6}$$

(4.5)와 (4.6)에서 질량에 대한 직관은 $1/m$에 있다. 이렇게 정확하게 인자를 쓰면 약간 모호한 "일으킨다"는 단어는 화살표(→)로 바꿀 수 있다. 원인을 나타내는 화살에는 두 개념이 있다.

1. **좌변은 우변을 일으키고, 그 역이 성립하지는 않는다.** 등호(=)는 방향이나 일으키는 방향을 나타내지 않는다. 그러나 제2법칙은 일으키는 방향은 힘에서 가속도라는 것을 지정한다. (4.1절)
2. **화살 양변에 있는 표현의 값은 같다.** 이 등식의 심오한 결과는 화살의 좌변과 우변이 벡터이므로 등호는 크기와 방향이 같다는 것을 의미한다. 따라서 (특히 물체가 원운동을 할 때) 이 점을 쉽게 잊어버린다. 그러므로 한 양의 방향을 알면 다른 것도 알게 된다.

화살로 인한 등식은 그 성질보다는 그 값을 뜻한다. 하나가 다른 것을 일으키기 때문에 그 성질은 반드시 다르다. 예를 들어 떨어지는 5 킬로그램의 책에 작용하는 알짜힘은 아래로 45 뉴턴일 수 있다. 50 뉴턴은 중력 때문에 아래로 향하는 힘이고, 공기의 끌림으로 인해 5 뉴턴이 위로 향한다. 그러면 제2법칙에 의하면 다음과 같다.

$$\frac{\text{아래로 } 45\ \text{N}}{5\ \text{kg}} = \text{아래로 } 9\ \text{m/s}^2. \tag{4.7}$$

킬로그램당 뉴턴은 m/s^2이므로 좌변은 우변과 같은 값을 갖는다. (그러나 그 성질은 다르다.)

기호로 표현한 세 개념을 요약하면 각 개념은 다음과 같이 쓸 수 있다.

$$\text{힘은 운동을 변화시킨다 (가속도를 일으킨다):}\quad \frac{1}{m}\sum_i \mathbf{F}_i \rightarrow \mathbf{a}.$$

$$\text{중요한 것은 알짜힘이다:}\quad \frac{1}{m}\sum_i \mathbf{F}_i \rightarrow \mathbf{a}.$$

$$\text{질량이 크면 가속도는 작아진다:}\quad \frac{1}{m}\sum_i \mathbf{F}_i \rightarrow \mathbf{a}.$$

이 세 기호로 쓴 표현을 결합하면 제2법칙(4.5)을 모두 기술한 것이고, (4.6)에서는 $\mathbf{F}_{\text{net}}$를 사용하였다.

4.4 제2법칙의 다른 형태

제2법칙은 비슷하지만, 정보는 많지 않은 형태인

$$\sum \mathbf{F}_i = m\mathbf{a} \tag{4.8}$$

로 쓴다. 필자가 좋아하는 형태인 (4.5)와 비교하면 여기서 질량과 가속도를 결합하여 우변에 놓았고, 인과관계는 등호로 바뀌었다. 이 형태에서는 양변이 같아야 하는 이유가 모호해진다. 물체의 가속도가 (물체의 질량에 비례하는) 물체에 작용하는 알짜힘을 일으켜서 같은 것인가? 아니면 알짜힘이 (질량에 반비례하는) 가속도를 일으켜서 같은 것인가? 인과관계를 나타내는 화살을 이용한 표현 (4.5)는 두 번째 선택으로 지정한다. 힘은 가속도를 일으킨다.

◀ 등식의 형태 (4.8)은 왜 흔하게 사용하는가?

인과관계의 확률적 분석의 선구자인 Judea Pearl[16, p.4]이 지적했듯이 수학에는 인과관계에 대한 표준적인 표기방법이 없다. 그러므로 자연을 설명하는 책은 수학을 이용해 나타내야 한다는 Galileo의 교훈을 따라 수학을 사용하여 물리법칙을 표현할 때 인과관계는 쉽게 나타나지 않게 된다.

제2법칙의 더 단순한 형태는 (올바른) 교재에서는 찾지 못하겠지만 다음과 같다.

$$\mathbf{F} = m\mathbf{a}. \tag{4.9}$$

소리나는대로 읽으면 "에프는 엠에이"이다. 이 형태는 필자를 포함하여 많은 학생과 교사가 머릿속에서 제2법칙을 듣는 것이다. $\sum \mathbf{F}_i = m\mathbf{a}$의 형태도 인과관계에 대해 모호하다. 여기서도 좌변에서 어떤 힘을 **F**로 사용해야 하는지 지정하지 않는다. 따라서 올바른 "힘"은 물체에 작용하는 모든 힘을 더한 알짜힘이라는 것을 잊기 쉽다.

이러한 많은 이유로 필자가 추천하는 형태는 (4.5)이다. 이것은 두 개의 새로운 큰 개념인 힘의 합과 가속도를 포함하고 있다. 힘을 더하는 것은 5장에서 자세히 다룰 것이고, 이 개념에만 집중하기 위하여 가속도가 없는 운동을 공부할 것이다. 그러므로 물체는 일정한 속력으로 직선 위로 움직이는 일정한 속도로 움직인다. (일정한 속력은 0일 수도 있으므로, 가속도가 0이라는 제한은 흔한 가만히 정지해 있는 물체의 경우를 포함한다.) 6장에서는 두 번째 큰 개념인 가속도를 공부할 것이다. 그러면 7장에서 제2법칙 전부를 사용하기 위해 힘의 합과 가속도를 결합할 것이다.

05

가속도가 0인 Newton의 제2법칙

4장에서 배웠듯이 Newton의 제2법칙 (4.5)로 물체에 작용한 힘의 합과 물체의 가속도 사이의 관계를 맺는다. 이 장에서는 힘의 합에 집중하기 위해 가속하지 않는 물체에 대해서만 제2법칙을 적용한다. 이 경우 제2법칙은 특히

$$\frac{1}{m}\sum_i \mathbf{F}_i \rightarrow \mathbf{a} = 0 \quad \text{즉} \quad \mathbf{F}_{\text{net}} = 0 \tag{5.1}$$

이 된다.

정성적으로 다른 두 가지 이유에 의해 물체의 가속도는 0이 될 수 있다. 첫째, 아무 힘도 물체에 작용하지 않는다. 이 상황은 제1법칙 시험을 적용하고, 제2법칙이 성립하는지 결정하기 위해 만드는 것이다. (3.2절) 그러나 이미 제2법칙이 성립한다는 것을 알고 있다. 제1법칙 시험을 적용하지 않고 Newton의 제2법칙을 결코 사용하지 못할 것이다. 둘째, 힘이 작용하지만 물체가 가속되지 않도록 배열된 경우이다. 이와 같은 더 흥미있는 가능성은 정역학이라고 부르는 이 장의 주제이다.

5.1 수평면에 서있기

흔한 어려움과 그것을 피하는 것을 보여주는 예제로, 지면에 서있는 사람을 상상해보자. 속도가 일정하므로(특히 0이므로) 가속도는 0이다. 따라서 이 상황은 제

한된 제2법칙 (5.1)로 다룰 수 있다.

제2법칙을 적용하는 첫 단계는 자유물체그림이다. (그림 5.1) 이 그림은 2.1에 나타났고, 여기서 자유물체그림을 만드는 방법을 배웠다. 그 때는 접촉힘의 크기를 몰랐다. 그러나 그 값이 mg임을 짐작했을 것이다. 그렇다면 맞는 것이다.

그림 5.1 지면에 서있는 사람의 자유물체그림. 두 상호작용이 참여하므로, 두 힘을 경험한다.

▶ 그러나 왜 그런가? 크기가 같고 방향이 반대인 힘에 대한 Newton의 제3법칙 때문인가?

아니다! Newton의 제3법칙의 한 상호작용의 두 면(두 힘) 사이의 관계를 맺어준다. 예를 들어 이 법칙은 사람에 작용하는 지구의 중력(아래로 mg)과 지구에 작용하는 사람의 중력(위로 mg)사이의 관계를 맺는다. 이 두 힘은 정말로 크기가 같고, 반대 방향이다. 그러나 사람에 작용하는 중력과, 사람에 작용하는 접촉힘은 다른 상호작용에 속한다. 비록 이 두 힘이 크기가 같고, 방향이 반대이지만 제3법칙 때문이 일어난 상황은 아니다.

올바른 방법은 제2법칙이다. 가속도가 0이므로 알짜힘은 0이어야 한다. 이러한 정당화는 (우리의 정신세계에 있는) 논리적 연역이다. (물리적 세계의) 인과율은 다른 방향으로 작동한다. 알짜힘이 0이면 가속도가 0이다. 가속도를 알면 알짜힘이 0이라는 결론을 끌어내는 인과율의 지식을 사용한다.

$$\mathbf{F}_{\mathrm{g}} + \mathbf{F}_{\mathrm{contact}} = 0. \tag{5.2}$$

$\mathbf{F}_{\mathrm{contact}}$에 대해 풀면

$$\mathbf{F}_{\mathrm{contact}} = -\mathbf{F}_{\mathrm{g}} \tag{5.3}$$

을 얻는다. $\mathbf{F}_g$는 아래 방향의 mg와 같으므로 $\mathbf{F}_{contact}$는 위 방향의 mg와 같다. 이것은 이미 알고 있지만 삼각형 질문에 대답하기 위해서는 이것은 제3법칙의 (논리적인) 결과가 아니라 제2법칙과 가속도가 0이라는 조건에 의한 것이다. 이 차이가 중요한 이유는 이것이 결론 (5.3)이 성립하는 조건을 지정하기 때문이다. 가속도가 0이 아니면 이 결론은 맞지 않는다. 이것은 7.1.4절과 (놀랍게도) 7.1.7에서 배울 것이다.

사람에 작용하는 접촉힘은 연습문제 1.2에서 구했듯이 수동적인 힘이다. 이 힘은 알려진 중력에 대응하여 주어진다. 그 크기는 머릿속에서 이끌어낸다. 적응 과정을 통해 지면은 물리적으로 그 크기를 이끌어내고, 위 방향으로 mg라는 같은 결론에 도달하게 된다. (지면이 어떻게 물리적인 추론을 하는 지는 7.1.7절에서 논의한다.)

이 분석과, 사실 이 장의 모든 분석에서 제2법칙을 사용하는 이상적인 형태가 나타난다. 즉 물체의 가속도에 대한 모든 것을 알게 된다. 이 지식으로부터 물체에 작용하는 힘을 거꾸로 유도하기 위해 이 법칙을 사용한다. 따라서 이 분석을 형태 I(inferring, 추론)의 방향이라고 부르겠다.

반대의 이상적인 형태는 물체에 작용하는 힘에 대해 모든 것을 알고, 물체의 가속도를 계산하는(속도가 어떻게 변하는지) 앞으로 나가는 방향으로 제2법칙을 사용한다. 따라서 이 분석을 형태 C(calculating, 계산)의 방향이라고 부르겠다. 첫 번째 예제는 7.1.1절의 자유낙하하는 돌이 될 것이다.

제2법칙을 사용할 때 대부분 이러한 이상적인 형태를 혼합한다. 물체의 가속도에 대해 일부는 알지만, 모두 알지는 못한다. 제2법칙을 사용하면 힘과 가속도에 대해 없는 정보를 추론하고 계산하여, 완벽한 정보가 일관성이 있다는 것을 확인한다. 이러한 예는 마찰이 있는 수평면에서 미끄러지는 것(7.1.2절)과 마찰이 없는 비탈 아래로 미끄러지는 것(7.1.4절)이 될 것이다. 그러나 이제 알짜힘이 0인 세계로 되돌아가자.

5.2 비탈에 서있기

수평면($\theta = 0$인 비탈)이 아닌 비탈에 서있으면(그림 5.2a) 5.1절에서처럼 자유물체그림은 똑같다! 가속도는 변하지 않는다. (여전히 0이다.) 중력도 변하지 않았다. 중력과 균형을 이루기 위해 수동적인 접촉힘은 여전히 적응하여 위로 mg가 된다.

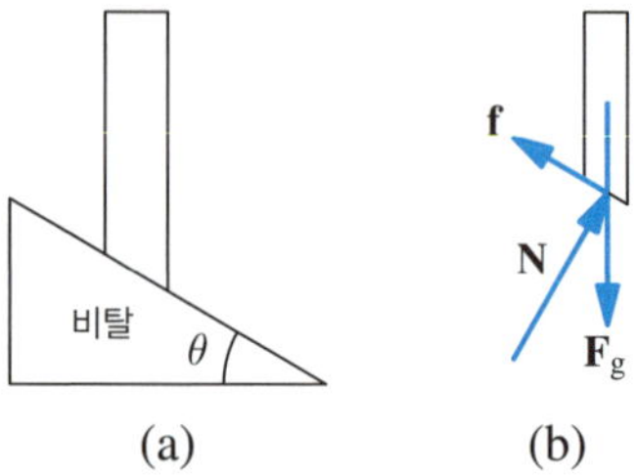

그림 5.2 비탈에 서있기. (a) 수평면과 각도 θ로 기울어진 비탈에 똑바로 서있다. (b) 자유물체그림은 수평면에 서있는 자유물체그림과 같다. (그림 5.1) 수직방향의 접촉힘은 두 개의 수직인 부분으로 나눌 수 있다. 하나는 수직항력 **N**이라고 부르며, 비탈에 수직이고, 정지마찰 **f**는 비탈과 평행하다.

그러나 비탈에서 접촉힘은 이 힘을 두 부분으로 나누면 유익한 재해석을 할 수 있다. (그림 5.2b) 한 부분은 비탈에 수직이고, 다른 부분은 비탈에 평행하다. 수직인 부분은 수직항력이라고 부르는데 1.3.4절에서 언급하였다. 평행한 부분은 정지마찰이라고 한다. 그러나 이 힘은 한 접촉힘의 부분이다.

한편 중력을 비탈에 수직하고, 평행한 부분으로 나눌 수도 있다. (그림 5.3a) 수직인 부분은 수직항력과 균형을 이룬다. 평행한 부분은 정지마찰과 균형을 이룬다. 수직인 부분의 크기는 $mg\cos\theta$이므로 (연습문제 5.1 참조) 수직항력도 크기가 같다.

$$N = mg\cos\theta. \tag{5.4}$$

마찬가지로 평행한 부분의 크기는 $mg\sin\theta$이므로 (역시 연습문제 5.1에서 보게 될 것이다) 정지마찰도 같다.

$$f = mg\sin\theta. \tag{5.5}$$

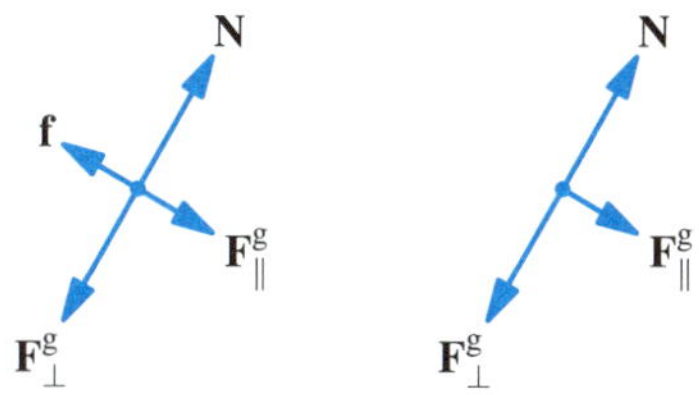

그림 5.3 중력도 수직한 부분과 평행한 부분으로 나눈다. (a) 비탈 표면이 충분히 거칠면 중력의 수직인 부분 $\mathbf{F}^g_\perp$와 수직항력 **N**은 균형을 이룬다. 한편 평행한 부분 $\mathbf{F}^g_\parallel$와 정지마찰 **f**가 균형을 이룬다. (b) 비탈에 기름을 발라 매끄럽게 하면 **F**가 사라지고, 사람은 비탈 아래 방향으로 가속시키는 0이 아닌 알짜힘이 남는다. (7.1.4절)

이제 비탈에 마찰이 없게 되면 (그림 5.3b) 이 사람에 어떤 일이 일어나는지 Newton의 용어로 알게 된다. 정지마찰 **f**는 사라지고, 평행인 부분 $\mathbf{F}^g_\parallel$이 남아서 균형을 이루지 않고, 이 사람을 비탈 아래로 자유롭게 가속시킨다. 이 상황에는 가속도가 포함되므로 7장에서 더 다루겠다. (7.1.4절)

5.3 일정하게 내려오는 엘리베이터 안에 서있기

이제 일정한 속력으로 일직선으로 내려오는 (따라서 일정한 속도로 움직이는) 엘리베이터 안에 서있는 경우를 상상하자.

▶ 사람에 작용하는 접촉힘의 크기는 (5.1절에서 보았듯이 지면에 서있을 때의 크기인) 와 같은가, 아니면 이보다 작은가?

두 가지 분석이 가능하고, 크기는 mg와 같다는 같은 결론을 얻는다. 첫째, 움직이고 있더라도 가속도는 0임을 알 수 있다. 그러므로 사람에 작용하는 두 힘인 중력과 접촉힘은 균형을 이룬다. 따라서 접촉힘의 크기는 mg이다.

둘째, 엘리베이터는 관성좌표계라는 것을 알아챘을 것이다. 엘리베이터는 (거의) 관성좌표계인 (3.2절에서 논의하였듯이) 지구계에 대해 일정한 속도로 움직인다. 엘리베이터 계에서 사람은 전혀 움직이지 않는다. 그러므로 5.1절에서 결정했듯이 접촉힘의 크기가 mg인 지면에 서있는 경우와 같다.

일정하게 내려오는 엘리베이터는 다시 한 번 속도에 대한 Newton의 법칙과 무관하다는 것을 보여준다. 엘리베이터에 서있는 사람의 속도는 지면에 서있는 속도와 다르더라도 (두 속도는 지구계에서 측정한다) 이 차이는 사람에 작용하는 알짜힘에 대해서 아무 것도 암시하지 않는다. 이와는 대조적으로 가속도가 중요하다. 두 상황에서 가속도는 0으로 같으므로, 사람에 작용하는 알짜힘 역시 0으로 같다.

5.4 수평면에서 자전거 타기

앞의 예제에서 단지 두 힘만을 경험했다. 세 개의 힘에 대해 연습하기 위해 수평면에서 일정한 속도로 자전거를 타는 것을 상상해보자. 빠른 속력으로 간다고 하자. 예를 들어 초당 15 미터(시간당 54 킬로미터)라고 하자. 이 속력으로 자전거를 타기보다는 상상하는 것이 더 쉽다!

▶ 사람과 자전거가 합성된 물체에 어떤 힘이 작용하는가?

이와 같은 어떤 힘도 자유물체그림에 포함된다. 자유물체그림을 그리는 과정은 2.1절에서보다 약간 생략된 형태로는 다음과 같다.

1. 물체를 접촉하는 물체에서 뜯어낸다. 머릿속에서 각각의 닿아 있는 부분을 접촉 상호작용으로 바꾼다. 각각의 접촉 상호작용을 힘으로 그린다.
2. 물체에 작용하는 긴 영역의 상호작용을 찾는다. 각각의 상호작용에 대해 힘을 그린다.

여기서 합성물체는 다른 두 물체에 닿아 있다. 땅과 공기이다. (초당 15 미터로 자전거를 타려면 공기의 효과가 중요하다. 끌림을 극복하려면 큰 노력이 필요하다.) 따라서 물체는 두 접촉 상호작용에 참여하고 두 개의 접촉힘을 받는다. $\mathbf{F}_{\text{ground}}$ ($\mathbf{F}_{\text{ground on body}}$를 간단히 썼다)와 $\mathbf{F}_{\text{drag}}$($\mathbf{F}_{\text{air on body}}$를 간단히 썼다)이다. 물체의 유일한 긴 영역의 상호작용은 지구와의 중력 상호작용이므로, 세 번째 힘은 중력 $\mathbf{F}_{\text{g}}$($\mathbf{F}_{\text{earth}}$를 짧게 쓴 것이고, 이것은 $\mathbf{F}_{\text{earth on body}}$를 짧게 쓴 것이다)이다.

5.4.1 공기 저항이 없는 경우

이 힘을 결정하기 전에, 공기의 중요성을 계속 반복함에도 불구하고, 먼저 공기저항이 없이 자전거를 타는 더 단순한 상황을 고려하자.

이 단계에는 두 가지 이점이 있다. 첫째, 이 상황은 언뜻 보기에는 다른, 많은 일정한 운동의 예제 속에 숨어 있는 깊은 유사성을 보여준다. 이 합성물체가 공기저항을 받지 않으면 단지 두 힘인 중력과 접촉힘만을 받는다. (그림 5.4a) 이것은 수평면에 서있을 때(5.1절), 비탈에 서있을 때(5.2절), 혹은 일정하게 내려가는 엘리베이터 안에 있을 때(5.3절)에 받는 힘과 같다. 각각의 경우 물체의 가속도는 0이므로, 알짜힘 또한 0이어야 한다. 한 힘은 아래로 mg이므로, 두 번째 이면서 균형을 잡는 힘(접촉힘)은 위로 mg이어야 한다. 그러므로 이 다양한 상황은 속도가 다르고 바닥의 각도가 다르더라도 동일한 상황이다.

둘째, 이 단계를 통해 힘에 대한 깊은 오류를 벗겨내는 긴 과정을 거치게 된다. "운동 방향의 힘" 또는 "운동의 힘"에 대한 개념이다. 이 과정은 4.1절에서 힘이 운동을 변화시킨다는 개념으로 시작하였다. 그렇다고 하더라도 물체의 운동을 설명할 때 운동 방향으로 힘을 적용시키고 싶어 한다. (그림 5.4b) 수백만 년 동안 진화하며 수백만 년의 일상의 경험을 겪고, 심리적으로는 힘이 운동을 일으킨다는 것을 마음속 깊이 믿는다. 즉 $\mathbf{F}_{\text{net}} \rightarrow m\mathbf{v}$로 믿는다.

그러나 합성물체의 오직 두 개의 상호작용에 대해 논리적으로 유도하였듯이 자유물체그림에는 수평힘이 전혀 없고, 운동 방향의 힘도 없다. 따라서 힘은 직접 운동을 일으키지 않는다. 그 대신 다시 기억하면 힘은 운동을 변화시킨다.

$$\mathbf{F}_{\text{net}} \rightarrow m\not{\mathbf{v}}\,\mathbf{a}!$$

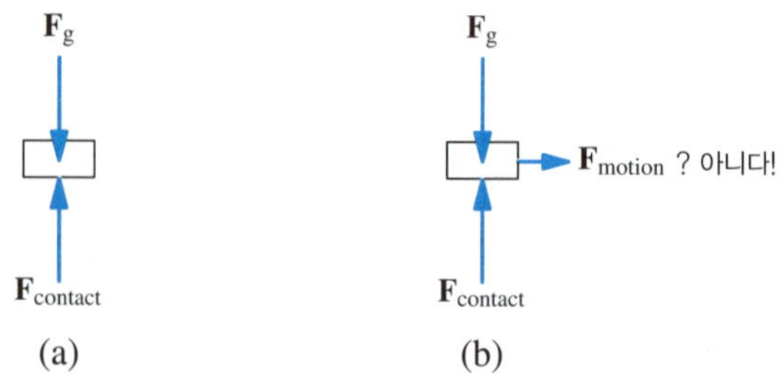

그림 5.4 공기 저항이 없는 (사람과 자전거의) 합성물체의 자유물체그림. (a) 합성물체에는 두 상호작용이 있으므로, 두 힘을 받는다. 물체는 가속하지 않으므로, 두 힘은 균형을 이루어야 한다. (b) 물체의 운동으로 인해 그 방향으로 "운동의 힘"을 포함시키려는 강한 유혹을 일으킨다. 그러나 이 힘은 어떤 상호작용에도 속하지 않는다. 따라서 존재하지 않는다. 오히려 이것은 고대로부터 전해진 오류인 $\mathbf{F}_{net} \rightarrow m\mathbf{v}$의 잔재이다.

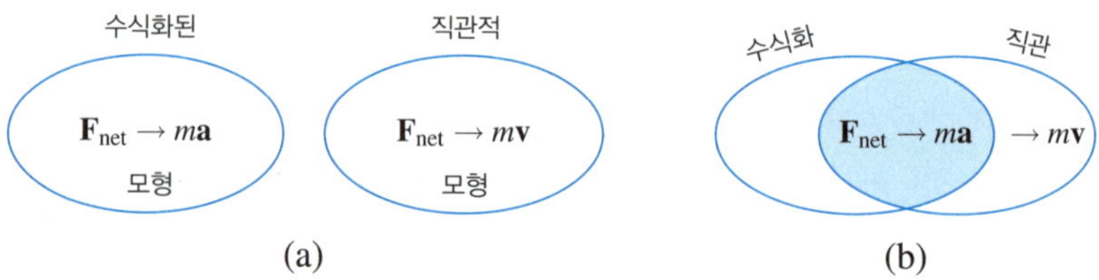

그림 5.5 직관적인 모형과 수식화된 모형을 일치시키기. (a) Newton의 법칙을 공부하기 시작했을 때 이 모형은 완전히 분리되어 있다. (b) Newton의 법칙을 잘 공부하면 이 모형이 겹치게 된다. $\mathbf{F}_{net} \rightarrow m\mathbf{v}$는 여전히 일상 세계에서 작동하는 데 필요하기 때문에 완벽하게 겹치지는 않는다.

Newton의 법칙을 효과적으로 공부한다는 것은 직관적인 $\mathbf{F}_{net} \rightarrow m\mathbf{v}$ 모형을 고쳐서 수식화된 $\mathbf{F}_{net} \rightarrow m\mathbf{a}$ 모형과 부분적으로 합치게 만드는 것을 의미한다. 두 모형은 완전히 분리되어 있으므로(그림 5.5a) 직관을 통해 수식화된 추론을 할 수는 없다. 그러면 수식화된 추론은 수식화 한 사람의 추론과 겹치게 된다. 희망하는 가능한 수식의 공간에서 보통 이루는 것 없이 헤매게 되지만, 이렇게 대부분 아무렇게 돌아다니다가 합리적인 결과에 도달할 것이다. 그리고 그렇게 되었다고 하더라도 그 이유는 여전히 이해하지 못할 것이다.

그대신 Newton의 법칙을 깊은 오개념을 분석하고, 풀어헤치면서 공부하면 직관적인 모형과 수식화된 모형이 합쳐질 것이다. 이 둘은 완벽하게 합치지도 않고, 그래서도 안된다. $\mathbf{F}_{net} \rightarrow m\mathbf{v}$라는 직관적인 믿음은 일상 세계에서 작용할 때 여전히 필요하다. 단지 한 번만 밀어서 배고픈 호랑이로부터 탈출하기를 원했던 그림

4.1에 있는 인류의 조상을 기억하자. 비록 호랑이의 후손도 여전히 지금까지 존재하지만, 그 인류의 조상은 멸종되었다! 이상적으로 직관적인 모형은 $\mathbf{F}_{net} \to m\mathbf{v}$와 $\mathbf{F}_{net} \to m\mathbf{a}$가 섞이게 된다. $\mathbf{F}_{net} \to m\mathbf{v}$ 부분은 뻑뻑한 문을 열거나 상자를 바닥에서 밀거나, 호랑이로부터 도망칠 때 일상 세계에서 우리의 상호작용을 이끈다. 그리고, 공유된 $\mathbf{F}_{net} \to m\mathbf{a}$의 부분은 수식적인 사고를 돕는다. (그림 5.5b)

5.4.2 공기 저항

이 철학적이고, 형이상학적인 분석을 마친 후 이제 합성물체에 작용하는 세 번째 힘인 공기 저항을 집어넣고, 세 힘의 대략적인 크기와 방향을 결정하자. 각 힘을 추정한 후 단계적으로 만든 자유물체그림을 고려할 것이다. (그림 5.6)

1. 중력 $\mathbf{F}_g$. 합성물체의 전체질량이 예를 들어 70 킬로그램이라고 하면 그 자전거는 최첨단 자전거일 것이고, (1.12)로 주어진 중력의 크기는 아래로 700 뉴턴이다. 물체의 힘으로서 그 꼬리는 (합성) 물체의 질량중심으로 간다. (그림 5.6a)

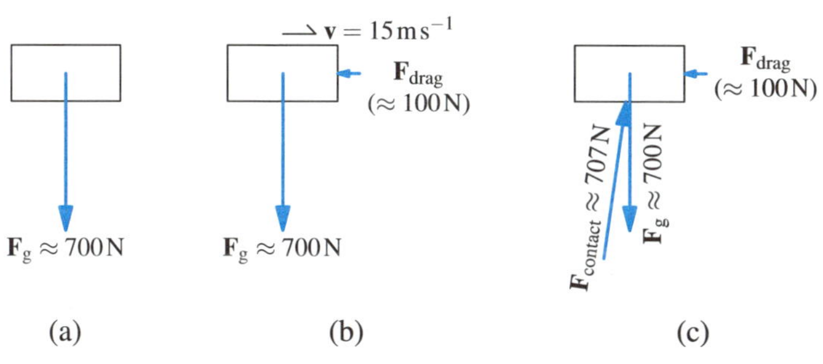

그림 5.6 수평면에서 일정한 속력으로 움직이는 자전거에 대한 자유물체그림 만들기. (a) 포함해야 할 첫 번째 힘은 중력이다. (세 개 중 가장 쉬운 것이다.) (b) 그리고 끌림을 포함시킨다. (두 번째로 쉽다.) 끌림이 있는 이유를 나타내기 위해, 물체의 속도를 화살표로 나타내었다. (힘의 화살과 구별하기 위해 작살처럼 한 쪽만 있는 화살로 그렸다.) (c) 마지막으로 중력과 끌림의 합과 균형을 맞추어야 한다는 조건에 의해 결정되는 접촉힘을 포함한다.

2. 끌림힘 $\mathbf{F}_{drag}$. 그 크기는 (1.21)로 주어졌다. 여기서 ρ는 공기의 밀도(대략 세제곱미터 당 1 킬로그램이다)이고, v는 물체의 속력(초당 15 미터)이고, A_{cs}는 물체의 단면적이다.

단면적은 자전거의 단면적으로 포함하지만, 대부분의 단면적은 사람에서 나온다. 자전거를 빨리 타려면 아마도 경주하는 자세로 웅크려야 할 것이고, 수직으로는 대략 1 미터 정도이다. 전형적인 사람의 폭은 약 0.5 미터이다. 따라서 A_{cs}는 0.5 제곱미터이다. (그림 5.7)

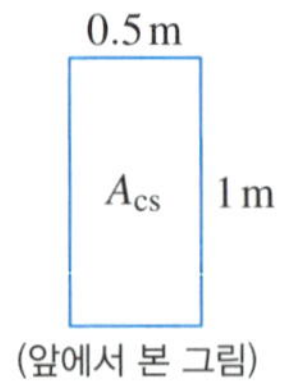

그림 5.7 (앞에서 본) 합성물체의 단면적. 사람과 자전거가 종이로 만든 면을 튀어나온다고 상상하여라. 찢어진 종이의 넓이가 합성물체의 단면적이다. 그 면적은 대략 0.5 제곱미터이다.

이 값을 사용하면 F_{drag}은 대략 100 뉴턴이다.

$$F_{drag} \sim \underbrace{1\,kg\,m^{-3}}_{\rho} \times \underbrace{(15\,m\,s^{-1})^2}_{v^2} \times \underbrace{0.5\,m^2}_{A_{cs}} \approx 100\,N. \tag{5.6}$$

그 방향은 물체 운동의 반대 방향이다. 자전거가 오른쪽으로 움직이면 끌림은 왼쪽으로 작용한다. 접촉힘이므로, 이 힘은 물체의 바깥에 놓고 그 끝, 혹은 꼬리는 표면에 있다.

◀ 공기는 펼쳐져 있는 물체이다. 따라서 끝이나 꼬리를 어디에 놓아야 하는가?

끌림의 위치는 정말로 미묘하다. 그러나 끌림은 매우 흔한 힘이므로, 그 위치를 분명하게 할 필요가 있다. 접촉힘에 대한 규칙은 그 머리나 꼬리를 접촉점에 놓는 것이다. 접촉 상호작용이 밀어내는 힘이면 머리를, 상호작용이 잡아당길 때는 꼬리를 놓는다.

끌림은 물체의 전체 표면에 걸쳐 일어나는 수많은 접촉 상호작용에 의해 일어난다. 이 상호작용은 모두 밀어낸다. 따라서 완전히 그리려면 수많은 작은 화살을, 그 끝을 표면에 놓고 안쪽으로 향하도록 그려야 한다. (매우 작은 속력이나, 매우 작은 물체를 제외하고, 이 작은 끌림힘은 압력에 의한 힘이다. 5.7절에서 논의하겠지만 이 힘은 안쪽 수직방향을 향한다.)

그러나 이렇게 완전하게 그리는 것은 복잡하다. 첫 번째로 단순화시키려면 옆면에 작용하는 힘은 잊어버린다. 둘째로 앞면에 작용하는 모든 작은 힘을 결합하여 앞면의 중심에 안쪽으로 작용하는 한 개의 힘으로 만든다. (이것을 표면의 중심에 놓는 것은 경험 법칙에 의한 것이지만 유용하다.) 세째로 뒷면에 대해서도 마찬가지로 한다. (그림 5.8)

그림 5.8 물체의 모든 면에 걸쳐 작용하는 무한히 많은 작은 끌림힘을 모아 앞면과, 뒷면에 두 개의 알짜 끌림힘으로 모으기

마지막으로 이 두 힘을 앞면이나 뒷면에 위로 향하는 힘으로 결합한다. (그림 5.9) 밀어내는 접촉 상호작용에는 표면에 힘의 화살 끝을 놓는 관습을 따르면 앞면에 놓는 것이 더 좋다. 따라서 삼각형 질문에 대답하면 끌림힘을 물체로 향하게 하고, 그 끝을 물체 앞면의 중심에 놓는다.

그림 5.9 왼쪽으로 향하는 알짜 끌림힘을 그리는 두 가지 가능성. (a) 선호하는 방법: 앞면. 화살의 끝은 표면에 놓고, 이것은 밀어내는 접촉 상호작용을 올바르게 나타낸 것이다. (b) 뒷면

이렇게 선택하면 이제 자유물체그림에는 두 개의 힘이 있다. (그림 5.6b) 그 중 한 힘인 끌림힘은 물체의 속도에 의존하기 때문에 완전하게 그리려면 자유물체그림에 물체의 속도를 나타내는 화살을 포함시킨다. 이 화살은 한 쪽만 그려 힘의 화살과 쉽게 구별되게 한다.

3. **지면으로부터의 접촉힘 $\mathbf{F}_{\text{contact}}$.** 수동적인 힘인 이 힘은 그리기 가장 힘들기 때문에 마지막으로 생각한다. 명백히 아래로 향하는 중력과, 명백히 뒤로 향하는 끌림힘과는 대조적으로 이 접촉힘의 방향은 분명하지 않다. 그리고 얼마나 큰가? 이 두 문제는 Newton의 제2법칙에서 그 답을 찾을 수 있다. 가속도가 0이면 알짜힘은 0이어야 한다.

$$\mathbf{F}_{\text{net}} = \mathbf{F}_{\text{g}} + \mathbf{F}_{\text{drag}} + \mathbf{F}_{\text{contact}} = 0. \tag{5.7}$$

이 세 벡터를 끝과 꼬리를 이어 더하면 삼각형이 된다. (그림 5.10) $\mathbf{F}_g$와 $\mathbf{F}_{\text{drag}}$은 수직이고, 이 직각삼각형의 두 변을 이루고, $\mathbf{F}_{\text{contact}}$는 빗변을 이루어 삼각형을 만들고, 더하면 0이 된다.

따라서 접촉힘은 위로, 그리고 (오른쪽인) 운동 방향으로 약간 기울어져 있다. 그 크기를 구하려면 피타고라스 정리를 사용한다.

$$F_{\text{contact}} = \sqrt{(700\,\text{N})^2 + (100\,\text{N})^2} \approx 707\,\text{N}. \tag{5.8}$$

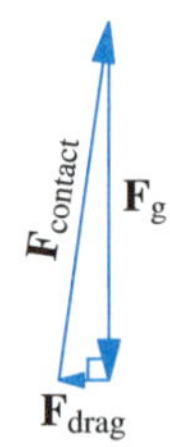

그림 5.10 접촉힘 결정하기. 알짜힘은 0이 되어야 하므로, 힘을 끝과 꼬리를 더하면 닫힌 경로를 만들어야 한다.

(끌림이 있는) 삼각형 질문에 대답하면 이제 자유물체그림은 합성물체에 작용하는 힘을 나타낸다. (그림 5.6c)

접촉힘은 세 가지 흥미있는 특징이 있다. 첫째, 비록 수직 성분과 수평 성분이 각각 700 뉴턴과 100 뉴턴이지만, 그 크기는 마치 수평 성분이 0인 것처럼 거의 정확하게 700 뉴턴이다. 이 특징은 피타고라스 정리에서 제곱하고, 제곱근을 취할 때 나타나는 놀라운 결과이다. 따라서 서둘러야 한다면 두 변을 따라 움직이지 말고, 대각선으로 운동장을 지나가면 된다. 둘째, 접촉힘은 지면과 수직하지 않다. 셋째로, 수직이 아닌, 즉 평행한 부분은 운동방향을 향하지, 그 반대 방향으로 향하지 않는다.

▶ 접촉힘의 수직인 부분은 친숙한 수직항력 이지만, 평행한 부분은 무엇이라고 부르는가?

이것은 끌림처럼 운동을 방해하는 운동마찰력(1.3.4절)이지는 않을 것 같다. 따라서 이것은 정지마찰력이어야 한다. (1.3.5절) 이 논의에 주의할 점이 두 가지 있다. 첫째, 자전거 또한 (예를 들어 부분적으로 바람이 빠진 타이어가 만드는) 굴림저항을 받는다. 운동마찰력처럼 굴림저항은 운동을 방해한다. 그러나 이것은 보통 작아서, 이것을 무시하고 그 복잡함을 무시한다. 둘째, 운동마찰력은 운동을 방해할 필요가 없다. 이는 단지 타이어의 운동을 방해한다. (이 점에 대해서는 78쪽에서 다시 논의하겠다.)

한편 물리와 이름을 분리시켜라. 수직항력과 정지마찰력의 두 이름에도 불구하고, 지면은 한 개의 힘만을 작용한다. 이 힘의 수직 부분은 중력과 균형을 이룬다. 평행한 부분은 끌림과 균형을 이룬다.

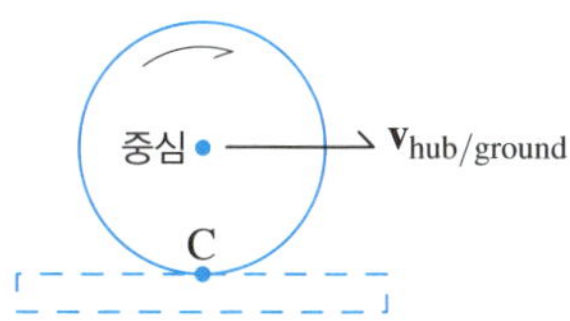

그림 5.11 오른쪽으로 구르는 자전거 바퀴. 바퀴는 점 C에서 지면과 닿아있다. 중심의 속도는 (지면에 대해) $\mathbf{v}_{hub/ground}$이다.

◀ 일정하게 움직이는 자전거 바퀴는 어떻게 운동이 없다는 것을 암시하는 정지마찰력을 받는가?

그림 5.11에서 점 C인, 지면과 접촉하는 바퀴의 한 점은 지면에 대해 움직이지 않는다. 이 이상한 사실을 이해하려면 점 C의 속도를 두 부분으로 분해할 수 있다. (1) 앞 방향으로 향하는 $\mathbf{v}_{hub/ground}$(바퀴의 중심은 지면에 대해 앞으로 움직인다)와 (2) 뒤로 향하는 $\mathbf{v}_{C/hub}$(점 C는 중심에 대해 뒤로 움직인다)이다. 아래 첨자에서 / 는 "기준으로" 혹은 "기준계에서"라는 것을 의미한다. (바퀴 중심좌표계는 단지 이동만 할 뿐, 회전하지 않는다.) 그러면 기호를 이용하여 (3.5)를 다시 배열하여 쓰면 다음을 얻는다.

$$\mathbf{v}_{C/ground} = \mathbf{v}_{C/hub} + \mathbf{v}_{hub/ground}. \tag{5.9}$$

자전거를 탈 때 대부분 $\mathbf{v}_{C/hub} = -\mathbf{v}_{hub/ground}$이다. 두 속도가 균형을 이루는 이러한 흔한 상황에는 $\mathbf{v}_{C/ground}$는 0이고, 바퀴 바닥은 지면에 대해 움직이지 않아서 정지마찰이 작용한다는 것을 의미한다.

◀ 이 두 속도가 보통 균형을 이루는 이유는 무엇인가?

여기서 사고실험을 해보면 도움이 된다. $\mathbf{v}_{hub/ground}$가 $\mathbf{v}_{C/hub}$보다 약간 크다고 상상해보자. 바퀴는 충분히 빨리 회전하지 않는다. 그러면 바퀴 바닥인 점 C는 지면에 대해 천천히 앞으로 움직인다. 따라서 운동마찰력은 뒤로 작용하고 바퀴를 시계방향으로 비틀게 하여(용어를 사용하면 토크이다) 바퀴의 회전을 증가시키고, 따라서 $\mathbf{v}_{C/hub}$도 증가한다. 이것은 8.2절에서 설명하겠다. 스핀이 충분히 증가하여 $\mathbf{v}_{C/hub}$이 $\mathbf{v}_{hub/ground}$과 같아지면 점 C는 지면에 대해 더이상 움직이지 않는다. 운동마찰은 사라지고, 정지마찰이 돌아온다. 간단히 말하면 지면으로부터 음의 피드백으로 인해 보통 두 속도가 균형을 이루게 된다.

이 사고실험을 연장하면 두 속도가 항상 균형을 이루지 않는 이유를 알 수 있다. $\mathbf{v}_{hub/ground}$가 $\mathbf{v}_{C/hub}$와 같도록 자전거를 타지만 브레이크를 세게 잡아 바퀴를 꽉 잡아서 바퀴가 회전하지 않게 되는 경우를 상상해보자. 브레이크를 걸면 $\mathbf{v}_{C/hub}$은 0이 된다. 따라서 (5.9)로부터 $\mathbf{v}_{C/hub}$는 $\mathbf{v}_{hub/ground}$와 같고, 0이 아니다. 자전거는 미끄러지고, 타이어에는 운동마찰력이 작용한다.

이와 비슷한 사고실험을 하여 바퀴를 빨리 회전시키기 충분한 큰 힘을 페달에 작용하여 $\mathbf{v}_{C/hub}$이 $\mathbf{v}_{hub/ground}$보다 크도록 해보자. 자전거 애호가가 말하듯이 고무를 태우는 상황이다. 이 경우 운동마찰력이 운동 방향과 같은 (하지만 여전히 타이어의 운동과는 반대방향인) 방향을 향한다. 이것이 77쪽에서 언급한 두 번째 주의할 점이다.

그러나 자전거를 탈 때 대부분의 경우 미끄러지거나, 고무를 태우지 않을 때, 점 C는 지면에 대해 움직이지 않고, 자전거에는 정지마찰력이 작용한다.

5.5 일정한 속도로 움직이는 썰매

이제 이 분석을 확장하여 수평면이 아닌 곳에서 모르는 속력으로 움직이는 상황을 살펴보자. 이 사건은 미국 동부의 겨울에 일어났다. 필자가 이웃에 있는 언덕에서 일정한 속도로 썰매를 타고 내려갔다. (그림 5.12) 썰매를 더 재미있게 하고, 삼각함수를 간단하게 하기 위해 이 비탈은 30도 기울어져 있게 하자. (각도가 작은, 더 현실적인 비탈이 연습문제 5.2의 주제이다.) 여기서 목적은 썰매의 속력을 추정하는 것이다. 대략 얼마나 빨리 비탈을 내려갈까?

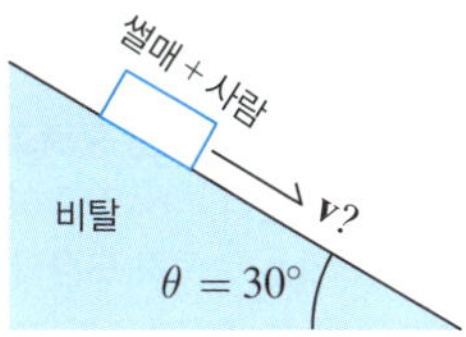

그림 5.12 일정한 속도로 비탈을 내려가는 썰매. (썰매와 사람의) 합성물체는 얼마나 빨리 비탈을 내려갈까?

5.5.1 운동마찰력이 없는 경우

복잡한 분석을 간단하게 만들기 위해 먼저 썰매에 왁스를 완벽하게 칠해 썰매와 눈 사이의 운동마찰력을 없앴다고 하자. (마찰은 5.5.2절에서 다시 다룬다.) 5.1절의 용어를 사용하면 이 분석은 형태 I(inferring)와 형태 C(calculating)이 혼합된 형태이다. 사람과 썰매에 작용하는 (예를 들어 알고 있는 중력과 같은) 힘과 (방향을 알고, 그 방향이 변하지 않는다는 것도 알고 있는) 속도에 대해 대략 알고 있지만, 이 지식의 영역을 일관성있게 완성할 필요가 있다.

그러기 위해서는 사람과 썰매의 합성물체(이제부터는 사람이라고 부르겠다)에 작용하는 모든 힘을 구해야 하고, 결합한 모든 힘이 알짜힘 0을 만들어야 한다. 이것이 가속도 0이 되기 위한 유일한 방법이고, 이 조건이 속력에 대한 어떤 조건을 만드는지 보아야 한다.

이 힘은 먼저 모든 상호작용을 먼저 구해서 만드는 자유물체그림에 나타난다. 유일한 긴 영역의 상호작용은 지구와의 상호작용이다. 짧은 영역의 (접촉) 상호작용은 사람이 접하는 두 물체인 비탈과 공기와의 상호작용이다. 썰매는 사람으로 부르는 합성물체에 속하므로, 다른 접촉힘을 제공하지 않는다. (사실 썰매-사람의 상호작용으로 두 접촉힘이 나타난다. 그러나 Newton의 제3법칙 때문에 알짜힘을 구하기 위해 더하면 상쇄된다. 이 중요한 점은 7.2절에서 논의하겠다.)

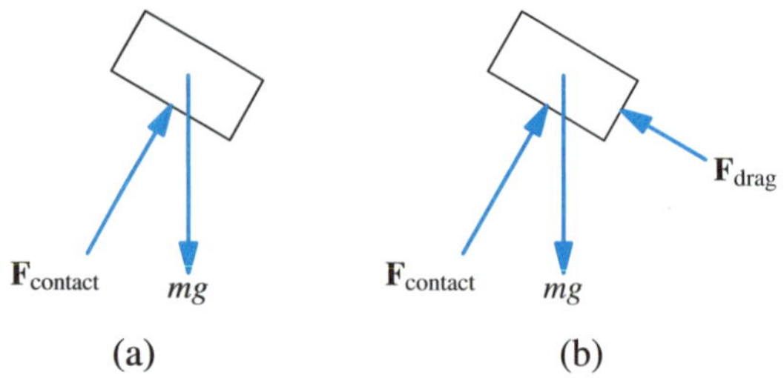

그림 5.13 사람에 작용하는 힘을 단계적으로 그리기. (a) 중력과 접촉힘을 그린다. 운동마찰력이 없으면 접촉힘은 비탈에 수직하다. (크기는 아직 모른다.) (b) 끌림힘을 그린다. 그 방향 또한 (사람의 운동의 반대방향이라는 것을) 알고 있지만, 그 크기는 여전히 모른다.

세 상호작용은 각각 사람에 작용한다.

1. **중력 $\mathbf{F}_g$.** 중력은 아래로 향하고, 크기는 mg이다. 여기서 m은 (썰매를 포함한) 사람의 질량이다.
2. **지면의 접촉힘 $\mathbf{F}_{\text{contact}}$.** 사람이 지면에 대해 미끄러지고, 정지마찰이 작용하지 않는다. 그리고 완벽한 왁스 때문에 운동마찰을 받지 않는다. 마찰은 접촉힘 중 평행한 부분이다. 따라서 이 접촉힘은 평행한 부분이 없으며 비탈에 수직인 방향을 향한다. (그림 5.13a) 이 조건으로 접촉힘의 방향이 결정된다. 그 크기는 알짜힘이 0이라는 조건으로 결정된다.
3. **공기의 접촉힘 $\mathbf{F}_{\text{drag}}$.** 이 힘은 사람의 운동을 방해하므로, 비탈에 평행하고 비탈 위로 향한다. (그림 5.12b) 이 제한으로 $\mathbf{F}_{\text{drag}}$의 방향을 결정한다. (1.21)에 의하면 그 크기 F_{drag}은 아직 알려지지 않은 속력 v에 의존한다. 그러나 $\mathbf{F}_{\text{drag}}$은 알짜힘이 0이라는 조건에서 결정되고, 그러면 F_{drag}은 (목표인) 사람의 속력을 결정하게 된다.

두 개의 모르는 크기를 구하려면 사람의 가속도가 0이라는 정보를 이용한다. 가속도는 알짜힘에 의해 만들어진다는 것이 제2법칙의 첫 번째 중요한 개념이다. (4.1절) 그러므로 알짜힘 또한 0이라는 것을 안다.

▶ 왜 "그러므로 알짜힘이 0이다"라고 하지 않고 "그러므로 알짜힘이 0이라는 것을 안다"라고 잔소리하듯이 말하는가?

이 논의의 방향과 물리적 인과율과 분리하고 싶다. 이 논의는 우리의 머릿속 세계에서 작동한다. 거기서는 알짜힘을 알게 되면 가속도를 알게 된다. 그러나 물리적인 세계에서는 반대방향으로 인과관계가 일어난다. 힘이 가속도를 일으킨다.

우리의 논리를 세상의 논리로 잘못 사용하면 마음 속에 투영할 때 실수를 하게 된다 [9]. 즉 세상의 특징이 아니라 우리 생각을 부여하는 것이다. 따라서 "썰매가 가속하지 않으므로, 여기에 작용하는 알짜힘은 0이다"라고 말하는 것을 피해야 한다. "왜냐하면"이라는 말은 틀린 방향으로 물리적 인과관계를 암시한다. 즉 썰매의 가속도가 없는 것이 원인이고, 알짜힘이 0인 것이 그 결과(혹은 효과)라는 것을 의미한다. 그 대신 "벽돌이 가속되지 않으므로 여기에 작용하는 알짜힘이 0이라는 것을 알고 있다"라고 말하고, 생각하도록 한다.

인과관계를 완전히 기술하려면 "벽돌이 가속하지 않는다는 것을 알고 있기 때문에 여기에 작용하는 알짜힘이 0이라는 것을 알게 된다"고도 말하려 할 것이다. 이제 인과관계는 정신세계에 있는 것으로 적절히 기술한다. 원인은 벽돌이 가속하지 않는다는 것을 인식하는 것이다. 이 원인에 대한 결과는 알짜힘이 0이라고 인식하는 것이다.

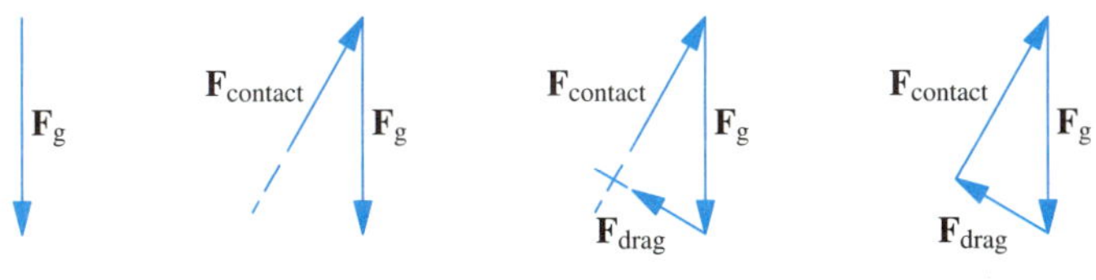

그림 5.14 끌림과 접촉힘의 크기를 그림으로 구하기. (a) 중력을 그린다. (b) 접촉힘의 머리와 꼬리를 알고 있는 방향으로 더하지만, 크기를 아직 모른다는 것을 나타내기 위해 꼬리를 점선으로 그린다. (c) 머리를 점선으로 그린 끌림힘을 더한다. (d) 교차점을 넘어서는 이 힘의 연장선을 잘라낸다. 이제 (삼각함수를 사용하면) 크기를 알 수 있다.

이러한 인식론적인 설교는 그만하고 힘을 구하는 것, 특별히 알짜힘이 0이 되게 만드는 것으로 돌아가자. 분석과 그림을 그리는 것에는 네 단계가 필요하다. (그림 5.14) 알짜힘이 0이 되려면 세 힘의 머리와 꼬리를 이어서 더하여 삼각형을 만들면 된다는 개념을 사용하면 된다.

1. 방향과 크기를 이미 알고 있는 힘인 중력을 그려 삼각형을 시작한다.
2. 다음 비탈과 수직인 올바른 방향으로 접촉힘을 그린다. 그 머리는 $\mathbf{F}_g$의 꼬리에 놓아 $\mathbf{F}_{contact}+\mathbf{F}_g$의 합을 만든다. 점선으로 그린 꼬리는 (아직) 그 크기를 알 수 없다는 것을 나타낸다.
3. 그리고 끌림힘을 (비탈 위로) 올바른 방향으로 그린다. 그 꼬리는 $\mathbf{F}_g$의 머리에 붙여 알짜힘인 합 $\mathbf{F}_{contact}+\mathbf{F}_g+\mathbf{F}_{drag}$를 만든다. 머리 부분의 점선은 (아직) 그 크기를 알지 못한다는 것을 나타낸다.
4. 마지막으로 알짜힘이 0이 되도록 한다. 그림으로 보면 (합에 있는 마지막 화살인) $\mathbf{F}_{drag}$의 머리는 (합의 첫 번째 화살인) $\mathbf{F}_{contact}$의 꼬리에 놓아야 한다. 그러면 연장된 끌림힘과 접촉힘의 화살이 만나는 점을 통해 각 힘의 크기가 결정된다.

끌림힘은 비탈 방향이고, 접촉힘은 비탈에 수직이기 때문에 두 힘은 서로 수직이다. 따라서 힘을 더한 삼각형은 직각삼각형이다. 그 빗변은 중력으로 길이는 mg이다. 두 변의 길이는 두 개의 직각이 아닌 각도를 사용한 삼각함수를 이용하여 구할 수 있다. 이 썰매에서는 이 각도는 30도와 60도이다.

▶ 그러나 수직이 아닌 각도의 값은 무엇인가?

결정할 수 있는 가장 간단한 방법은 쉬운 경우에 대한 방법을 사용하는 것이다. 머리 속에서 비탈을 눌러서 경사각도 θ를 30도에서 0으로 줄어들게 만든다. (그림 5.15a) θ가 줄어들면 접촉힘은 (비록 반대 방향으로 향하고 있지만) 점점 더 중력에 가까이 접근한다. 따라서 삼각형의 꼭대기 각도(가장 작은 각도)는 0에 접근한다. 이러한 쉬운 경우에는 이 각도는 비탈의 경사각도 θ이다. 따라서 이 꼭대기 각도는 실제 30도 기울기의 경우 역시 30도이다. (그림 5.15b) 쉬운 경우를 이용하는 방법은 매력적이다. (필자는 *Street-Fighting Mathematics*[13, 2장]와 *The Art of Insight in Science and Engineering*[14, 8장]에서 이에 대해서 많이 설명하였다.)

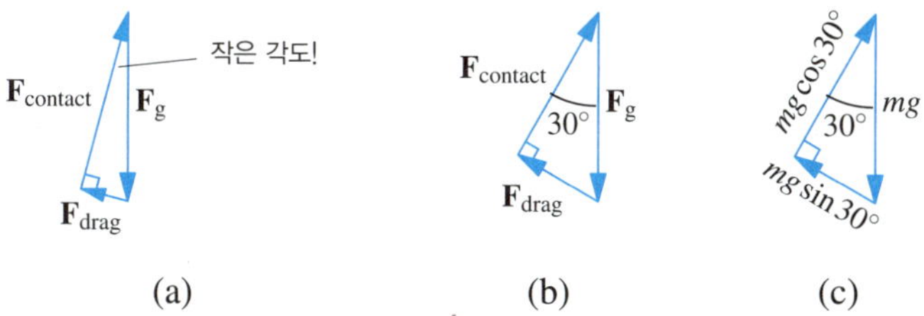

그림 5.15 $\theta \to 0$인 쉬운 경우를 사용하여 각도와 변 구하기. (a) 비탈의 경사각도 θ를 0으로 줄인다. 그러면 꼭대기 각도 또한 줄어든다. (b) 따라서 꼭대기 각도는 ($90° - \theta$가 아니라) θ인 30도이어야 한다. (c) 이제 이 직각삼각형의 변을 삼각함수를 이용하여 구할 수 있다.

변의 길이는 힘의 크기이다. 따라서 접촉힘의 크기는 $mg\cos\theta$이며, 여기서는 $mg\cos 30°$이다. (그림 5.15c) 질량 m이 70 킬로그램(사람 더하기 썰매)이면 mg는 700 뉴턴이다. $\cos 30° = \sqrt{3}/2$이므로

$$F_{\text{contact}} = mg\cos 30° \approx 600\,\text{N} \tag{5.10}$$

이다. 힘은 접촉면과 수직이므로, 이 힘을 수직항력이라고 부르고 **N**으로 표기한다. (운동마찰력이 없는 이 첫 분석에서 N을 실제로 결정할 필요는 없다. 그러나 운동마찰력이 있으면, 그 크기는 N에 비례하기 때문에 이것을 구해야 한다.)

마찬가지로 $\sin 30° = 0.5$를 이용하면

$$F_{\text{drag}} = mg\sin 30° = 350\,\text{N} \tag{5.11}$$

을 얻는다. F_{drag}을 알면 속력을 구할 수 있다.

▶ 이와 같이 큰 끌림을 만들려면 어떤 속력으로 썰매가 미끄러져야 하는가?

종단속력이라고 부르는 이 속력은 (1.21)을 통해 F_{drag}와 연결되어 있다. $\rho \approx 1\,\text{kg/m}^3$, $A_{\text{cs}} \approx 0.25\,\text{m}^2$이고(사람은 배를 깔고 납작 엎드려서 안전하게 끝내기를 기도하고 있다), $F_{\text{drag}} = 350$ 뉴턴일 때 속력은 대략 37 m/s(대략 시간당 130 킬로미터)이다.

$$v \sim \sqrt{\frac{F_{\text{drag}}}{\rho A_{\text{cs}}}} \approx \sqrt{\frac{350\,\text{N}}{1\,\text{kg}\,\text{m}^{-3} \times 0.25\,\text{m}^2}} = \sqrt{1400}\,\text{m}\,\text{s}^{-1} \approx 37\,\text{m}\,\text{s}^{-1}. \tag{5.12}$$

어떤 단위계에서도 이렇게 내려오는 것은 위험하다.

5.5.2 운동마찰 포함시키기

이제 작은 양의 운동마찰(1.3.4절)을 포함하여 운동마찰계수 μ를 0.3으로 정하여 더 현실적인 경우를 생각해보자. 이 값은 미끄러운 얼음과 눈, 그리고 적당한 썰매 사이에서는 큰 값이지만, 일부러 썰매 표면을 거칠게 하여 탈 것이다. 이렇게 하면 썰매를 느리게 하여 겁이 덜 나는 (하지만 일정한) 속력으로 미끄러지게 할 수 있다.

운동마찰이 있으면 접촉힘은 더이상 비탈에 수직하지 않다. 오히려 그 중 작은 부분, 즉 운동마찰은 비탈면을 향한다. (1.26)을 보면 그 크기는 μN이고 N은 수직항력의 크기이다. 수직항력 그 자체는 접촉힘의 수직한 부분이다. 이 부분 $\mathbf{N}$은 운동마찰이 없을 때와 같다. 왜냐하면 이 힘은 여전히 (변하지 않은) 중력의 수직 부분과 균형을 이루어야 하기 때문이다. 이 균형을 이룰 수 있는 다른 어떤 수직 방향의 힘도 없다. 따라서 N은 여전히 $mg\cos 30°$, 즉 대략 600 뉴턴이다.

◀ 접촉힘을 평행한 부분과 수직인 부분으로 자주 분해하면, 왜 여전히 접촉힘을 강조하는가?

이렇게 강조하는 것은 Newton 법칙의 주요 원리를 불러오기 때문이다. 각 힘은 한 상호작용에 속한다. 동등하게 물체에 작용하는 각 상호작용은 물체의 한 힘에 기여한다. 따라서 사람(실제로는 썰매)과 지면의 상호작용은 정확하게 한 힘인 접촉힘을 만든다.

N을 알면 운동마찰력의 크기를 계산할 수 있다.

$$F_\mu \approx \underbrace{0.3}_{\mu} \times \underbrace{600\,\mathrm{N}}_{\approx N} = 180\,\mathrm{N}. \tag{5.13}$$

따라서 이제는 네 개의 힘 벡터가 있다. 중력, 끌림, 운동마찰과 수직항력이다. 마지막 두 힘은 한 개의 접촉힘을 나눈 부분이다. 그림으로 보면 직각삼각형의 세 변은 마찰이 없을 때의 길이와 방향을 갖지만, 짧은 변은 두 부분으로 나뉜다. 끌림과 운동마찰이다. (그림 5.16b) 이 두 부분이 함께 중력의 평행한 부분과 균형을 이룬다. (운동마찰이 없을 때와 마찬가지로 수직항력과 중력의 수직 부분은 서로 균형을 이루며 그대로 남아있다.)

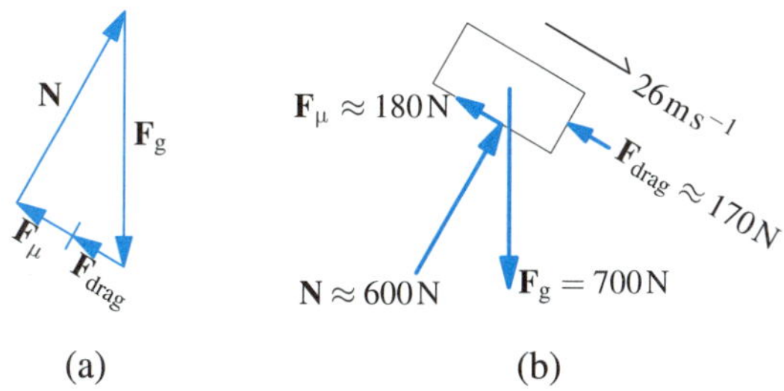

그림 5.16 운동마찰을 포함시켰을 때 수정된 힘. (a) 힘의 합. 끌림힘과 새로운 운동마찰력($\mathbf{F}_\mu$)이 함께 중력의 평행 부분과 균형을 이룬다. (b) 계산한 힘을 표시한 새로운 자유물체그림.

두 힘은 모두 (비탈 위로) 같은 방향을 향하기 때문에 끌림은 운동마찰이 없을 때보다 작아진다. 이제 F_{drag}은 대략 (350−180) 뉴턴, 즉 170 뉴턴이 된다. (그림 5.16b) 이제 속력은 대략 26 m/s(대략 100 km/h)이다.

$$v \sim \sqrt{\frac{170\,\text{N}}{1\,\text{kg}\,\text{m}^{-3} \times 0.25\,\text{m}^2}} = \sqrt{680}\,\text{m}\,\text{s}^{-1} \approx 26\,\text{m}\,\text{s}^{-1}. \tag{5.14}$$

속력은 운동마찰력이 없을 때보다 느려지지만, 편하게 타기에는 여전히 너무 빠르다.

5.6 팽팽함과 장력

다음으로 특별히 가속도가 0인 상황에서 일상세계에서 흔한 "힘"인 장력을 탐구해 보자.

◀ 장력이란 무엇인가? 1.2.1절의 네 종류 이외의 다섯 번째 힘인가?

앞의 분류는 아마도 다섯 번째 힘을 생략했을 수도 있다. 우주는 신비롭고, 우리의 이해는 제한되어있다. 그러나 장력은 그러한 힘이 아니다. 장력은 힘으로 자주 묘사되지만, 그럼에도 불구하고 장력은 심지어 힘도 아니다. 예를 들어 사람이나 추가 "줄의 장력으로 인해 위로 잡아당겨진다"는 말을 자주 듣는다. 이러한 잘못된 해석으로 인해 많은 오해가 일어난다.

그대신 장력은 접촉 상호작용을 만들어내므로 물체의 끝에서 접촉힘을 만들어내는 (전형적으로 줄과 같은 가는 고체나 막대와 같은) 물체 내부의 상태를 기술한다. 이러한 힘은 네 가지 힘 중의 하나인 전자기적인 힘이다. 따라서 내부 상태인 장력과 장력에 의한 힘을 혼동하지 말아야 한다. 여기서 이 힘은 장력에 의한 힘이라고 부르고, (T가 아닌) $\mathbf{F}_T$로 표기하겠다. 장력은 사실 용수철힘이지만 (1.3.2절) 용수철이 늘어나는 정도는 보통 너무 작아 볼 수가 없거나 이상적인 상황으로 생각한다. 예를 들어 물리학에서 줄은 질량이 없고, 유연하며 늘어나지 않게 연결된 것으로 정의한다. 따라서 아무리 팽팽하더라고 그 늘어난 길이는 언제나 0이다.

5.6.1 줄다리기

장력이 작용하는 것을 보기 위해 두 사람이 줄다리기를 하는 계에 대한 자유물체그림을 그릴 때 이것을 사용하겠다. (그림 5.17) 두 사람이 줄의 양쪽 끝을 잡고 있다. (줄은 물리적으로는 질량이 없는 줄을 의미한다.) 이 장의 기본 원칙을 지키면 두 사람 중 어떤 사람도 가속되지 않는다. ($\mathbf{a} = 0$) 사람은 지면에 고정되어 있고, 세게 잡아당긴다. 간단히 하기 위해 질량은 m으로 같다고 하자.

이 계에는 네 물체가 있다. 두 사람, 줄, 그리고 지구이다. 자유물체그림에 대한 그럴듯한 후보를 생각해보자. (그림 5.18a)

▶ 이 자유물체그림에서 무엇이 잘못 되었는가?

결정하기 위해 Newton의 제2법칙을 사용한다. 알짜힘이 가속도를 일으킨다. 여기서 $\mathbf{N}$은 중력과 균형을 이루더라도, 알짜힘은 ($\mathbf{F}_{\text{string}}$때문에) 수평방향으로 남아 있다. 따라서 줄을 잡아당기면서 멈추어 있다는 가정과는 반대로 사람은 가속될 것이다. 그래서 이 그림은 맞지 않는다.

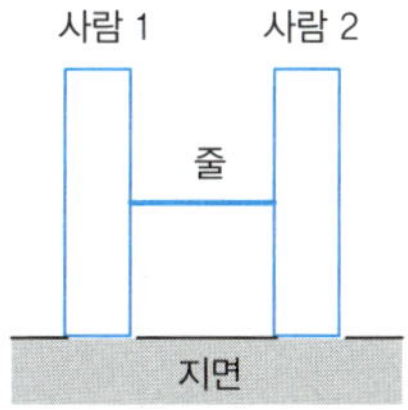

그림 5.17 줄다리기. 두 사람이 다른 사람을 끌어오려고 (질량이 없는 밧줄인) 줄을 서로 잡아당긴다. 두 사람은 잡아당기며 멈추어 있다. 아무도 가속되지 않고(**a** = 0), 움직이지 않는다(**v** = 0).

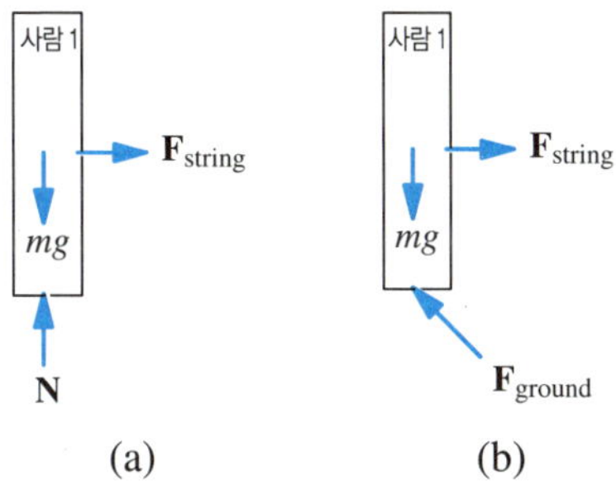

그림 5.18 줄다리기를 하는 사람 1의 자유물체그림. (a) 잘못된 그림. (b) 고친 그림

이 그림은 기본 원칙을 사용하여, 자유물체그림을 만드는 요령(2.1절)을 이용하여 고칠 수 있다. 여기서 긴 영역의 상호작용은 짧은 영역의 상호작용보다 단순하기 때문에 요령을 수정하여, 긴 영역의 상호작용을 먼저 해결하고, 짧은 영역의 상호작용에 집중하면 된다.

유일한 긴 영역의 상호작용은 지구와의 중력 상호작용이다. 이 상호작용은 아래 방향으로 mg의 중력에 기여한다.

한편 두 개의 짧은 영역의 상호작용에 있는데 이것은 사람이 접촉하고 있는 각 물체인 (지구의 일부인) 지면과 줄에서 나타난다. 줄의 접촉힘은 올바르게 수평으로 줄 방향을 향하고 있다. 그러나 지면과의 접촉힘은 위로 향할 필요가 없다. 이 힘은 정지마찰에 의해 지면과 평행인 부분이 있을 수 있다. (사람은 지면에 굳게 서있으므로 "정지"마찰이다.)

평행인 부분(정지마찰력)을 통해 $\mathbf{F}_{ground}$는 $\mathbf{F}_{string}$과 균형을 이룬다. 수직인 부분(수직항력)은 통해 중력과 균형을 이룬다. (그림 5.18b) 그 결과로 인해 알짜힘이 0이고, 가속도도 0이다.

따라서 삼각형 질문에 대답하면 사람 1에 대한 잘못된 자유물체그림(그림 5.18a)에서는 접촉힘의 정지마찰 부분이 생략되어 알짜힘과 사람의 가속도가 0이 되지 않는 것이다. (이것은 잡아당기면서 서있다는 가정에 어긋나는 것이다.)

비록 그림 5.18b가 힘을 제대로 나타내었지만, 사람 1의 자세가 틀렸다. 줄다리기의 경험을 통해 모두 알고 있듯이 이 사람이 똑바로 서있으면 줄을 잡아당겼을 때 금방 실패하게 된다. 이 사람의 운동인 회전은 Newton의 법칙만으로는 분석할 수 없다. 여기에는 각운동량과 토크의 개념이 필요한데, 이것은 짧지만 8.2절에서 "(Newton의 법칙 다음에) 무엇이 있는가"의 일부분으로 보게 될 것이다. 계산을 하지 않고 빨리 풀려면 줄다리기 경험을 이용할 수 있다. 사람은 모두 뒤로 몸을 향한다. (그림 5.19a)

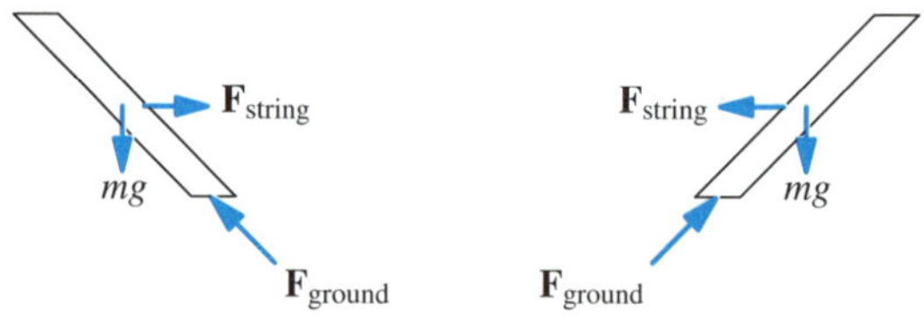

그림 5.19 몸을 뒤로 향하기. (a) 사람 1의 수정된 자유물체그림. 힘은 그림 5.18b와 같다. 그러나 머리를 땅에 박지 않으려면 뒤로 기댄다. (b) 사람 2는 반대 방향으로 몸을 기댄다.

▶ 사람 2의 자유물체그림은 무엇인가?

사람 2의 그림(그림 5.19b)는 사람 1의 그림과 거울에 대한 대칭인 그림이다.

▶ 줄의 자유물체그림은 어떻게 그리는가?

이 그림은 주의가 필요하다. 따라서 기본원리를 사용한다. 줄의 상호작용을 나열하고, 각각의 상호작용에 대해 줄에 작용하는 힘을 그린다.

▶ 줄에는 어떤 상호작용이 작용하는가?

줄에 가능한 유일한 긴 영역의 상호작용은 지구와의 중력 상호작용이다. 그러나 줄은 질량이 없으므로 중력 상호작용은 없다. 어쨌든 그려야할 긴 영역의 힘은 없다.

줄의 짧은 영역(접촉)의 상호작용을 구하려면 줄이 어느 물체와 닿아있는지 물어보면 된다. 그 답은 두 사람이다. 각각의 접촉이 상호작용이다. 따라서 줄에는 모두 짧은 영역인 두 개의 상호작용이 있다.

각 상호작용은 줄에 힘을 준다. 줄은 가속하지 않으므로 줄의 양쪽 끝에 각각 작용하는 이 두 장력은 균형을 이루어야 한다. (그림 5.20a)

▶ 이 두 힘은 제2법칙 혹은 제3법칙 때문에 균형을 이루는가?

이 구별은 쉽게 틀릴 수 있으므로 기본원리로 다시 돌아가보자. 문제가 되는 두 힘은 분리된 상호작용이다. 따라서 (한 상호작용의 두 힘을 연결하는) 제3법칙으로 연결할 수 없다. 그보다는 이 힘은 Newton의 제2법칙으로 연결되어 있다. 가속도가 0이므로 알짜힘이 0이 되어야 한다는 조건 때문이다. (줄이 가속되어도 줄의 질량이 없으므로 작용하는 두 힘은 서로 균형을 이루어야 한다. 그렇지 않다면 제2법칙 (4.5)에 있는 $1/m$ 때문에 줄은 불가능한 무한 가속도를 얻게 될 것이다.)

비록 균형을 이루는 두 힘이 (크기가) 같고 (방향이) 반대이지만, 그 원인이 제2법칙에 의할 것일 때 "균형을 이룬다"고 하고, 그 원인이 제3법칙일 경우에는 "같고 반대이다"라고 표현하겠다. 이 관습을 사용하면 힘의 관계가 (제2법칙과 관련이 있는) 물체의 가속도에 기인하고, 의존하는 경우와 (제3법칙의 결과인) 항상 성립하는 관계를 구별하는 데 도움이 된다.

어느 장력의 크기 F_T도 줄의 장력 T와 같다.

$$F_T = T. \tag{5.15}$$

그러나 F_T와 T는 어느 것도 벡터가 아니다! 오히려 이것은 양쪽 끝에 접촉힘을 만드는 물체 내부의 조건이다. 따라서 (벡터인) **T**로 쓰지 말아라! 그러면 쉽게 팽팽함 자체로 잘못 해석되고, 팽팽함이 힘이고 따라서 벡터라는 오류를 범하게 된다.

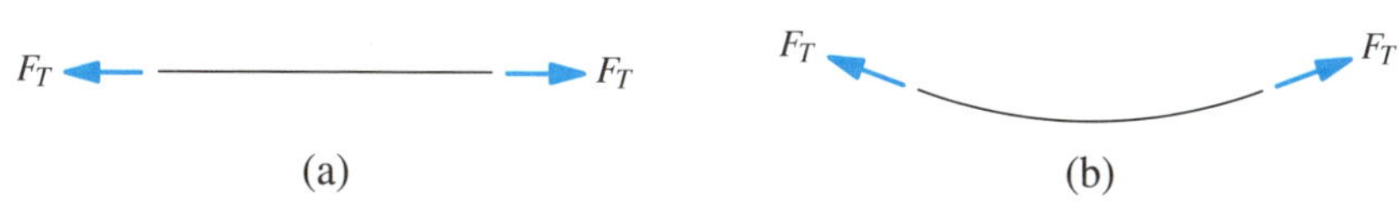

그림 5.20 곧고, 쳐진 줄다리기 줄에 대한 자유물체그림. (A) 수평줄에 대한 올바른 자유물체그림. (b) 그럴듯하지만 틀린 쳐진 줄에 대한 자유물체그림. 이 줄에 작용하는 알짜힘은 0이 아니므로, 불가능한 무한한 가속도를 얻게 된다.

▶ 왜 줄을 완전히 수평으로 그렸는가? 가운데에서 약간 쳐질 수는 없는가?

줄다리기 경험에 의하면 밧줄은 중간에서 약간 처진다. 그러나 밧줄은 질량이 있다. 대조적으로 이상적인 밧줄은 질량이 없는 줄이다.

줄다리기 줄이 쳐진다면 자유물체그림에는 약간 위로 향하는 두 장력이 있을 것이다. (그림 5.20b) 왜냐하면 장력은 이를 만드는 줄을 따라 향하기 때문이다. 그렇지 않다면 유연한 줄은 줄과 장력이 같은 방향을 향하도록 휘게 될 것이다.

더이상 방향이 반대가 아닌 이 장력은 균형을 이룰 수 없다. 따라서 줄에 작용하는 알짜힘은 0이 아니다. 줄은 질량이 없으므로 이 알짜힘은 (가속도는 질량에 반비례하므로) 무한한 가속도를 만들어낸다. 말도 되지 않는다! 그러므로 줄은 수평해야 한다. (연습문제 5.6에서 밧줄의 경우로 자유물체그림을 일반화할 것이다.)

▶ 지구의 자유물체그림은 어떻게 그리는가?

이제 그 방법을 알고 있다. 지구의 상호작용을 결정한다. 지구는 두 긴 영역의 상호작용에 참여한다. 하나는 사람 1과의 중력 상호작용이고, 하른 하나는 사람 2와의 중력 상호작용이다. 그리고 두 개의 짧은 영역의 상호작용이 있다. 사람 1과 (지구의 일부로 생각하는) 지면과의 접촉 상호작용이고, 다른 하나는 사람 2와 지면 사이의 접촉 상호작용이다. 중력 상호작용으로 인해 두 힘이 위로 향하는데 각각은 크기가 mg이다. 접촉 상호작용으로 인해 두 힘이 생기는데 사람 1과 사람 2에 작용하는 각각의 접촉힘과 크기가 같고, 방향이 반대이다. (그림 5.21)

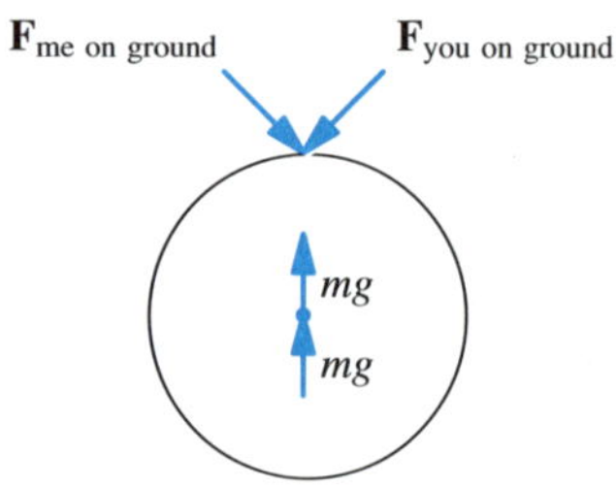

그림 5.21 지구의 자유물체그림. 지구에는 각 사람으로부터 작용하는 두 중력이 작용하고, 역시 각 사람으로부터 작용하는 두 개의 접촉힘이 있다.

▶ 사람들, 줄, 지구의 자유물체그림 중 제3법칙의 쌍은 무엇인가?

그림 5.22에 제3법칙의 쌍을 점선으로 연결한 자유물체그림을 나타내었다. 상호작용의 두 부분은 같은 물체에 작용하므로, 각각의 제3법칙의 쌍은 두 그림 사이에서 연결되어야 한다.

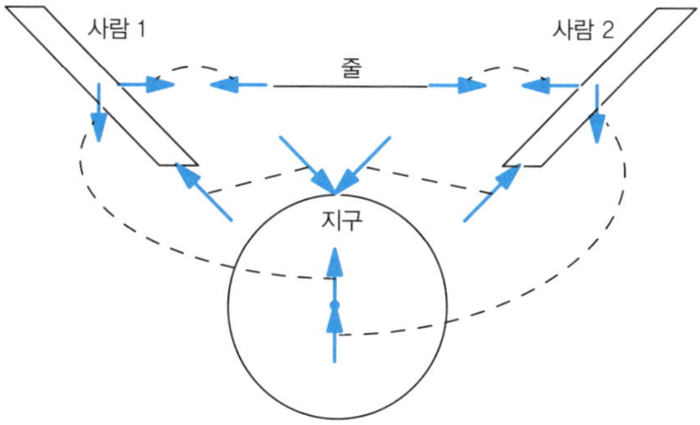

그림 5.22 제3법칙의 쌍을 점선으로 연결시킨 줄다리기에 대한 네 개의 모든 자유물체그림

5.6.2 세 줄에 매달린 질량

다음 예제는 장력과 삼각함수를 결합한 것이다. 벽돌을 1, 2와 3이라고 이름 붙인 세 개의 줄을 사용하여 매달았다. (그림 5.23) 우리의 목적은 세 줄의 장력 T_1, T_2와 T_3를 구하는 것이다. (실제 생활에서는 이러한 계산을 통해 어떤 장력도 줄이 견딜 수 있는 한계를 넘어서지 않도록 한다.)

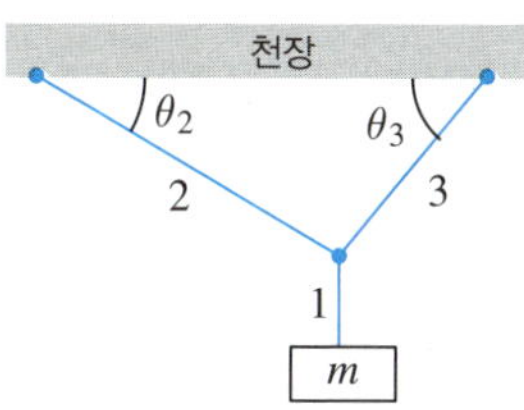

그림 5.23 세 줄에 매달린 정지해 있는 벽돌

줄의 장력 T_1은 벽돌의 자유물체그림을 만들어 구할 수 있다. (그림 5.24) 벽돌에는 두 상호작용이 있다. 지구와의 긴 영역의 중력 상호작용과 줄 1과의 짧은 영역의 접촉 상호작용이다. 중력 상호작용은 크기가 mg인 아래 방향의 힘이다. 접촉

상호작용은 크기가 F_{T_1}인 위로 향하는 장력이다.

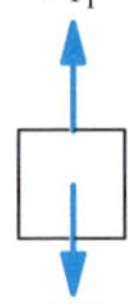

그림 5.24 벽돌의 자유물체그림. 벽돌은 줄 1과 하나의 접촉 상호작용만 하므로 (중력을 포함해) 두 힘이 작용한다.

벽돌이 가속되지 않는다는 것을 알기 때문에(전혀 움직이지 않는다) 벽돌에 작용하는 알짜힘이 0이라는 것을 안다. 따라서 접촉힘은 중력과 균형을 이룬다. 그러므로 $F_{T_1} = mg$이다. (벡터로 쓰면 $F_{T_1} = -m\mathbf{g}$이다.) 장력의 크기는 장력 그 자체이므로($F_{T_1} = T_1$), $T_1 = mg$이다.

▶ 왜 T_1(장력)과 F_{T_1}(장력의 크기)를 귀찮을 정도로 구별하는가?

이 중요한 차이를 통해 장력과 힘은 다른 종류라는 것을 말하려는 것이다. 86쪽에서 도입했지만 다시 한 번 이야기 하는 것이 좋은 이 차이는 필자가 물리학을 가르치는 첫 십 년 동안 구별하지 않았다. 그 학생들에게 필자의 혼동을 전달해준 것에 대해 여기서 용서를 구한다.

장력과 힘을 결합시키면 영역에 대한 실수를 범하는 것이고, 아마도 궁극적으로는 철학적인 범죄를 저지르는 것이다. 벽돌에 작용하는 장력 F_{T_1}과 같은 힘은 밀거나 잡아당기고, 상호작용의 한 부분이다. 그리고 F_{T_1}은 그 힘의 크기이다. 대조적으로 장력 자체는 물체 (대부분 고체) 내부의 상태를 기술한다. 따라서 장력 T가 만드는 접촉힘을 표시하려면 $\mathbf{F}_T$로 쓴다. 비록 장력의 크기 F_T가 장력 T가 같은 뉴턴 값(혹은 임의의 다른 힘의 단위)을 갖더라도 이들은 다른 물리적인 영역에 속한다.

$T_1 = mg$임을 알면 다른 두 장력을 구할 수 있다. 미묘한 방법은 세 줄이 만나는 점에 대한 자유물체그림을 만드는 것이다. 점이라는 것이 없는 실제 상황에서는 그 점은 사실 작은 매듭이다. 그러므로 점에 대한 자유물체그림을 생각하는 것을 좋아하지 않는다면, 그 대신 작은 매듭에 대한 자유물체그림을 상상할 수 있을 것

이다.

이 점 혹은 매듭에는 각 줄과 관련된 세 개의 접촉힘이 작용한다. 그러나 여기에 중력 상호작용은 전혀 없다. 질량이 없는 작은 줄 조각으로 만든 점이든 매듭을 상상하든 이것은 질량이 없다.

따라서 매듭에는 세 힘이 작용하는데 각 줄에서 나오는 장력이다. 두 가지 이유로 인해 이 힘을 더하면 0이 된다. 첫째, 매듭은 가속되지 않는다. 그러므로 여기에 작용하는 알짜힘은 0이 되어야 한다. 둘째, 비록 매듭이 가속된다고 하더라도 질량이 없으므로 여기에 작용하는 알짜힘은 여전히 0이 되어야 한다.

이 장력을 머리와 꼬리를 이어 더하면 (그림 5.25) 닫힌 그림이 된다. 이것이 알짜힘이 0이라는 것을 기하학적으로 표현한 것이다. 세 장력이 있으므로 닫힌 그림은 삼각형이다.줄 1 부분의 길이(mg)와 방향(아래)은 알고 있다. 다른 두 변의 방향은 (θ_1과 θ_2로 지정하여) 알고 있지만, T_2와 T_3는 여전히 알려져있지 않으므로 길이는 모른다.

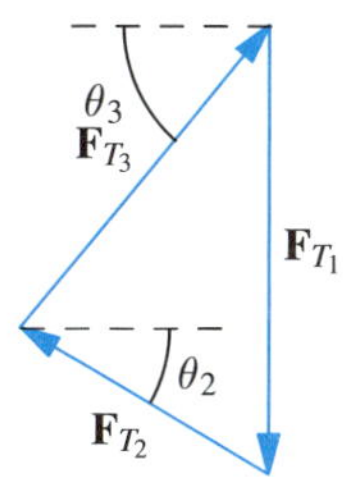

그림 5.25 매듭에 작용하는 세 개의 장력 더하기. 매듭은 가속되지 않으므로(혹은 질량이 없으므로) 매듭에 작용하는 알짜힘은 0이라는 것을 알고 있다. 따라서 머리와 꼬리를 이는 벡터합은 삼각형을 만든다.

세 변이 직각삼각형을 이루면 T_1과 T_2에 대해 푸는 것은 쉽다. 그 예 중의 하나는 속력이 일정한, 마찰이 없는 썰매에 대한 분석(5.5.1절)이다. 여기서 중력이 $\mathbf{F}_{T_1}$의 역할을, 끌림이 $\mathbf{F}_{T_2}$의 역할을, 그리고 수직항력이 $\mathbf{F}_{T_3}$의 역할을 하였다.

▶ 그러나 세 장력이 직각삼각형을 이루는가?

특별한 경우에만 그렇다. $\theta_2 + \theta_3 = 90°$일 때 T_2와 T_3의 변은 직각삼각형을 만든다. 그러나 일반적인 θ_2와 θ_3의 값에 대해서 삼각형은 직각삼각형이 아니다.

따라서 모르는 길이를 구하려면 약간 낯선 삼각함수를 사용해야 한다. 그것은 사인 법칙이다. (그림 5.26a) 변의 길이가 a, b와 c이고, 각 변의 반대쪽에 있는 각도가 A, B와 C라면 변과 각도의 관계는 다음과 같다.

$$\frac{a}{\sin A} = \frac{b}{\sin B} = \frac{c}{\sin C}. \tag{5.16}$$

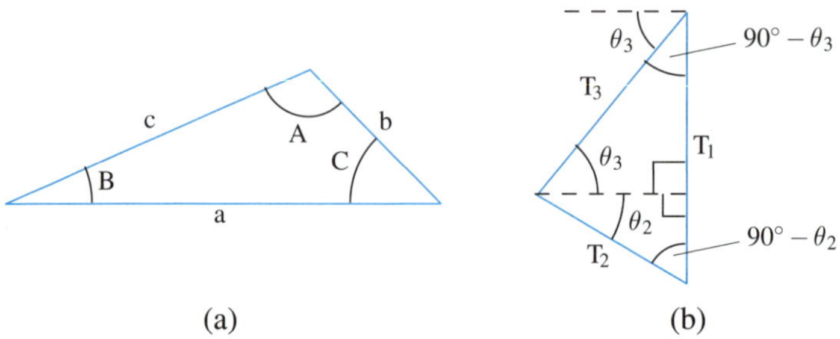

그림 5.26 사인 법칙 적용하기. (a) 사인 법칙 (5.16)으로 변(a, b와 c)과 각각의 반대 방향의 각도(A, B와 C) 사이의 관계를 맺을 수 있다. (b) 벡터합 삼각형의 변을 각각의 장력의 크기로 이름 붙이고(그림 5.25) 각도도 이름을 붙여 사인 법칙을 적용한다.

힘의 삼각형에서 변의 길이는 T_1, T_2와 T_3이다. (그림 5.26b) 반대쪽 각도는 각각 $\theta_2+\theta_3$, $90°-\theta_3$와 $90°-\theta_2$이다. 그러므로 사인 법칙 (5.16)에 의하면 다음을 얻는다.

$$\frac{T_1}{\sin(\theta_2+\theta_3)} = \frac{T_2}{\sin(90°-\theta_3)} = \frac{T_3}{\sin(90°-\theta_2)}. \tag{5.17}$$

$\sin(90°-\theta)=\cos\theta$이므로 나중 두 개의 분모를 간단하게 쓰면 다음을 얻는다.

$$\frac{T_1}{\sin(\theta_2+\theta_3)} = \frac{T_2}{\cos\theta_3} = \frac{T_3}{\cos\theta_2}. \tag{5.18}$$

T_1이 있는 비율에는 알려진 양만 있다. T_1은 mg이고, 두 각도는 주어져 있다. 이 알려진 양으로 세 장력을 쓰면 다음과 같다.

$$\begin{aligned} T_1 &= mg, \\ T_2 &= mg\frac{\cos\theta_3}{\sin(\theta_2+\theta_3)}, \\ T_3 &= mg\frac{\cos\theta_2}{\sin(\theta_2+\theta_3)}. \end{aligned} \tag{5.19}$$

T_2와 T_3가 무섭게 보이지만 극한적인, 간단한 경우에 잘 맞는다는 것을 확인할 수 있다. 연습문제 5.3을 참조하여라.

5.6.3 질량이 같은 Atwood 기계

장력에 대한 마지막 예제를 보면 다음과 같은 흔하고, 자연스러운 오류를 피할 수 있다. 그 오류란 이 장의 주제인 정역학에서는 물체는 변하지 않거나 정지해 있다는 것을 뜻하는 일상적인 용어에 의하면 물체는 **정지해있어야** 한다는 것이다. 정역학에서 임의의 물체에 작용하는 알짜힘은 0이므로, 어떤 물체의 가속도도 0이다. 그러나 물체는 속도가 변하지 않는 한 어떤 속도도 가질 수 있다. 이것이 가속도가 0이라는 의미이다. 지금까지 일정하지만 0이 아닌 속도로 운동하는 몇 개의 예를 보았다. 내려가는 엘리베이터 안에 서있는 것(5.3절), 수평면에서 자전거 타기(5.4절)과 일정한 속력으로 썰매를 타는 것(5.5절)이다. 그러나 속도와 가속도 사이를 구별하는 이 원리는 매우 중요하고, 또 자주 무시되므로 다른 예제가 필요하다.

이 예제는 유명한 장치인 (George Atwood가 1784년에 발명한) Atwood 기계의 특별한 경우이다. 이상적인 형태로는 이 기계는 마찰이 없는 도르래 주위로 감겨 있는 연결되어 있는 줄에 매달려 있는 두 개의 질량으로 구성되어 있다. (그림 5.27a) 이 기계는 지구 중력의 효과를 예측할 수 있는 방법으로 줄일 수 있으므로 g 값으로 주어지는 중력의 전체 크기는 18세기의 기술을 사용하여 정확하게 결정할 수 있다.

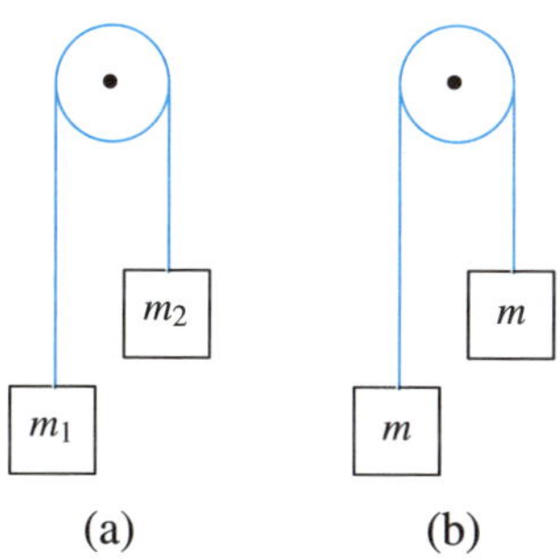

그림 5.27 Atwood 기계. (a) 보통 $m_1 \neq m_2$인 일반적인 경우. (b) 질량이 같은 특별한 경우

두 질량이 같지 않은 계의 분석은 가속도가 0이라는 제한 때문에 이 장의 범위를 넘어선다. 여기서는 두 질량은 같다. (그림 5.27b) 공기 저항 또한 무시하자. 그러나 이와 같은 제한이 있어도 속도가 0이 아니면서 가속도가 0일 수 있는가?

▶ 질량이 같을 때 왼쪽 질량이 일정한 0이 아닌 속력으로 올라가고(혹은 내려가고), 한편 오른쪽 질량은 같은 속력으로 내려갈(혹은 올라갈) 수 있는가? 혹은 일단 질량이 움직이면 가속되는가?

결정하기 위해서 질량이 일정한 속도로 움직인다고 가정하고, 자유물체그림을 그리고, 이 그림이 일관성 있는 예측을 하는지 보도록 하자.

각 질량에는 두 상호작용이 있다. 하나는 줄과의 접촉 상호작용인 짧은 영역의 상호작용이고, 다른 하나는 지구와의 중력 상호작용인 긴 영역의 상호작용이다. 접촉 상호작용은 위로 향하는 장력 F_T를 가한다. (장력의 크기 F_T는 줄의 장력 T와 같다.) 중력 상호작용은 아래로 향하는 중력 mg를 가한다. (그림 5.28)

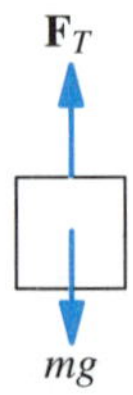

그림 5.28 한 질량의 자유물체그림. 각 질량에는 두 상호작용이 있으므로 두 힘을 받는다.

각 질량은 (처음 가정한대로) 일정한 속도로 움직이기 때문에 각 질량에 작용하는 알짜힘은 0이 되어야 한다. 힘으로부터 가속도를 얻는 인과관계를 뒤집은 추론이다. 따라서 삼각형 질문에 대답하면 장력이 중력과 균형을 이루는 한, 즉 $F_T = mg$이거나 줄의 장력이 mg를 유지하는 한, 질량은 일정한 0이 아닌 속도로 움직인다.

T가 mg로 남아있다는 요구조건은 줄은 늘어나지 않고(줄은 늘어나지 않기 때문에 늘어나려면 무한한 장력이 필요하다) 줄어들지도 않는다(이 경우 장력이 없어져서 T가 0이 된다). 따라서 한 질량의 일정한 하강속력은 다른 질량의 일정한 상승속력과 같다.

각 질량에 작용하는 알짜힘이 0이라고 하더라도 이들은 일정한 속도로 움직인다. 이 결론은 놀라울지도 모른다. 왜냐하면 Newton의 제2법칙이 직관과 맞지 않기 대문이다. 직관을 분명히 하고 이것을 제2법칙과 비교하여 제2법칙을 직관에 더 가깝게 할 수 있다.

예를 들어 질량을 직관적으로, 쉽게 정지시킨 것을 상상할 수 있다. 또한 쉽게 작은 질량(그림 5.27b에서 왼쪽 질량)은 올라오고, 큰 질량은 내려가는 것을 상상할 수 있다. 그러나 작은 질량이 내려가고, 큰 질량이 올라가는 것은 상상하기 어렵다. 이러한 결합된 운동은 비대칭적이고, 어떠한 비대칭성도 보장되지 말아야 할 것 같다. 질량이 같으면 어떤 비대칭성도 없어야 한다.

불행하게도 이 직관은 힘이 (가속도보다는) 속도를 일으킨다는 오류에 깊게 뿌리를 두고 있다. 속도에 대해서만 비대칭성이 있다. 대조적으로 가속도에 관한 한 계는 대칭적이다. 질량이 내려오든, 정지해있든, 올라가든 각 질량의 가속도는 0이다. 그리고 0은 가장 대칭적인 값이다. 따라서 힘이 가속도를 일으키는 Newton 세계에서 계는 작은 질량이 올라가더라도 적절히 행동하는 것이다. 힘이 속도를 일으킨다고 생각할 유혹이 생길 때마다 이 예제를 기억하기 바란다!

◀ 다른 질량의 경우(그림 5.27a) 일정한 속도로 움직이는가?

일정한 속도, 혹은 가속도가 0인 운동에 대해서는 각 질량에 대해 장력은 중력과 균형을 이룬다. 따라서 장력은 줄 왼쪽 끝에서는 m_1g이고, 오른쪽 끝에서는 m_2g로 변한다. 그러나 마찰이 없는 줄이나 마찰이 없는 표면 위의 줄에서는 장력은 줄 전체에서 같아야 한다. (연습문제 5.9에서 증명할 것이다.) 따라서 질량이 다르면 일정한 속도의 운동은 불가능하다. 질량은 가속되어야 한다.

사실 Atwood 기계를 도입할 때 말했듯이(95쪽) (m_1이 m_2와 비슷하지만 같지 않을 때) 작지만 0이 아닌 가속도를 측정하는 것이 g를 정확하게 측정하는 방법이고, 이것이 Atwood가 이 기계를 만든 이유이기도 하다. 이 가속도를 계산하는 것이 연습문제 7.4의 주제이고, 0이 아닌 가속도에 대한 제2법칙(7장의 주제)를 사용해야 한다.

5.7 압력과 호수의 깊이

가속도가 0인 운동의 마지막 예제로 압력과 호수(혹은 수영장)의 깊이를 살펴보자. 예제로 바다보다는 호수를 선택했는데 그 이유는 호수는 얕기 때문에 물의 밀도가 거의 변하지 않기 때문이다. 그러나 압력을 구하기 전에 궁금한 것이 있을 것이다.

◀ 압력이란 무엇인가?

이 질문은 수 십년 동안 필자를 혼동시킨 것이기도 하다. 압력은 종종 힘을 면적으로 나눈 것으로 기술하기 때문이다. 그러나 이러한 기술은 기껏해야 반만 맞다. 즉 압력의 차원은 맞기 때문에 그 단위를 구할 수 있다. SI 단위계에서 그 단위는 제곱미터 당 뉴턴(N/m^2)이고, 파스칼(Pa)이라고도 부른다. 그러나 "힘을 면적으로 나눈다"는 설명은 압력은 힘과 같이 벡터라고 잘못 암시한다.

압력은 벡터가 아니다. 오히려 이것은 "모든 표면에 수직으로 작용하는 힘을 일으키는 유체 안의 조건"이다. [25, 31쪽] 이 압력에 의한 힘(그림 5.29)은 표면을 향하고 그 크기는 압력 p와 표면적 A에 비례한다. 압력에 의한 힘은 장력과 마찬가지로 짧은 영역의 전자기적 접촉힘이다. 그러나 압력 자체는 팽팽함처럼 힘도 아니고, 벡터도 아니다.

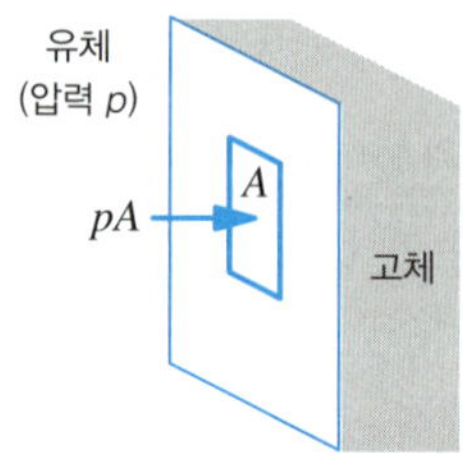

그림 5.29 압력에 의한 힘. 표면의 왼쪽에 있는 유체의 압력은 p이다. 면적이 A인 표면의 일부에 표면에 수직으로 표면을 향하는 크기 pA의 압력힘이 작용한다.

◀ 압력이 벡터가 아니라면 무엇인가?

압력은 유사스칼라이다. 온도, 부피, 에너지와 같은 모든 스칼라는 크기는 있지만, 방향은 없다. 스칼라는 그 차원에 따라 두 종류로 분류한다. **진정한 스칼라**는 길이의 짝수 제곱을 포함한다. 그 예로는 (길이의 0차인) 온도와 (길이의 제곱을 포함하는) 에너지이다. **유사스칼라**는 길이의 홀수 제곱을 포함한다. 예를 들면 (길이의 세제곱을 포함하는) 부피, (길이의 일차항을 포함하는) 장력, 그리고 (길이의 일차항의 역수를 포함하는) 압력 등이다.

이러한 차이는 J. W. Warren의 논의[25, 부록 1]에서 배웠는데, 여기서는 또한 길이의 홀수 제곱을 포함하는 진정한 벡터와 길이의 짝수 제곱을 포함하는 유사벡터를 구별하는 방법도 나와 있다. 힘은 진정한 벡터이다. 놀랍게도 길이는 스칼라가 아니고, 오히려 유사벡터이다. 그 벡터의 크기는 표면의 면적과 같고, 표면에 수직인 방향으로 향한다.

이러한 면적에 대한 견해와 "압력은 힘을 면적으로 나눈 것"이라는 일상적인 설명과 함께 압력이 유사스칼라라는 것을 암시한다. 그러면 압력은 진정한 벡터(힘)를 유사벡터(면적)로 나눈 것이다. 분수에 "유사"가 한 개만 있으면 그 결과는 아마 "유사"일 것이다. 그리고 벡터를 벡터로 나누면 아마 스칼라일 것이다. 따라서 이 결과는 유사스칼라일 것이다.

이제 호수에서 압력을 구할 준비가 되었다. 그러기 위해서 물기둥에 대한 자유물체그림을 그린다. 물기둥은 수면에서 시작하고 호수 아래 깊이 h까지 내려온다. (그러나 호수 바닥까지 내려오지는 않는다.)

자유물체그림을 그리기 위해 첫 단계는 물기둥의 접촉 상호작용을 찾는 것이다. 여기서 물기둥은 그 위의 공기와 닿아있고, 옆과 아래는 호수와 닿아있다. 그러나 호수를 물의 두 부분으로 나누면 분석을 간단하게 할 수 있다. (그림 5.30) (1) 물기둥의 바닥까지 있는 물 (2) 물기둥보다 깊은 물이다. 그러면 물기둥은 세 물체에 접하고, 세 접촉 상호작용이 있으며, 세 접촉힘을 받는다.

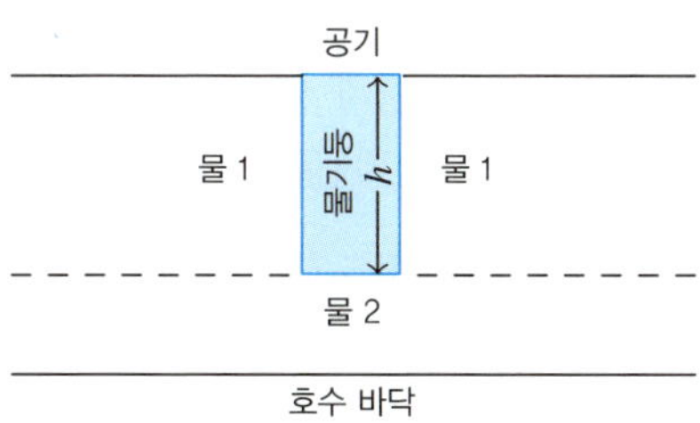

그림 5.30 호수 안의 물기둥. 물기둥 위에는 공기가 있다. 그 아래로는 호수의 바닥까지 물이 있다. (물 2) 그리고 물기둥을 둘러싸는 같은 깊이의 물(이 단면에서 볼 때는 두 부분으로 나타낸 물 1).

이 힘 중 물 1에 의한 접촉힘을 구하는 것이 가장 쉽다. 이것은 0이 되어야 한다. 만일 0이 아니라면 어느 방향으로 물기둥을 미는가? 특정한 방향은 아무 이유 없이 대칭성을 파괴시킨다. 따라서 "아무 방향도 없는" 것이 유일한 답이다. 따라서 $\mathbf{F}_{\text{water body 1}} = 0$이다.

남은 접촉힘은 물기둥의 위와 아래면에 작용한다. 윗면에는 공기(대기)가 있다. 해수면에서 공기 압력은 $p_0 \approx 10^5$ 파스칼이다. 따라서 물기둥의 윗면에서 압력은 아래로 향하고, 크기는 $p_0 A$이다. 여기서 A는 물기둥 윗면의 면적이다. 아랫면 아래에는 호수 물(물 2)이 있다. 물기둥의 밑면에서 압력은 $p(h)$이고, 아직 알지 못하는 깊이의 함수이다. 물기둥의 아랫면에 작용하는 압력힘은 크기가 $p(h)A$이고, 위로 향한다.

▶ 이 접촉힘만이 물기둥에 작용하는 유일한 힘인가?

아니다! 접촉힘을 다루고 대칭성에 대한 논의를 급하게 적용하면서 한 상호작용, 따라서 한 힘을 잊었다. 물기둥은 질량이 있으므로 긴 영역의 중력 상호작용이 있다. 따라서 물기둥에 중력 $\mathbf{F}_g$가 작용한다. (그림 5.31)

물의 밀도를 ρ라고 하면 물기둥의 질량은 ρAh이다.

$$\underbrace{\text{질량}}_{m} = \underbrace{\text{밀도}}_{\rho} \times \underbrace{\text{부피}}_{Ah}. \tag{5.20}$$

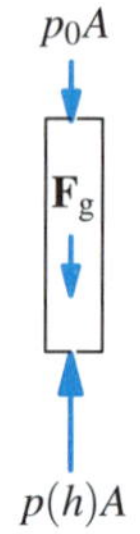

그림 5.31 물기둥에 대한 자유물체그림

따라서 물기둥에 작용하는 세 번째 힘 $\mathbf{F}_g$의 크기는 mg, 즉 ρgAh이다.

물기둥은 가속하지 않으므로, 세 힘을 더하면 0이 되어야 한다. "더하여 0이 되어야 한다"는 공식은 "힘을 더하면 0이 된다는 것을 알고 있다"는 것을 압축하여 표현하는 다른 방법이다. 이는 또한 마음에 투영하는 오류도 피한다. “그래야 한다”는 용어를 사용하는 것은 지식이나 믿음을 반영하는 인식론적인 표현이다. 예를 들면 “늦었기 때문에 지금쯤 그 사람은 집에 도착했어야 한다”라는 표현이다. (대조적인 사용은 규범적이고 외부의 강요를 나타낸다. “여행객은 국경에서 신분증를 제시해야 한다.”) 이러한 사용은 앞의 예제에서 볼 수 있다. (5.1절) 지면에 가만히 서있을 때 가속도는 0이므로, 사람에 작용하는 알짜힘은 0이 되어야 한다.

문법적인 논의에서 돌아와 물기둥에 작용하는 알짜힘은 마찬가지로 (물기둥은 가속되지 않으므로) 0이 되어야 한다. 이 제한을 식으로 쓰려면 좌표계를 정해야 한다. 힘은 모두 수직방향이므로 한 축만 필요하고, 이것을 z축이라고 하자. (수직축에 대해 흔히 이렇게 선택한다.) 또한 양의 z 방향은 예컨대 아래 방향으로 정한다.

이렇게 선택하면 (아래로 향하는) 중력과 (아래로 향하는 공기압력 때문에 생기는) 윗면에 작용하는 압력힘은 양의 z 성분을 갖는다. 그리고 (위로 향하는 물의 압력에 의한) 바닥면의 압력 힘은 음수의 z 성분을 갖는다. 그 결과는 오랫동안 찾던 다음의 식이다.

$$p_0 A - p(h)A + \rho g A h = 0. \tag{5.21}$$

면적 A는 모든 항에 공통이므로 상쇄시킨다. 어쨌든 그 양은 정해지지 않았으므로 상관없다.

$$p_0 - p(h) + \rho g h = 0. \tag{5.22}$$

압력 $p(h)$를 깊이 h의 함수로 풀면 소위 유체정역학적 평형식을 얻는다.

$$p(h) = p_0 + \rho g h. \tag{5.23}$$

따라서 물의 압력은 표면에서 대기압 p_0에서 시작하고, 깊이에 대해 선형적으로 증가하는데 그 비율은 물의 밀도 ρ와 중력의 세기 g로 결정된다.

$\rho = 10^3\ \mathrm{kg/m^3}$와 $g \approx 10\ \mathrm{m/s^2}$를 대입하면 압력의 증가($\rho g h$)는 깊이가 대략 10 미터일 때 수면의 대기압(p_0)와 같아진다.

$$\underbrace{10^3\,\mathrm{kg\,m^{-3}}}_{\rho} \times \underbrace{10\,\mathrm{m\,s^{-2}}}_{g} \times \underbrace{10\,\mathrm{m}}_{h} = \underbrace{10^5\,\mathrm{Pa}}_{p_0}. \tag{5.24}$$

따라서 깊이가 10 미터 증가할 때마다 압력은 1 기압(해수면의 압력 p_0로 정의한 압력단위)만큼 증가한다. 이것은 다이버가 그 증가를 느끼기 충분한 크기이다.

(5.23)의 결과로 인해 가속도가 0인(일정한 속도) 운동에 대한 Newton의 제2법칙에 대한 공부를 끝내겠다. 다음 단계는 가속도를 포함시키는 것이다. 그렇지 않다면 물체가 보통 가속되는 우리 세계의 운동을 설명할 수 없을 것이다. 가속도는 미묘한 개념이기 때문에 다음 장(6장)에서 힘과는 별도로 가속도만을 접할 것이다. 7장에서 가속도와 힘을 결합시켜 완전한 제2법칙을 만들겠다.

5.8 연습문제

5.1 (5.4)에서 수직항력의 크기 N을 구할 때 중력의 수직성분은 $mg\cos\theta$라고 하였다. (5.5)로 주어진 정지마찰력의 크기 f를 구할 때 수평성분의 크기는 $mg\sin\theta$라고 하였다. 중력과 그 수직성분, 수평성분으로 이루어진 삼각형에 삼각함수를 적용하여 이를 증명하여라.

5.2 5.5절의 30도 기울어진 비탈에서 훨씬 빨리 썰매를 타고 내려왔다. 더 현실적인 20도 경사의 비탈에서 먼저 운동마찰이 없이, 그리고 운동마찰을 포함하여 다시 분석하여라. $\sin 20° \approx 1/3$이고 $\cos 20° \approx 0.9$라는 어림을 이용하여라. 그리고 F_{contact}와 v를 θ, m, g, ρ와 A_{cs}의 함수로 나타낸 공식에 대한 마찰이 없는 분석을 요약하여라.

5.3 매달려 있는 질량의 분석(5.6.2절)은 줄 3이 수직으로 매달려있는 특별한 경우 즉 $\theta_3 = 90°$인 경우에 대해 분석하여 결과가 합리적이라는 것을 확인하여라. (그림 5.32) (계산하지 않고 계에 대해서만 생각하면) 세 줄의 장력이 얼마가 되어야 하는가? 이 예측은 $\theta_3 = 90°$인 경우 계산한 줄의 장력 (5.19)와 일치하는가? 그렇지 않다면 수행한 예측이나 (5.19)을 얻는 계산 중 하나 혹은 모두가 틀렸다. 그렇다면 그 실수를 찾아보아라.

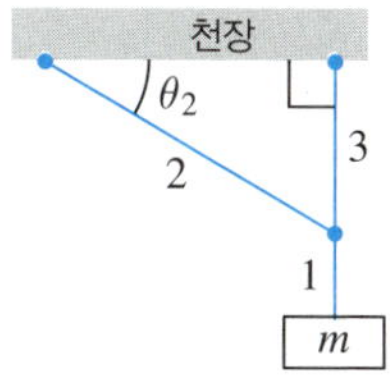

그림 5.32 $\theta_3 = 90°$인 그림 5.23의 극한적인 경우

5.4 지면에 대해서 0이 아닌 일정한 속도로 움직이는 줄다리기에서 (5.6.1절) (아마도 얼음 위에서) 계속 줄다리기를 할 수 있는가? 불가능하다면 그 이유를 설명하여라. 가능하다면 사람 1, 사람 2, 줄과 지구에 작용하는 힘을 나타내는 올바른 자유물체그림을 그려라.

5.5 5.6.1절의 줄다리기 분석에서 사람 1과 2는 질량이 같은 m이라고 가정하였다. 사람 2의 질량이 m이고, 사람 1의 질량이 $2m$인 경우 네 개의 자유물체그림을 다시 그려라.

5.6 줄 대신 밧줄을 사용하여 5.6.1절의 줄다리기를 다시 분석하여라. (물리학에서 밧줄은 질량이 있는 줄이다.) 각 사람의 질량은 60 kg이고, 밧줄의 질량은 30 kg이다. (이 줄은 비현실적으로 질량이 크다. 아마도 3배 정도 크므로 그 질량은 그림에서 분명히 나타날 것이다.) 사람들, 밧줄, 지구에 작용하는 힘을 나타내는 올바른 자유물체그림을 그려라.

5.7 흔한 함정은 장력 T가 항상 mg라고 생각하는 것이다. 이 함정은 특히 정역학에서 빠지기 쉽다. T가 mg와 같을 필요가 없다는 것을 보기 위해서 그림 5.33에 나타낸 도르래의 배열을 보자. 그리고 질량을 일정한 속력으로 올리려면 (혹은 내리려면) 잡아당겨 내려야 하는 힘 F를 구하여라.

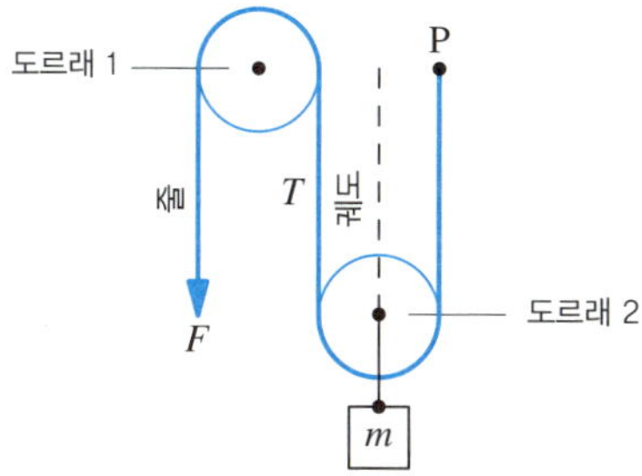

그림 5.33 T가 mg가 아닌 도르래의 모임. 도르래는 질량이 없고, 도르래 1의 축은 벽에 고정되어 있다. 도르래 2의 축은 수직으로 궤도를 따라 수직으로 움직일 수 있고, 줄은 점 P에서 벽에 고정되어 있다.

F를 구할 때 줄의 장력 T도 구할 것이다. $T = mg$인가? (그렇지 않아야 한다!) T와 mg 사이의 관계를 근거로 하여 이 도르래 배열의 이점을 설명하여라.

5.8 이 문제에서는 일상생활에서 경험하는 내부힘을 계산하고, 따라서 이해할 수 있기 위해 지면에 서있는 사람에 대한 간단한 모형을 사용한다. 따라서 각각의 질량이 $m/3$인 쌓여 있는 세 개의 벽돌로 사람을 나눈 것으로 상상하자. (그림 5.34)

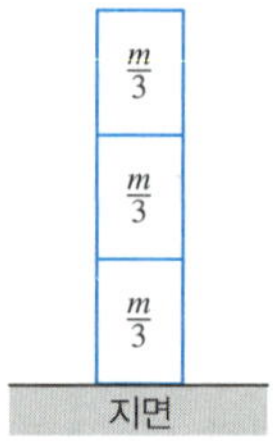

그림 5.34 지면에 서있는 사람에 대한 세 벽돌 모형.

a. 각각의 벽돌과 (지면을 포함하는) 지구에 대해 네 개의 자유물체그림을 그려라. 각 물체에 대한 알짜힘은 0이다!

b. 그림 5.22처럼 점선으로 제3법칙의 쌍을 연결하여라. 제3법칙 쌍의 두 힘은 (크기가) 같고 (방향은) 반대라는 것을 확인하여라.

5.9 (정의에 의하면 질량이 없는) 줄에 마찰이 없을 때 줄 전체에 장력은 일정하다는 것을 증명하여라. 장력이 변한다고 가정하고, 모순을 이끌어내어 증명하여라. 간단하게 직선인 줄을 사용하여라. (비록 일정한 장력에 대한 결론은 어떤 줄 모양에 대해서도 적용되지만, 일반적인 모양에 대한 증명을 하려면 미적분이 필요하다.)

5.10 질량이 같은 Atwood 기계(5.6.3절)의 분석에서 중요한 물체를 빠뜨렸다. 바로 도르래이다. 도르래 질량은 m_{pulley}라고 하고, 이에 대한 자유물체그림을 그려라. 모든 힘의 크기를 m, m_{pulley}와 g로 나타내어라. **힌트**: 줄에 대한 자유물체그림을 그려라.

5.11 대기가 (해수면의 밀도인) 일정한 밀도를 갖는 커다란 공기덩어리라고 가정하여라. 이 공기덩어리의 깊이는 얼마인가? 다르게 표현하면 (압력이 0으로 떨어지는 곳으로 정의한) 대기의 가장 높은 높이는 얼마인가? 이 높이 H를

대기의 축척높이라고 한다.

5.12 이 문제에서 매달려있는 철 케이블의 장력을 구할 것이다. (그림 5.35) 케이블은 질량이 있다. (물리적인 표현으로는 밧줄이다.) 길이는 l, 단면적은 A이고, 밀도는 ρ이다.

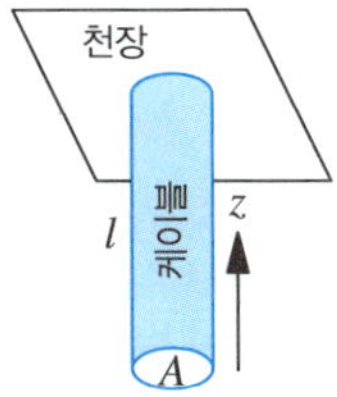

그림 5.35 천장에 매달려있는 철 케이블(연습문제 5.12). (케이블의 바닥에서 위로의 거리인) z에 따라 장력은 어떻게 변하는가?

a. T를 z의 함수로 구하여라.

b. 고체는 그 내부의 **인장변형력**이 **파괴세기**를 넘으면 끊어진다. 인장변형력은 유체 내부의 압력과 비슷하게 장력을 단면적으로 나눈 양이다. 철의 파괴세기는 대략 10^9 파스칼이다. 단지 중력에 의하여 케이블이 끊어지려면 얼마나 길어야 하는가?

5.13 일정한 속도로 움직이는 자전거에 대한 분석(5.4절)을 연장하여 바람을 포함시키자. 여기서도 사람은 양의 x 방향인 동쪽으로 일정한 속력으로 움직인다. 그러나 이제 바람이 (남쪽으로부터) 양의 y 방향으로 분다.

자전거에 대한 자유물체그림을 그리는데 자전거는 사람도 포함한 합성물체로 생각한다. 그리고 자전거에 작용하는 세 힘인 $\mathbf{F}_{\text{drag}}$, $\mathbf{F}_{\text{contact}}$와 $\mathbf{F}_{\text{g}}$를 나타내어라. 종이가 2차원이기 때문에 이 힘의 xz 부분을 볼 수 있는 옆면과, 이 힘의 xy 부분을 볼 수 있는 위에서 본 그림인 두 개의 그림을 그릴 필요가 있을 것이다. 먼저 그림 5.36은 바람이 없을 때 자전거의 이 그림을 나타내었다. (5.4절) 바람의 효과를 포함하여 이 그림을 수정하여라.

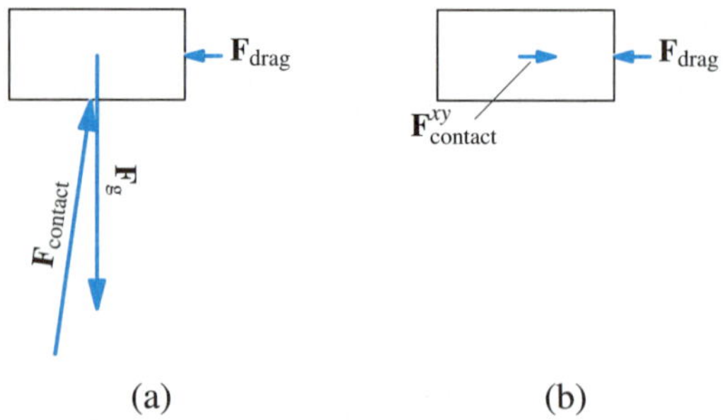

그림 5.36 5.4절의 바람이 없는 자전거에 대한 3차원 자유물체그림을 두 면에서 본 그림. (a) 힘의 *xz* 부분을 보여주는 옆면 그림. (b) 힘의 *xy* 부분을 보여주는 위에서 본 그림. 이 그림에서 접촉힘에 *xy*의 윗첨자를 넣어 모든 힘이 여기에서 보이지는 않는다는 것을 나타내었다.

5.14 그림 5.37a에 일정한 고도에서 일정한 속도로 날아가는 (따라서 일정한 속력으로 수평선으로 향하는) 비행기에 대한 불완전한 자유물체그림을 그려놓았다.

a. $\mathbf{F}_{\text{air on plane}}$를 포함하여 자유물체그림을 완성시켜라. 비행기가 여전히 일정한 속력으로 직선으로 움직이지만 일정한 비율로 상승하고 있다면, 그림은 어떻게 변하는가?

b. 이 힘은 더 익숙한 세 부분으로 이루어져 있다. 즉 추력, 양력과 끌림이다. 더해서 $\mathbf{F}_{\text{air on plane}}$이 되는 것이 보이는 추력, 양력, 끌림의 벡터합을 그려라. (추력, 양력 그리고 끌림의 순서로 그리면 쉽게 그릴 수 있다.)

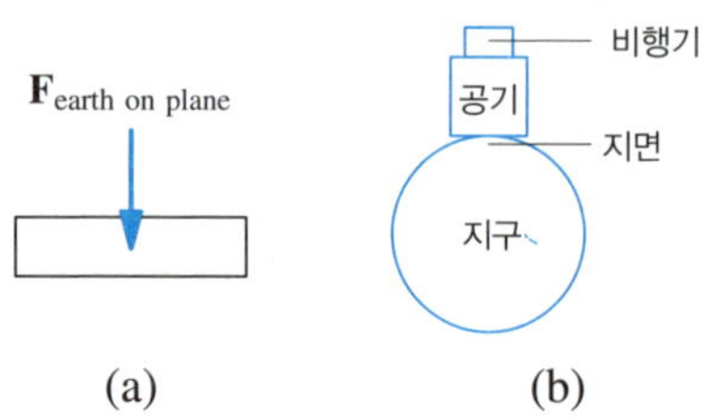

그림 5.37 (a) 일정한 고도와 속도로 오른쪽으로 날아가는 비행기의 불완전한 자유물체그림. (b) 비행기, 공기와 지구(지면은 지구의 일부이다)로 이루어진 물리계

c. 공기와 지면을 포함하는 지구를 표시한 자유물체그림을 그려라(그림 5.37b). 그림을 쉽게 그리려면 공기는 비행기 아래로 지면까지 수평으로는 각 방향으로 10이나 20 미터 펼쳐진 상상 속의 상자 안의 공기로 선택하여라. 그렇게 하여 공기의 질량이 비행기 질량의 절반이 되도록 한다.

화살표의 길이를 사용하여 대략적으로 상대적인 힘의 크기를 나타내어라.

d. 그림에서 제3법칙 쌍을 점선으로 연결하여라. 각각의 힘은 정확히 제3법칙 쌍의 하나에만 속하는 것을 확인하고, 각 점선 경로를 두 개의 상호작용하는 물체로 표기하여라. (예를 들어 지구–공기)

5.15 (이 문제는 미적분학이 필요하다.) 호수의 압력에 대한 분석(5.7절)에서 유체 밀도 ρ는 일정하다고 가정하였다. 거의 압축 불가능한 물에 대해서 이 가정은 적당하다. (심해 바닥에서만 부정확해진다.) 그러나 공기에 대해서는 연습문제 5.11의 일정한 밀도 가정을 없애고, 해수면 위의 높이에 따라 대기압이 어떻게 변하는지 구해야 한다. 이때 온도는 해수면의 값에서 변하지 않는다고 가정한다. 이 단열가정은 다른 어림이지만 일정한 밀도에 대한 가정보다 훨씬 정확하다.

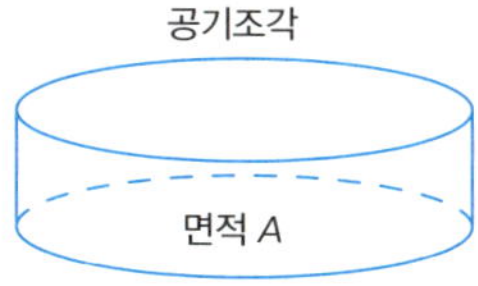

그림 5.38 높이 Δz, 단면적 A인 공기의 원통형 조각

a. 높이가 Δz이고, 단면적이 A인 공기의 얇은 원통형 조각(그림 5.38)의 높이에 대한 압력변화 Δp를 구하여라. 압력변화는 다음과 같이 정의한다.

$$\Delta p \equiv p(z+\Delta z) - p(z). \tag{5.25}$$

여기서 $p(z)$는 높이 z에서의 압력이다. (해수면은 $z=0$이다.)

밀도 ρ와 압력 사이의 관계가 필요한데 이는 이상기체법칙을 적당히 변형하여 얻을 수 있다.

$$\rho = \frac{m_{\text{molar}}}{RT}p. \tag{5.26}$$

여기서 m_{molar}는 공기의 몰질량(대략 몰당 30 그림)이다. R은 기체상수(대략 8 J/mol·K)이고, T는 (섭씨가 아닌!) 공기의 절대온도(대략 300 K)이다. (해수면 공기 온도는 이상기체법칙 (5.26)에서 다음과 같이 얻을 수 있다.

$$\rho \approx 1.2\,\mathrm{kg\,m^{-3}} \times \frac{p}{10^5\,\mathrm{Pa}}. \tag{5.27}$$

이를 확인해보자. 해수면에서 $p \approx 10^5$ 파스칼이고, 공식을 적용하면 $\rho \approx 1.2\,\mathrm{kg/m^3}$를 얻는다.)

b. 얇은 조각에 대한 어림

$$\Delta p \approx \frac{dp}{dz}\Delta z \tag{5.28}$$

을 이용하여 p에 대한 미분방정식을 구하여라. (즉 dp/dz를 구하여라.)

c. 이 방정식을 풀어서 압력 p를 p_0, z, m_{mplar}, R, T, g의 함수로 구하여라.

d. 이상기체법칙 (5.26)을 사용하여 밀도 $\rho(z)$를 z, m_{mplar}, R, T, g와 (해수면 밀도) ρ_0의 함수로 구하여라.

e. 비행기의 순항고도인 약 33000 피트, 즉 10 킬로미터에서의 밀도를 해수면의 밀도로 나눈 비율 (ρ/ρ_0)는 얼마인가? 연습문제 5.11에서 계산했듯이 대기권의 축척높이 H에서는 해수면의 밀도에 대한 밀도의 비율은 얼마인가?

06

변하는 운동 기술하기: 가속도

Newton의 법칙은 운동과 속도에는 직접적으로 관여하지 않는다. 3.4절에서 보았듯이 새로운 관성좌표계를 사용하는 것만으로 물체가 원하는 속도로 움직이도록 할 수 있다. 따라서 Newton의 제2법칙이 말하는 것은 다음과 같다. "힘은 운동을 변화시킨다!"

이 말로 두 미묘한 개념인 물리적 세계에서의 힘과 수학적 세계에서의 운동의 변화를 결합한다. 1, 2, 5장에서 밀거나 잡아당기는 직관적인 인식을 수식화하는 물리량인 힘을 공부하였다. 이 장에서는 운동 변화를 기술하는 수학적 양인 가속도를 공부한다. 7장에서 물리와 수학을 통합하고 제2법칙을 완전히 사용할 것이다.

가속도를 이해하려면 벡터량과 그에 관련된 스칼라를 구별하고, 물리량의 평균값과 순간값을 구별해야 할 필요가 있다. 이러한 구분은 친숙한 양인 가속도로 가는 입구인 속도(6.1절)를 사용하여 도입하겠다. 가속도에 대한 수식적 정의(6.1절)를 배운 후, 더 일반화된 운동에 대해 가속도를 계산함으로써 가속도와 친숙하게 될 것이다. 이들은 원 주위로 일정한 속력으로 움직이는 운동(6.3절), 원이 아닌 경로 주위로 일정한 속력으로 움직이는 운동(6.4절), 그리고 원 주위로 속력이 변하는 운동(6.5절)이다. 마지막으로 앞의 계산의 요점을 결합하여 일반적인 경우인 일반적인 경로를 따라 속력이 변하는 운동을 기술할 것이다. (6.6절)

6.1 속도

물체의 운동은 대부분 속도로 직접 기술한다. 이는 가속도와는 달리 우리의 직관이 적용된다. 따라서 가속도를 이해하는 데 필수적인 두 개념을 도입하기 위해 속도를 사용한다. 그 개념은 벡터와 여기서 유도된 스칼라를 구별하는 것이고(6.1.1절), 물리량의 순간값과 평균값 사이의 구분이 필요하다. (6.1.2절)

6.1.1 벡터와 벡터가 만드는 스칼라

이미 직관적으로 속도는 벡터라는 것을 알고 있다. 즉 크기와 방향이 있는 양이다. 따라서 새의 속도를

$$\mathbf{v} = \underbrace{40\ \text{kph}}_{\text{크기}}\ \underbrace{\text{북서쪽}}_{\text{방향}} \tag{6.1}$$

로 쓸 수 있다. 벡터로부터 이와 관련된, 방향이 없는 스칼라를 만들 수 있다. 이와 같은 스칼라 중 가장 중요한 것은 벡터의 크기이다. 속도의 크기는 매우 중요해서 특별하고 친숙한 속력이라는 이름을 붙였다. 크기는 이탤릭 문자(v)로 쓰거나 벡터 주위에 절대값($|\mathbf{v}|$)로 표기한다.

가속도에 대한 많은 오류는 속력과 속도를 혼동해서 생긴다. 이 혼동은 아마도 과학용어를 배우는 방법에서 나온다고 할 수 있을 것이다. 과학용어를 처음 접했을 때 그 용어는 가장 가까운 일상용어의 개념과 붙어버린다. 비록 속력은 일반용어 개념이지만, 속도는 그렇지 않다. 운동에 대한 어떤 일반 용어 개념도 크기와 방향을 포함하지 않는다. (적어도 영어에서는 그렇다.) 따라서 "속도"를 들을 때 이것을 속력이라고 생각한다. 그러면 이런 혼동은 과학적 문맥에서도 재생된다. 가끔 "빛의 속도는 3×10^8 m/s이다"라는 것을 볼 때가 있지만, 사실은 속력을 의미한다.

그 치료법은 항상 속도와 속력을 구별하는 것이다. 벡터를 의미할 때에는 속도를 사용하고, 크기를 의미할 때에는 속력을 사용하여라. 따라서 "새의 속도가 증가한다(혹은 감소한다"라거나 "속도는 양수이다"라고 절대 말하지 말아야 한다. 속도는 벡터이므로 부호가 없고, 따라서 증가할 수도, 감소할 수도 없다.

다른 유도된 스칼라는 벡터의 성분이다. 이것은 여러 방향에 해당한다. 25 m/s로 왼쪽(방향)으로 움직이는 기차에 대해서 $+x$ 방향이 오른쪽 방향이라면 다음과 같이 쓴다.

$$\begin{aligned} v_x &= -25\,\mathrm{m\,s^{-1}}, \\ v_y &= 0. \end{aligned} \tag{6.2}$$

방향을 나타내는 아래 첨자 x 혹은 y는 어느 성분을 나타내려 하는지 알려줄 뿐아니라 (방향을 나타내는 아래첨자를 붙인 이탤릭체로 쓴) 성분을 (방향 아래첨자가 없는 이탤릭체로 쓴) 크기와 구별한다.

6.1.2 순간속도와 평균속도

속도는 특정한 순간에서 물체의 속도를 의미하는 순간속도를 줄인 것이다. 수식어 "순간"은 속도가 변할 수 있다는 것을 암시한다. 북서쪽으로 시간당 40 킬로미터로 날아가는 새는 이제 남서쪽으로 시간당 30 킬로미터로 날아간다.

철새도 알듯이 변화는 복잡하다. 변화를 다스리는 강력한 방법은 어떤 양의 평균값을 취하는 것이다. 이 개념은 변화하는 속도를 기술하는 가속도를 이해하는데 필수적이다. 속도 자체는 위치가 어떻게 변하는지 기술하므로 여기에 이미 변화의 의미가 담겨있다. 그리고 가속도보다 단순하기도 하다. 따라서 평균속도 $\mathbf{v}_{\mathrm{avg}}$부터 시작하자. 평균은 시간 간격 t_1과 t_2 사이의 시간 간격에 대한 평균으로 정의한다.

$$\text{평균속도 } \mathbf{v}_{\mathrm{avg}} \equiv \frac{\mathbf{r}_2 - \mathbf{r}_1}{t_2 - t_1}. \tag{6.3}$$

여기서 $\mathbf{r}_1$과 $\mathbf{r}_2$는 각각 t_1과 t_2에서 물체의 위치(벡터!)이다. (1.24 다음에 언급했듯이 ≡ 부호는 "정의상 같음" 혹은 "정의한다"라는 것을 의미한다.)

(6.3)에서 분모는 시간 간격이다. (두 시간인) 스칼라의 차이이므로 이것 또한 스칼라이다. (두 위치인) 벡터의 차이로 주어진 분자는 벡터이다. 이것은 물체 위치의 변화이므로 변위라고도 부른다. 글로 쓰면 다음과 같다.

$$\text{평균속도} \equiv \frac{\text{변위}}{\text{지속시간}}. \tag{6.4}$$

지속시간은 종종 더 간결하게 Δt로 쓴다. 기호 Δ는 Leibniz가 기여한 표기법으로 "변화"를 뜻한다. 따라서 Δt는 t의 변화를 의미한다. 특히 Δ는 나중 값에서 처음 값을 빼는 것을 의미한다. (처음 값에서 마지막 값을 빼는 것이 아니다.) 따라서 다음과 같이 쓸 수 있다.

$$\Delta t \equiv t_2 - t_1 (t_1 - t_2 \text{가 아니다!}). \tag{6.5}$$

마찬가지로 $\mathbf{r}_1$에서 $\mathbf{r}_2$로 향하는 벡터인 변위도 종종 $\Delta\mathbf{r}$($\mathbf{r}$의 변화)로 쓴다.

$$\Delta\mathbf{r} \equiv \mathbf{r}_2 - \mathbf{r}_1 (\mathbf{r}_1 - \mathbf{r}_2 \text{가 아니다.}). \tag{6.6}$$

그러면 간결하게 쓰면 (6.3)과 (6.4)는 다음과 같다.

$$\mathbf{v}_{\text{avg}} \equiv \frac{\Delta\mathbf{r}}{\Delta t}. \tag{6.7}$$

이제 지구 궤도에 대한 평균속도를 계산하자. (그림 6.1a)

▶ 태양 주위의 궤도를 반만큼 돌았을 때 지구의 평균속도(그리고 관련된 스칼라)는 얼마인가?

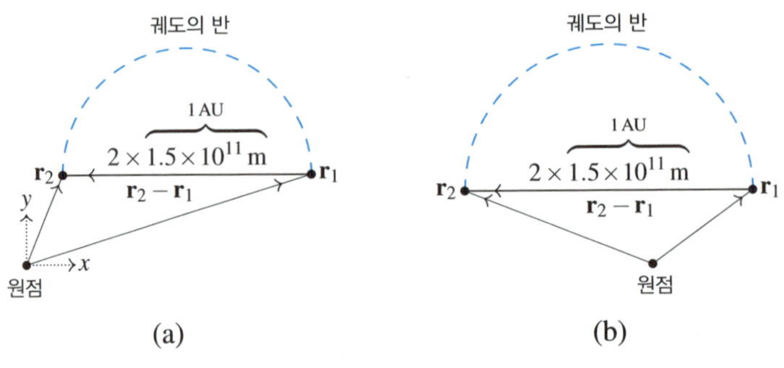

그림 6.1 지구 궤도의 반. 좌표계의 원점은 속도의 변화 없이 임의의 점으로 정할 수 있다. (a) 가능한 한 원점. (b) 두 번째 가능한 원점. 원점이 어디에 있더라도 변위벡터 $\mathbf{r}_2 - \mathbf{r}_1$은 항상 왼쪽으로 $2 \times 1.5 \times 10^{11}$미터이다. (분명하게 하면 벡터 $\mathbf{r}_1$, $\mathbf{r}_2$와 $\mathbf{r}_2 - \mathbf{r}_1$에서 방향을 나타내는 화살표는 끝에서 약간 뒤에 놓았다.)

궤도 반지름은 1 천체단위(AU), 즉 1.5×10^{11} 미터이다. $\mathbf{r}_1$에서 $\mathbf{r}_2$로 향하는 벡터인 지구의 변위 크기는 궤도 지름이고 왼쪽으로 향한다. (방향을 잊지 말아라!) 지속시간은 반 년이다. (6.3)으로부터 다음을 얻는다.

$$\mathbf{v}_{\text{avg}} \approx \frac{\overbrace{2\times 1.5\times 10^{11}\text{ m 왼쪽으로}}^{\mathbf{r}_2-\mathbf{r}_1}}{\frac{1}{2}\times \underbrace{3\times 10^{7}\text{ s}}_{\approx 1\text{ yr}}} = \underbrace{2\times 10^{4}\text{ m s}^{-1}}_{\text{크기}}\ \underbrace{\text{왼쪽으로}}_{\text{방향}}. \tag{6.8}$$

각각의 위치 $\mathbf{r}_1$과 $\mathbf{r}_2$는 좌표계의 원점에 의존한다. (왜냐하면 각각 원점에서 지구의 시작 위치와 최종 위치로 향하는 벡터이기 때문이다.) 그러나 그 차이로 주어지는 변위벡터 $\mathbf{r}_2-\mathbf{r}_1$은 원점의 위치에 의존하지 않는다. 심지어 새 좌표계에서도 변위는 왼쪽으로 3×10^{11} 미터이다. (그림 6.1b) 따라서 평균속도는 원점의 위치와 무관하다. (이 결론은 새로운 좌표계가 원래 좌표계에 대해 움직이지 않을 때만 성립한다. 이 중요한 요점은 6.2.1절에서 평균가속도와 관성좌표계를 논의할 때 다시 나타난다.)

지구의 평균속도에 대해 첫 번째로 관련된 스칼라는 그 크기이다.

$$|\mathbf{v}_{\text{avg}}| = 20\,\text{km s}^{-1}. \tag{6.9}$$

다른 관련된 스칼라는 그 성분이다.

$$\begin{aligned} v_x^{\text{avg}} &= -20\,\text{km s}^{-1}, \\ v_y^{\text{avg}} &= 0. \end{aligned} \tag{6.10}$$

($\mathbf{v}_{\text{avg}}$가 $-x$ 방향을 향하므로 v_x 성분은 음수이다.)

6.1.3 평균속력

지금까지 평균속도를 보았다.

$$\mathbf{v}_{\text{avg}} = \frac{\mathbf{r}_1\text{에서 }\mathbf{r}_2\text{까지의 변위(벡터)}}{\text{지속시간}}. \tag{6.11}$$

그리고 그 크기는

$$|\mathbf{v}_{\text{avg}}| = \frac{\mathbf{r}_1\text{에서 }\mathbf{r}_2\text{까지의 거리(스칼라)}}{\text{지속시간}} \tag{6.12}$$

이다. 남은 속도와 관련된 양은 평균속력 v_{avg}(스칼라)이다. 놀랍게도 이것은 $|\mathbf{v}_{\text{avg}}|$와 같지 않다. 오히려 비록 스칼라이지만 분자는 $|\mathbf{v}_{\text{avg}}|$와는 약간 다르다.

$$v_{avg} = \frac{\mathbf{r}_1\text{에서 }\mathbf{r}_2\text{까지 이동한 거리(스칼라)}}{\text{지속시간}}. \tag{6.13}$$

이 차이를 보기 위해 지구 궤도의 반을 다시 보자. (그림 6.1a) $\mathbf{r}_1$에서 $\mathbf{r}_2$까지의 거리는 궤도 지름이고, 지구가 $\mathbf{r}_1$에서 $\mathbf{r}_2$까지 이동한 거리는 궤도 둘레의 반이다.

$$v_{avg} \approx \frac{\frac{1}{2} \times \overbrace{2\pi \times 1.5 \times 10^{11}\,\text{m}}^{\text{둘레}}}{\frac{1}{2} \times \underbrace{\pi \times 10^{7}\,\text{s}}_{\approx 1\,\text{yr}}} = 30\,\text{km}\,\text{s}^{-1}. \tag{6.14}$$

평균속력은 $|\mathbf{v}_{avg}|$보다 크고, (6.9)로부터 20 km/s이다. 두 양의 일반적인 차이는 각 양을 기술하는 두 연산을 적용하는 순서에 있다. $|\mathbf{v}_{avg}|$의 경우 (6.3)이나 (6.7)을 이용하여 $\mathbf{v}$의 벡터 평균을 계산하고, 그 이후 크기를 구해 스칼라를 얻는다. v_{avg}의 경우 스칼라를 얻기 위해 먼저 $\mathbf{v}$의 크기를 구하고, 그 이후 이 스칼라를 시간에 대해 평균을 구한다. 이 어려운 직접적인 계산은 더 간단한 (6.13)과 동등하다. 이러한 배경지식을 갖고 필자에게 런던에 있는 Brunel 대학교에서 물리학을 가르쳤고, 이 책을 바치는 J. W. Warren[25, 2쪽]이 만든 다음의 문제를 풀 수 있다. 그는 이 질문에 대한 올바른 답은 "실질적으로는 절대로 얻을 수 없다"고 했다. 일차 원리로부터 추론을 하는 한 반례를 충분히 들 수 있다!

문제 입자가 그림 6.2에서 나타낸 경로로 움직이고, 반원인 부분에서 속력이 시간에 대해 균일하게 증가하여 10 m/s에서 12 m/s가 되었다. 경로의 이 부분에 대해 평균속력과 가속도를 계산하여라. ($\pi = 22/7$을 사용하여라.)

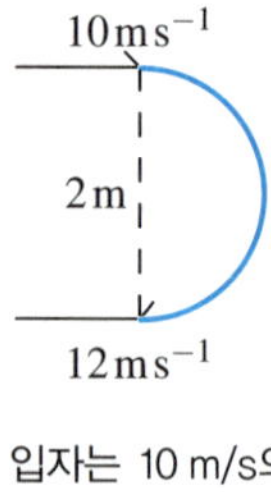

그림 6.2 반원 경로를 따라 움직이는 입자. 입자는 10 m/s의 속력으로 반원에서 운동을 시작해서 12 m/s의 속력으로 빠져나간다. (속력은 시간에 따라 균일하게 증가한다.)

평균가속도는 6.2.1절에서 계산할 것이다. 당분간 (6.7)의 정의를 이용하여 평균속도를 계산해보자. (입자 위치의 변화인) 변위 $\Delta\mathbf{r}$은 원의 수직 방향의 지름이고 (시작 위치에서 나중 위치로 향하는) 위에서 아래로 향한다.

$$\Delta\mathbf{r} = 2\text{ m 아래로}. \tag{6.15}$$

지속시간 Δt를 구하려면 평균속력의 정의 (6.13)을 뒤집어 표현한다.

$$\Delta t = \frac{\text{반원을 따라 움직이며 이동한 거리}}{v_{\text{avg}}}. \tag{6.16}$$

주어진 어림인 $\pi = 22/7$을 이용하면 분자는

$$\text{이동한 거리} = \frac{1}{2} \times \underbrace{\pi \times 2\text{ m}}_{\text{원의 둘레}} \approx \frac{22}{7}\text{ m} \tag{6.17}$$

이다.

반원 지역에 걸쳐 입자의 속력은 시간에 대해 균일하게 (일정하게) 10에서 12 m/s로 증가하여 는 그 중간값이다.

$$v_{\text{avg}} = 11\text{ m s}^{-1}. \tag{6.18}$$

이제 이 결과와 (6.17)에서 얻은 거리를 지속시간 (6.16)에 집어넣으면 다음을 얻는다.

$$\Delta t \approx \frac{\overbrace{(22/7)\text{ m}}^{\text{이동한 거리}}}{\underbrace{11\text{ m s}^{-1}}_{v_{\text{avg}}}} = \frac{2}{7}\text{ s}. \tag{6.19}$$

마지막으로 이 지속시간과 (6.15)에서 구한 변위 $\Delta\mathbf{r}$을 결합하면

$$\mathbf{v}_{\text{avg}} \approx \frac{\overbrace{2\text{ m 아래로}}^{\Delta\mathbf{r}}}{\underbrace{(2/7)\text{ s}}_{\approx\Delta t}} = 7\text{ m s}^{-1}\text{ 아래로} \tag{6.20}$$

를 얻는다.

6.2 가속도의 정의

젖어서 미끄러운 유리컵을 떨어뜨리게 되면 부딪치기 직전에 유리는 아래로 시간당 10 마일(대략 4 m/s)로 아래로 움직이는 것을 눈으로 보게 될 것이다. 그러나 같은 눈으로 보았을 때 유리컵의 속도가 어떻게 변하는지에 대해서는 막연한 느낌만 줄 것이다. 가속도를 보려면 수학적인 눈으로 보아야 한다. 가속도를 정의할 필요가 있고, 단지 그 이후에야 이 정의가 직관적이 되도록 할 수 있다. 평균가속도부터 정의하기로 하겠다.

6.2.1 평균가속도

평균속도와 비슷하게 평균가속도는 t_1에서 t_2까지의 시간 간격에 대해 정의한다.

$$\text{평균가속도 } \mathbf{a}_{\text{avg}} = \frac{\text{속도의 변화}}{\text{시간 간격}} = \frac{\mathbf{v}_2 - \mathbf{v}_1}{t_2 - t_1}. \tag{6.21}$$

각각의 시간 t_1과 t_2에서 물체의 속도(벡터!)인 $\mathbf{v}_1$과 $\mathbf{v}_2$를 각각 구한다. (평균속도를 계산할 때 $\mathbf{r}_1$과 $\mathbf{r}_2$를 구하는 것과 비슷하다.) 그 차이 $\mathbf{v}_2 - \mathbf{v}_1$은 $\Delta\mathbf{v}$로 생략하여 쓴다. 간결하고, 평균속도 (6.7)과 비슷하게 쓰면 다음과 같다.

$$\mathbf{a}_{\text{avg}} \equiv \frac{\Delta\mathbf{v}}{\Delta t}. \tag{6.22}$$

예를 들어 어떤 사람이 딸과 함께 건널목에서 기다리고 있고, 자동차가 왼쪽으로부터 이들에게 108 km/h로 접근한다. $t = 0$에서 운전자는 이 사람들을 보고 $t = 2$초에서 브레이크를 밟기 시작하였다. 8 s에서 자동차는 정지하였다.

▶ 브레이크를 밟는 동안 차의 평균가속도(그리고 관련된 스칼라)는 얼마인가?

부호 실수를 조심하여라! 그러나 어느 시간이 어느 속도에 속하는지 따라가면서 평균가속도에 대한 요령 (6.21)을 따른다면 틀릴 수 없다. 브레이크를 밟는 시간 간격은 운전자가 반응을 끝냈을 때인 $t_1 = 2\text{s}$에서 시작하고, 자동차가 정지하는 $t_2 = 8\text{s}$에서 끝난다. 이 시간에 속도는 다음과 같다.

$$\begin{aligned} \mathbf{v}_1 &= \text{오른쪽으로 108 kph}, \\ \mathbf{v}_2 &= 0. \end{aligned} \tag{6.23}$$

음의 부호와, 분자의 $\mathbf{v}_1$과 $\mathbf{v}_2$의 순서, 그리고 분모의 t_1과 t_2에 대해 조심하여 쓰면 다음과 같다.

$$\begin{aligned}\mathbf{a}_{\text{avg}} \equiv \frac{\Delta \mathbf{v}}{\Delta t} &= \frac{\overset{\mathbf{v}_2}{\widetilde{0}} - \overbrace{108\,\text{kph로 오른쪽}}^{\mathbf{v}_1}}{\underbrace{8\,\text{s}}_{t_2} - \underbrace{2\,\text{s}}_{t_1}} \\ &= \frac{-108\,\text{kph로 오른쪽}}{6\,\text{s}} \\ &= -18\,\text{kph}\,\text{s}^{-1}\text{로 오른쪽.}\end{aligned} \tag{6.24}$$

음의 부호를 피해서 각각에 부호 실수를 피하려고 했다. 여기서 -18에 있는 음의 부호를 피하려면 "왼쪽으로" 향한 방향을 지정하면 된다.

$$\mathbf{a}_{\text{avg}} = +18\,\text{kph}\,\text{s}^{-1}\text{로 왼쪽.} \tag{6.25}$$

평균가속도는 속도와 반대 방향을 향한다!

$\mathbf{a}_{\text{avg}}$로부터 관련된 스칼라를 계산할 수 있다. (6.24) 혹은 (6.25)로부터 그 크기는 양의 스칼라이다.

$$|\mathbf{a}_{\text{avg}}| = +18\,\text{kph}\,\text{s}^{-1}. \tag{6.26}$$

이 중 0이 아닌 유일한 성분은 x 성분이고, 음의 스칼라이다.

$$a_x^{\text{avg}} = -18\,\text{kph}\,\text{s}^{-1}. \tag{6.27}$$

크기는 음수일 수 없지만, 성분은 그럴 수 있다.

Newton의 법칙을 이해하는 데 큰 어려움 중의 하나는 "힘이 속도를 일으킨다"는 오래된 함정을 피하기 위해 속도와 가속도를 구별하는 것이다. 그러나 일차원에서 속도와 가속도는 특별히 쉽게 혼동하기 쉽다. 왜냐하면 이들은 (비록 반대 방향을 향하더라도) 같은 선상에 있기 때문이다. 이차원(혹은 그 이상)에서 이 차이는 쉽게 구별할 수 있다. 따라서 원형 트랙 위에 있는 6.1.3절의 입자로 돌아가 보자.

▶ 반원 부분에 걸쳐 입자의 평균가속도는 얼마인가?

(6.22)의 $\mathbf{a}_{\text{avg}}$의 정의에서 이미 (6.19)로 주어진 간격 Δt를 계산하였고, 속도변화 $\Delta \mathbf{v}$만 계산하면 된다. 처음 속도와 최종 속도는 각각 다음과 같다.

$$\begin{aligned}\mathbf{v}_1 &= 10\,\mathrm{m\,s^{-1}}\ \text{오른쪽으로},\\ \mathbf{v}_2 &= 12\,\mathrm{m\,s^{-1}}\ \text{왼쪽으로}.\end{aligned} \tag{6.28}$$

그 차이 $\mathbf{v}$는 $\mathbf{v}_2 - \mathbf{v}_1$이다. ($\mathbf{v}_1 - \mathbf{v}_2$가 아니다.)

$$\begin{aligned}\Delta\mathbf{v} &= \underbrace{12\,\mathrm{m\,s^{-1}}\ \text{왼쪽으로}}_{\mathbf{v}_2} - \underbrace{10\,\mathrm{m\,s^{-1}}\ \text{오른쪽으로}}_{\mathbf{v}_1}\\ &= (12\,\mathrm{m\,s^{-1}}\ \text{왼쪽으로}) - (-10\,\mathrm{m\,s^{-1}}\ \text{왼쪽으로})\\ &= 22\,\mathrm{m\,s^{-1}}\ \text{왼쪽으로}.\end{aligned} \tag{6.29}$$

이 계산에서 여러 개의 흔한 함정을 피했다. 분자가 (속도의 변화인 벡터) $\Delta\mathbf{v}$이지 (속력의 변화) Δv가 아닌 것을 잊어버리는 것과 두 속도에 대해 같은 기준 방향을 왼쪽으로 정하는 (부호 실수의 한 종류) 것을 잊어버리는 것이다. 그리고 오른쪽으로 10 m/s를 왼쪽으로 −10 m/s로 바꿀 때 음의 부호를 잊어버리는 것이다.

(6.29)의 $\Delta\mathbf{v}$와 (6.19)의 어림한 간격을 사용하면 다음을 얻는다.

$$\mathbf{a}_{\text{avg}} \approx \frac{\overbrace{22\,\mathrm{m\,s^{-1}}\ \text{왼쪽으로}}^{\Delta\mathbf{v}}}{\underbrace{(2/7)\,\mathrm{s}}_{\approx\Delta t}} = 77\,\mathrm{m\,s^{-2}}\ \text{왼쪽으로}. \tag{6.30}$$

크기를 보면 이 가속도는 중력가속도보다 약 8배 크다! 입자 위에 타고 있으면 반원을 돌아갈 때 불쾌할 정도의 큰 힘을 느낄 것이다.

다음 절(6.2.2절)에서 가속도에 대한 복잡한 단위를 볼 것이다. 예를 들어 km/h/s이다. 그러나 그렇게 하기 전에 평균가속도의 중요한 특성을 말하고자 한다. 평균속도와는 달리 평균가속도는 모든 관성계에서 같다. 이 특성이 속도와 가속도의 다른 차이이고, 힘은 가속도와 관련이 있다는 것을 가리킨다.

평균가속도가 모든 관성계에서 같은 이유를 보려면 (6.21)의 정의로 돌아가보자. 여기서 먼저 물체의 처음 속도 $\mathbf{v}_1$과 최종 속도 $\mathbf{v}_2$를 계산해야 한다. 새로운 움직이는 (그리고 회전하지 않는) 좌표계에서 $\mathbf{v}_1$과 $\mathbf{v}_2$는 원래 좌표계의 값과 다르다. (3.5)로부터 다음을 얻는다.

$$\begin{aligned}\mathbf{v}_1^{\text{new}} &= \mathbf{v}_1^{\text{old}} - \mathbf{v}_{\text{frame}}(t_1),\\ \mathbf{v}_2^{\text{new}} &= \mathbf{v}_2^{\text{old}} - \mathbf{v}_{\text{frame}}(t_2).\end{aligned} \tag{6.31}$$

여기서 $\mathbf{v}_{\text{frame}}(t_1)$과 $\mathbf{v}_{\text{frame}}(t_2)$는 각각 (원래 좌표계에 대한) 새로운 좌표계의 시계가 시작할 때와 멈출 때의 속도이다.

그러나 새로운 좌표계가 관성계이려면 원래 좌표계에 대해 일정한 속도로 움직여야 한다. 즉 $\mathbf{v}_{\text{frame}}$은 일정하다. 따라서 (6.21)에서 분자에 있는 속도의 변화 $\mathbf{v}_2 - \mathbf{v}_1$은 두 좌표계에서 같다!

$$\underbrace{(\mathbf{v}_2^{\text{old}} - \mathbf{v}_{\text{frame}})}_{\mathbf{v}_2^{\text{new}}} - \underbrace{(\mathbf{v}_1^{\text{old}} - \mathbf{v}_{\text{frame}})}_{\mathbf{v}_1^{\text{new}}} = \mathbf{v}_2^{\text{old}} - \mathbf{v}_1^{\text{old}}. \tag{6.32}$$

(6.21)의 분모인 간격 $t_1 - t_2$ 또한 두 좌표계에서 같다. Newton 역학에서 모든 좌표계는 같은 공통적인 시계를 공유한다. (공통적인, 혹은 절대적인 시간은 상대론적 역학에서는 사라진다. 이는 8.3.2절에서 간단히 설명하겠다.) 따라서 물체의 (평균) 가속도는 평균속도와는 달리 두 좌표계에서 같다.

그러므로 제1법칙으로 검증하고 정의한 (3.2절) 모든 관성계에서 Newton의 제2법칙이 성립하려면 제2법칙은 속도를 언급할 수 없고, 가속도를 사용하도록 강요당한다. 다시 한 번 말하면 힘은 가속도와 관련이 있다.

6.2.2 가속도의 놀라운 단위

가속도(벡터)의 크기와 성분의 단위는 복잡하다. 이에 대해 말하려면 단위보다는 더 기본적인 개념, 즉 차원(길이, 질량, 시간 등)에서 시작해야 한다. [가속도]로 표기한 가속도의 차원의 속도의 차원에서 얻을 수 있다.

$$[\text{가속도}] = \frac{\overbrace{[\text{속도}]}^{(6.22)\text{의 }\Delta\mathbf{v}\text{로부터}}}{\underbrace{[\text{시간}]}_{(6.22)\text{의 }\Delta\mathbf{v}\text{로부터}}}. \tag{6.33}$$

속도의 차원은 시간당 길이이므로, (6.33)은 다음과 같이 쓸 수 있다.

$$[\text{가속도}] = \frac{\text{시간당 길이}}{\text{시간}}. \tag{6.34}$$

“당”은 “나눈다”는 것을 의미하므로

$$[\text{가속도}] = \frac{\text{길이}}{(\text{시간})^2} \tag{6.35}$$

이 된다. 다르게 표현하면 가속도의 차원은 길이를 시간의 제곱으로 나눈 것이다. "시간의 제곱"이라는 것이 단위가 복잡할 것이라는 것을 암시한다.

실제 가속도를 말하려면 가속도의 여러 차원을 어떻게 측정하는지 동의하는 단위계가 필요하다. (6.34)에 의하면 단위는 분자에 길이와 시간("시간당"에서)과 분모에서 시간을 선택해야 한다.

예를 들어 (6.25)의 브레이크를 밟은 자동차에 대해 계산한 평균가속도처럼 각각 킬로미터, 시간, 초를 선택할 수 있고, 확장된 형태로는 다음과 같이 쓸 수 있다.

$$\mathbf{a}_{\text{avg}} = (\underbrace{18\ \text{킬로미터}}_{\text{길이}}\text{를 }\underbrace{\text{시간}}_{\text{분자의 시간}}\text{당 왼쪽으로) }\underbrace{\text{초}}_{\text{분모의 시간}}\text{당.} \tag{6.36}$$

혹은 각각 마일, 시간, 초로 선택할 수도 있다. 1 마일은 대략 1.6 km이므로 18 km는 대략 11 마일이다. 따라서 브레이크를 밟는 차에 대해 (6.25)는 (6.36)의 확정된 형태로 쓰면 다음과 같다.

$$\mathbf{a}_{\text{avg}} \approx (11\ \text{마일을 시간당 왼쪽으로) 초당.} \tag{6.37}$$

(6.36)과 (6.37)의 괄호는 단위의 의미를 분명히 하기 위해 집어넣었다. 괄호 안에는 속도의 변화가 있고, 그 자체는 변화율이고, 따라서 시간의 역수(여기서 "시간당")가 포함된다. 괄호 바깥에서 "초당"이란 괄호 안에서 기술한 변화가 얼마나 오랫동안 지속되는지 알려준다. 따라서 매초당 차의 속도는 평균적으로 대략 시간당 왼쪽으로 11 마일로 변한다. 대부분의 교재에서 이러한 괄호를 포함시키지 않는다. 그러나 이를 통해 설명하기 편리하므로 포함시킬 가치가 있다. 이것을 읽을 때 잠깐 쉬어서 읽을 수 있다. "시간당 11마일로 왼쪽으로... 초당."

다음의 예제가 보여주듯이 두 개의 시간 단위는 같을 수도 있다.

▶ 브레이크를 밟는 동안 자동차의 평균 가속도는 SI 단위로 얼마인가?

길이의 SI 단위는 미터이다. 시간의 SI 단위는 초이다. 따라서 시간당 킬로미터의 속도 단위는 SI 단위로 나타낸 것이 아니다. 이것을 SI 단위로 변환하려면 킬로미터를 미터로, 시간을 초로 변환하면 된다.

$$a_x^{\text{avg}} = \frac{-18\,\cancel{\text{km}}}{\cancel{\text{hr}}\,\text{s}} \times \underbrace{\frac{1000\text{ m}}{1\,\cancel{\text{km}}}}_{\to\text{미터}} \times \underbrace{\frac{1\,\cancel{\text{hr}}}{3600\text{ s}}}_{\to\text{초}} = \frac{-18 \times 1000\,\text{m}}{3600\,\text{s}^2}. \tag{6.38}$$

수치적으로는 $-18 \times 1000/3600$은 -5이다. 따라서

$$a_x^{\text{avg}} = \frac{-5\,\text{m}}{\text{s}^2} \tag{6.39}$$

이다. 음의 지수를 쓰면 더 간결하게 쓸 수 있다.

$$a_x^{\text{avg}} = -5\,\text{m}\,\text{s}^{-2}. \tag{6.40}$$

다 쓰고 나면 a_x^{avg}는 -5 m/s^2이다. 다행히도 이제 이 이상한 단위가 의미하는 것을 알고 있다. 이 단위는 필자가 초의 제곱에 대해 수 년 동안 곤혹스럽게 만든 단위이다.이것은 (초당 미터)를 초로 나눈 것이고, a_x^{avg}는 (-5 초당 미터)를 초로 나눈 것이다.

흥미있게 중력가속도(크기) g는 (초당 10 미터)를 초로 나눈 것이다. 따라서 크기로는 브레이크를 밟는 동안 자동차의 평균가속도는 $0.5g$이고, 승객에게 큰 수평힘을 가하는데, 그 힘은 (평균하여 크기는) 중력의 반 정도로 세다. 자동차가 충돌할 때 차의 가속도는 g보다 훨씬 크다. 필요한 힘이 딱딱한 유리창이나 운전대보다는 약간 유연한 안전벨트에서 오도록 하는 것이 승객에게는 훨씬 건강에 좋다.

6.2.3 순간가속도

가속도를 계산하는 두 번째이면서 최종 단계는 평균가속도를 순간가속도로 바꾸는 것이다. 평균가속도는 시간간격 t_1에서 t_2 사이에서 계산하는 반면 순간가속도는 하나의 시간 t에서 계산한다. 순간가속도은 t_1과 t_2가 t로 접근할 때 평균가속도의 극한이다. 이 극한에서 시간간격 Δt는 0에 접근하고, 이것을 dt라고 부른다. 반면 속도 차이 $\Delta\mathbf{v}$ 또한 0으로 접근하고, $d\mathbf{v}$로 쓴다.

$$\mathbf{a} \equiv \lim_{\Delta t \to 0} \underbrace{\frac{\Delta \mathbf{v}}{\Delta t}}_{\mathbf{a}_{\text{avg}}} \equiv \frac{d\mathbf{v}}{dt}. \tag{6.41}$$

가속도는 시간에 대한 속도의 변화율이다.

이 정의의 가장 간단한 경우로 물체의 속도가 일정한 비율로 변하는 경우, 예를 들어 매초 아래로 3 m/s로 증가하는 경우이다. 이때 평균가속도는 무한히 작은 시간간격을 포함한 어떤 시간간격에 대해서도 같다. 따라서 평균가속도와 순간가속도는 같다. (이 경우가 연습문제 6.2에 있다.)

속도가 일정하게 변하지 않는 더 일반적인 경우에는 그 계산이 불가능해 보인다. 왜냐하면 결국 ($\Delta\mathbf{v}$에서의) 0을 (Δt에서의) 0으로 나누어야 하기 때문이다. 이 문제를 해결하기 위해 시간간격을 무한히 짧을 때까지의 간격으로 줄이고, 그러면서 비율 $\Delta\mathbf{v}/\Delta t$를 계산하면서 어떤 값이 되는지 본다. 이 극한과정을 1차원보다 큰 차원에서 가장 중요한 운동인 일정한 속력으로 원운동을 하는 물체에서 볼 것이다.(6.3절) 이 분석은 Newton 역학이라고 부르는 분야에서 Newton이 성취한 위대한 수학적 업적이다.

6.3 등속원운동

반원 궤도의 문제(6.1.3절)에서는 입자가 직선 위를 움직이지 않기 때문에 많은 문제가 있었다. 117쪽에서 언급했듯이 직선운동에서는 속도와 가속도가 항상 공통의 직선 위에 있다. 따라서 (힘이 속도 자체를 만들지 않고) 속도를 변화시키는 가속도를 일으킨다는 것을 인식하지 않고도, 운좋게도 올바른 힘과 자유물체그림을 얻을 수 있다.

그러나 대부분의 입자는 곡선 경로를 움직이고, 이러한 행운은 곧 사라진다. 대부분의 행성의 운동도 꽤 정확하게 기술하는 전형적인 예는 원운동이다.

원운동은 매우 어렵고, 17세기의 (아마도 역사상) 가장 업적이 많은 수학자에게도 어려웠다. 왜냐하면 가속도와 속도가 절대 같은 직선 위에 있지 않기 때문이다. 이러한 어긋난 방향으로 인해 제2법칙에 대해 많은 혼동이 있었고, 힘이 속도를 만든다는 유사 이래 잘못 알려진 Newton 시대 이전의 관점을 갖게 하였다. (이것은 4.1절에서 논의하였다.) Newton 시대 이전의 관점에 대해서는 물체의 속도에 대한 설명이 필요하다. 그리고 (그림 5.4b처럼) 종종 $\mathbf{F}_{\text{motion}}$ 혹은 $\mathbf{F}_{\text{engine}}$이라고 이름붙인 운동 방향을 향하는 힘을 만들고 싶은 유혹이 있다.

이러한 문제를 피하기 위해 먼저 힘이 가속도를 일으킨다는 것을 기억하자. 둘째로 일차원 운동에서 나오는 오류와 과하게 일반화한 것을 피하여 가속도를 계산한다.

그러므로 시간 간격이 0으로 갈 때 평균가속도의 극한으로서 가속도의 정의를 사용한 기본 원리로부터 (순간)가속도를 계산한다. 따라서 아주 짧은 시간에 대한 평균가속도를 계산한다. 새로운 개념을 이해하기 힘들게 하는 수학을 피하기 위해 일정한 속력으로 원운동하는 물체에 대해 분석할 것이다. 6.4절에서 경로가 원이 아닌(하지만 속력은 일정한) 경우 가속도가 어떻게 되는지 배울 것이다. 6.5절에서는 (경로는 원이지만) 속력이 변하는 경우에 대해 배울 것이다. 그리고 6.6절에서는 일반적인 경우에 대해 배울 것이다.

▶ "일정한 속도"가 아니라 "일정한 속력"이라고 한 이유는 무엇인가?

이 질문은 단지 준비하기 위한 것이다. 일정한 속도로 원운동을 하는 것은 불가능하다. 왜냐하면 일정한 속도는 크기와 방향이 일정한 것을 뜻하므로 직선운동만이 가능하기 때문이다.

속도와 그 크기(속력)의 차이를 상기시키기 위해 일정한 속력 v로 반지름 R인 원형트랙을 돌고 있는 주자를 상상해보자. (그림 6.3) 주자의 속도는 주자 앞으로 똑바로, 원에 접하는 방향으로 향하고, 그 크기는 일정한 속력 이다.

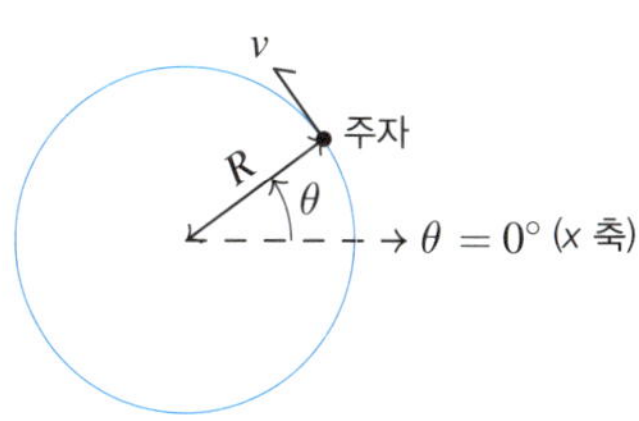

그림 6.3 원형트랙을 일정한 속력으로 움직이고 있는 주자. 속력은 변하지 않지만, 방향을 바꾸면서 속도는 변한다.

이제 아주 짧은 시간 간격 동안 주자의 평균가속도를 계산하여 주자의 가속도를 계산할 준비가 되었다. 간격을 점점 줄여 평균가속도 계산 결과가 무한히 짧은 시간 간격에 대해 분명하게 되도록 한다.

따라서 평균가속도를 쉽게 계산할 수 있는 큰 Δt에서 시작한다. 계산을 하려면 주자의 위치, 속도, 가속도를 지정할 수 있는 좌표계가 필요하다. 원운동을 분석할 때 최선의 좌표계는 극좌표계이다. 위에서 볼 수 있듯이 시계를 겹쳐 놓은 것을 상상하면 3시 위치는 $\theta = 0°$이고, 또한 x축이다. (보통의 관습을 따르면 θ는 반시계방향으로 증가한다.) 여기서는 항상 R인 중심으로부터 주자까지의 거리를 따라 각도 θ는 주자의 위치를 지정한다. 불필요한 음의 부호를 피하기 위해 주자는 반시계방향으로 달리고, θ는 시간에 따라 증가한다.

▶ 6시 위치에서 12시 위치로 반 바퀴 도는 동안 주자의 평균가속도는 얼마인가? (그림 6.4a)

(6.22)로부터 평균가속도는 속도의 변화를 시간 간격으로 나눈 것이다. 이 계산은 반원형 트랙 주위의 운동에 대한 6.2.1절의 평균가속도보다 약간 더 간단하다. 왜냐하면 움직이는 물체의 속력이 일정하기 때문이다.

6시 위치에서 주자의 시작 속도는 오른쪽으로 v이다. 12시 위치에서 최종 속도는 왼쪽으로 이다. (그림 6.4b) $\Delta\mathbf{v}$를 구하면

$$\Delta\mathbf{v} = \underbrace{\text{왼쪽으로 } v}_{\mathbf{v}_{\text{end}}} - \underbrace{\text{오른쪽으로 } v}_{\mathbf{v}_{\text{start}}} = \text{왼쪽으로 } 2v \qquad (6.42)$$

이다.

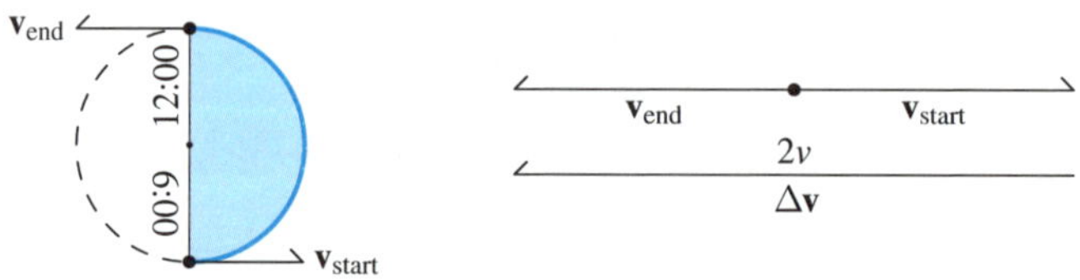

그림 6.4 반 바퀴 돌 때 $\Delta\mathbf{v}$ 계산하기. (a) 주자가 처음과 최종 속도. (b) 이 벡터의 차이 $\mathbf{v}_{\text{end}} - \mathbf{v}_{\text{start}}$로 주어진 $\Delta\mathbf{v}$. 이것은 $\mathbf{v}_{\text{start}}$의 끝에서 $\mathbf{v}_{\text{end}}$의 끝으로 계산한다. (속도 벡터와 겹치지 않도록 하기 위해 $\Delta\mathbf{v}$를 약간 아래로 그렸다.)

이 계산은 두 가지 면에서 쉽게 틀릴 수 있고, 모두 $\Delta\mathbf{v}$가 0이라는 (잘못된) 결론에 이르게 된다. 계산의 함정을 피하기 위해 음의 부호를 조심하여라. 오른쪽으로 향하는 v의 시작 속도는 한편 왼쪽으로 $-v$이다. 따라서 다음과 같이 쓸 수 있다.

$$\Delta\mathbf{v} = \text{왼쪽으로 } v - \text{왼쪽으로 } v = \text{왼쪽으로 } 2v. \tag{6.43}$$

개념적인 함정을 피하려면 벡터와 스칼라에 대한 차이를 조심해야 한다. $\Delta\mathbf{v}$의 굵은 글자 $\mathbf{v}$는 $\Delta\mathbf{v}$가 벡터를 뺀 결과라는 것을 의미한다. 비록 속력 v는 일정하지만, 속도 $\mathbf{v}$는 그렇지 않다. 따라서 Δv가 0이더라도 $\Delta\mathbf{v}$는 그렇지 않다.

지속시간 Δt는 전체 주기 T의 절반이다. 전체 주기는

$$T = \frac{\text{원주}}{\text{속력}} = \frac{2\pi R}{v} \tag{6.44}$$

이므로, 지속시간은 다음과 같다.

$$\Delta t = \frac{1}{2}T = \frac{\pi R}{v}. \tag{6.45}$$

(6.42)에서 이 Δt와 $\Delta\mathbf{v}$를 평균가속도의 정의 (6.22)에 대입하면 삼각형 질문에 대한 답을 얻는다.

$$\mathbf{a}_{\text{avg}} \equiv \frac{\Delta\mathbf{v}}{\Delta t} = \frac{\text{왼쪽으로 } 2v}{\pi R/v} = \frac{2}{\pi}\frac{v^2}{R}\text{ 왼쪽}. \tag{6.46}$$

이 평균가속도는 주자가 3시 위치에서 $(\theta = 0)$ 시간간격의 중점에서 순간가속도를 제일 잘 어림한다.

이 어림을 개선하려면 더 짧은 간격으로 Δt를 주기의 1/4로 선택하여 $\mathbf{a}_{\text{avg}}$를 다시 계산하면 된다. (그림 6.5a) 주기는 $2\pi R/v$이므로, 더 짧은 시간간격은

$$\Delta t = \frac{1}{4}\frac{2\pi R}{v} = \frac{\pi R}{2v} \tag{6.47}$$

이다. 이 평균가속도를 주기의 반을 이용한 이전 결과 (6.46)과 비교할 수 있도록 이 경우에도 3시 위치$(\theta = 0)$에서 이 운동의 중심에 놓는다. 이 움직임은 4:30 위치에서$(\theta = -45°)$ 1:30 위치$(\theta = +45°)$에 걸쳐 있다. 시작 속도는 1:30 방향으로 v이고, 최종 속도는 10:30 방향의 v이다. (그림 6.5a)

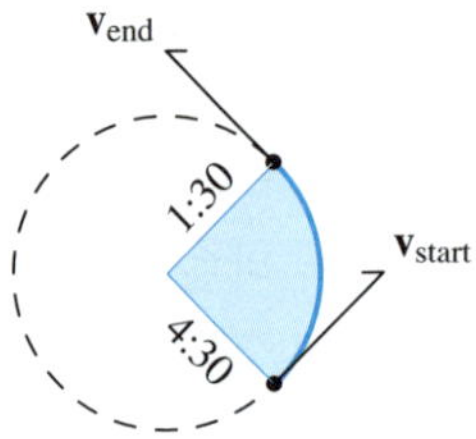

(a)

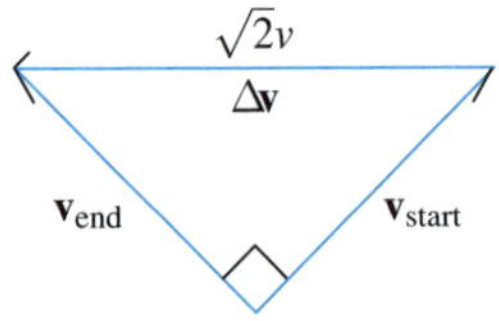

(b)

그림 6.5 1/4 궤도에 대해 **Δv** 계산하기. (a) 주자의 시작 속도와 최종 속도. (b) (끝과 끝으로 구한) 벡터 차이인 **Δv**.

이 (벡터의) 차이 $\Delta\mathbf{v}$는 같은 꼬리로 표시한 두 벡터를 그려 계산할 수 있다. 그 차이는 $\mathbf{v}_{\rm start}$의 끝에서 $\mathbf{v}_{\rm end}$의 끝까지의 벡터이다. (그림 6.5b) 따라서 $\Delta\mathbf{v}$는 $\mathbf{v}_{\rm start}$와 $\mathbf{v}_{\rm end}$를 두 변으로 하는 직각삼각형의 빗변이 된다. 각 변의 길이는 v이므로 $\Delta\mathbf{v}$의 크기는 $\sqrt{2}v$이다. (6.47)의 Δt를 이용하면 다음을 얻는다.

$$\mathbf{a}_{\rm avg} \equiv \frac{\Delta\mathbf{v}}{\Delta t} = \frac{\text{왼쪽으로 } \sqrt{2}v}{\pi R/2v} = \frac{2\sqrt{2}}{\pi}\frac{v^2}{R} \text{ 왼쪽.} \tag{6.48}$$

Δt를 주기의 반으로 선택한 첫 번째 평균가속도 (6.46)과 같이 이 평균가속도는 왼쪽으로 향하고, v^2/R과 차원이 없는 상수를 포함한다. 그러나 첫 번째 상황에서 차원이 없는 상수는 $2/\pi \approx 0.64$였다. 두 번째 경우에는 $2\sqrt{2}/\pi \approx 0.90$이다.

세 번째 상황에는 주자가 원의 1/6만을 움직여서(그림 6.6a) 4시 위치($\theta = -30°$)에서 시작하여 2시 위치($\theta = +30°$)에서 끝나고, 여전히 3시 위치가 중점이다. 그러면 $\mathbf{v}_{\rm start}$는 1시 방향을 가리키고, $\mathbf{v}_{\rm end}$는 11시 방향을 가리킨다.

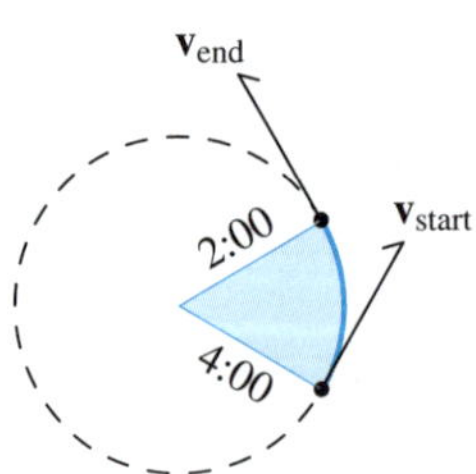

(a)

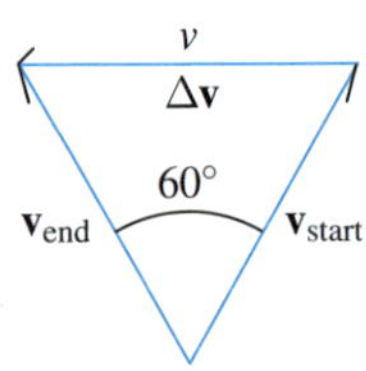

(b)

그림 6.6 원의 1/6을 움직일 때 **Δv** 계산하기. (a) 주자의 시작 속도와 최종 속도. (b) 이 벡터의 차이인 **Δv**. 시작 속도, 최종 속도와 그 차이는 정삼각형을 이룬다.

이 방향의 차이는 60°(원의 1/6)이다. $\mathbf{v}_{start}$와 $\mathbf{v}_{end}$는 길이(일정한 속력 v)가 같으므로, 세 벡터 $\mathbf{v}_{start}$, $\mathbf{v}_{end}$와 $\Delta\mathbf{v}$는 정삼각형을 이룬다. (그림 6.6b) 따라서 다음을 얻는다.

$$\Delta\mathbf{v} = \text{왼쪽 } v. \tag{6.49}$$

이 $\Delta\mathbf{v}$와 Δt는 주기의 1/6인 $(\pi R/3v)$으로 놓으면 다음을 얻는다.

$$\mathbf{a}_{avg} = \frac{\text{왼쪽으로 } v}{\pi R/3v} = \frac{3}{\pi}\frac{v^2}{R}\text{ 왼쪽.} \tag{6.50}$$

주기의 반에 대한 (6.46), 주기의 1/3에 대한 (6.48)에서 반복되는 구조가 있다. 평균가속도는 왼쪽으로 향하고, v^2/R의 인자가 있으며, 차원이 없는 상수가 있다. 주기의 반에 대해서 상수는 $2/\pi \approx 0.64$이다. 주기의 1/3에 대해서는 $2\sqrt{2}/\pi \approx 0.90$이다. 주기의 1/6에 대해서는 $3/\pi \approx 0.95$이다.

▶ Δt가 0으로 갈 때 평균가속도가 어떤 값이 될지 짐작할 수 있는가?

Δt가 줄어들수록 상수는 1에 접근한다. 따라서 합리적인 짐작은 Δt가 0에 접근할 때 상수는 정확하게 1이 된다는 것이다. 그러면 가속도는 간단히 왼쪽으로 v^2/R이 될 것이다.

물리학자 John Wheeler의 첫 번째 믿음은 "답을 알기 전에 계산하지 말라"[22, 20쪽]는 것이다. 그러므로 이제는 이전의 짐작을 기반으로 순간가속도를 직접 계산해야 한다.

(6.41)로부터 순간가속도는 $\Delta t \to 0$인 극한에서 구한 평균가속도이다. 따라서 전체 주기의 일부분 f로 측정한 매우 짧은 시간 간격 Δt를 상상한다. 그 시간 동안 주자는 각도 $\Delta\theta = 360f°$, 즉 $2\pi f$ 라디안(그림 6.7a)인 원호를 따라 움직인다. f를 사용한 표기를 이용하여 세 개의 평균가속도를 구하는 상황은 $f = 1/2$, $f = 1/4$와 $f = 1/6$인 경우였다. 이제 f를 0으로 보내려고 한다.

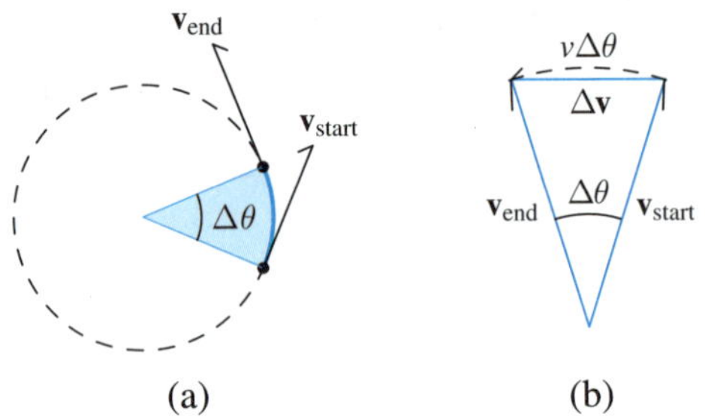

그림 6.7 각도 $\Delta\theta$를 이루는 짧은 미소거리에 대해 $\Delta\mathbf{v}$ 계산하기. (a) 주자의 시작 속도와 최종 속도. (b) $\Delta\mathbf{v}$의 크기는 어림하여 $v\Delta\theta$이다. 이는 점선으로 그린 원호보다 미소량만큼 작다. 이 원호의 길이가 정확히 $v\Delta\theta$이다.

이 계산에서 쉬운 부분은 지속시간 Δt이다. (6.44)에서 계산한 전체 주기 T를 이용하면 다음과 같다.

$$\Delta t = fT = \frac{2\pi fR}{v}. \tag{6.51}$$

더 어려운 부분은 속도차이 $\Delta\mathbf{v}$이다. (그림 6.7b) 시작 속도와 최종 속도 벡터의 길이는 v(일정한 속력)이고 거의 수직이다. 왼쪽으로 향하는 그 차이는 이 속도가 수직선에 가까운 정도에 의존하고, 이것은 이 벡터 사이의 각도에 의존한다. 속도 벡터는 원에 접하기 때문에 이 차이는 주자가 지나간 원호가 이루는 각도와 같은 각도로 회전한다. 그 각도는 $\Delta\theta$, 즉 $2\pi f$ 라디안이다.

$\Delta\theta$가 작을 때 $\Delta\mathbf{v}$의 길이를 나타내는 삼각형의 수평 방향의 변은 $\Delta\mathbf{v}$ 주위의 원호와 거의 길이가 같다. 이 원호의 길이는 정확히 $v\Delta\theta$이다. $\Delta\theta = 2\pi f$이므로, $\Delta\mathbf{v}$의 길이는 대략 $2\pi fv$이다. 따라서 다음을 얻는다

$$\Delta\mathbf{v} \approx 2\pi fv \text{ 왼쪽}. \tag{6.52}$$

이 어림을 확인하기 위해 $f = 1/6$인 경우를 확인해보자. (세 번째 평균가속도 계산) 이 어림에서는 다음을 예측한다.

$$\Delta\mathbf{v} \approx \frac{2\pi}{6}v \text{ 왼쪽}. \tag{6.53}$$

$f = 1/6$일 때 (6.49)의 정확한 $\Delta\mathbf{v}$는 왼쪽으로 v이다. $2\pi \approx 6$이므로 (6.53)의 어림한 $\Delta\mathbf{v}$와 정확한 $\Delta\mathbf{v}$는 거의 일치하여 (6.52)의 어림을 믿을 수 있다.

(6.52)의 $\Delta\mathbf{v}$와 (6.51)의 $\Delta t = 2\pi f R/v$를 이용하면

$$\mathbf{a}_{\text{avg}} \equiv \frac{\Delta\mathbf{v}}{\Delta t} \approx \frac{\text{왼쪽으로 } 2\pi f v}{2\pi f R/v} \tag{6.54}$$

이 된다. 많은 인자들 2, π와 f는 상쇄된다. 남는 것은 v^2/R이다. 따라서

$$\mathbf{a}_{\text{avg}} \approx \frac{v^2}{R} \text{ 왼쪽} \tag{6.55}$$

을 얻는다.

f가 0에 접근할 때 ($\Delta t \to 0$에 해당한다) 두 효과가 나타난다. 첫째, 변 $\Delta\mathbf{v}$가 원호의 길이와 같다는 (6.52)에 사용한 어림은 정확하게 된다. 둘째, 평균가속도 $\mathbf{a}_{\text{avg}}$는 순간가속도 $\mathbf{a}$가 된다. 따라서 다음을 얻는다.

$$\mathbf{a} = \frac{v^2}{R} \text{ 왼쪽.} \tag{6.56}$$

왼쪽 방향은 3시 위치($\theta = 0$)에 있는 주자에 적용된다. 원 위의 일반적인 위치에서 "왼쪽"은 "중심으로 향하는" 것으로 해석한다. 이 위대한 결과(그리고 삼각형 질문에 대한 답)를 요약하면 다음과 같다.

등속원운동 일정한 속력 v로 반지름 R인 원운동을 하는 입자에서 가속도는 다음과 같다.

$$\mathbf{a} = \frac{v^2}{R} \text{ 중심으로.} \tag{6.57}$$

이 모든 작업을 한 후 다행한 것은 이 공식은 물리적으로 맞는다는 것이다. (반지름이 고정되어 있을 때) 속력이 커질수록 입자는 원 주위를 더 빨리 돌고, 속도의 방향은 더 빨리 바뀐다. 그러므로 가속도의 크기는 더 커진다. 따라서 v는 분자에 나타나야 하고, 사실 그렇다. 대조적으로 (속력이 고정되어 있을 때) 반지름이 커질수록 속도는 더 천천히 방향을 바꾼다. 그러므로 R은 분모에 나타나야 하고, 사실 그렇다.

(6.57)의 가속도는 절대로 속도와 같은 방향을 가리키지 않는다! 따라서 원운동과 일반적인 이차원 운동에서 속도와 가속도를 구별하는 것은 중요하다. 왜냐하

면 힘을 가속도가 아니라 속도와 잘못 관련을 시키거나, 가속도와는 제대로 관련시켰지만 가속도가 속도와 같은 방향이라고 잘못 가정하면 운동 방향으로 가짜 힘을 발명해야하는 유혹을 느낄 것이다. 그러면 Newton의 법칙은 창 밖으로 사라지고 이 계를 이해하려는 기회도 사라진다.

6.4 등속타원운동

원운동에 대한 분석에서(6.3절) 두 변수가 운동하는 동안 일정하다. 그것은 입자의 속력과 중심으로부터의 거리이다. 다음 분석에서는 일정한 거리에 대한 제한을 없애겠다. (속력은 일정하지만) 타원 궤도를 도는 운동을 공부한다.

따라서 큰 타원 트랙 주위로 일정한 속력으로 움직이는 경주용 차나 기차를 상상하자. (그림 6.8) 트랙의 긴 반지름 (장축반지름) r_{max}는 2 km이고, 짧은 반지름 (단축반지름) r_{min}은 1 km이다.

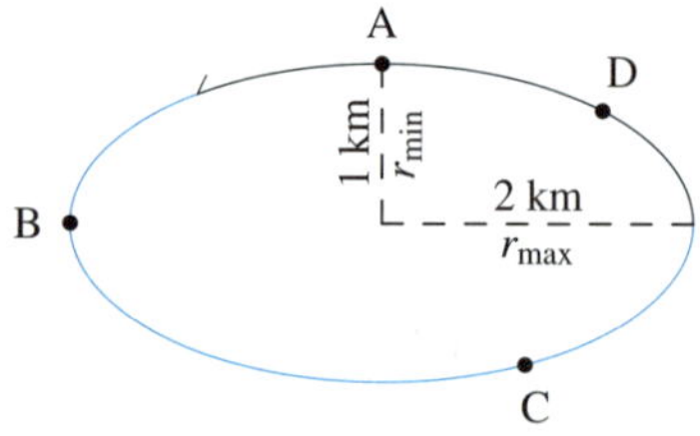

그림 6.8 일정한 속력으로 움직이는 차가 도는 타원 트랙

▶ 네 개의 각각 주어진 위치에서 방향과 상대적인 크기를 꽤 정확하게 얻는 가속도 벡터를 그릴 수 있는가?

점 A에서 차는 타원의 중심에서 r_{min}에 있다. 그러나 조심해야 한다. (6.57)을 이용하여 그저 가속도를 계산한다면 가속도의 크기는 v^2/r_{min}이 되고, 중심을 향할 것이다. (점 A에서는 아래 방향이다.) 이 결론은 반은 맞다.

틀린 부분을 보려면 쉬운 극한적인 경우를 상상해보자. 즉 타원궤도가 더 타원이 되는 경우이다. 예를 들어 타원을 수평으로 더 늘여 r_{max}가 1000 km가 되는 경우를 상상해보자. (r_{min}은 여전히 1 km로 고정되어 있다.) 그러면 점 A의 주위에서 타원궤도는 거의 직선이 된다. 그리고 일정한 속력으로 직선운동을 한다는 것은 가속도가 0이다. 그래서 타원을 늘이면 가속도가 0이 된다. 그러나 r_{max}가 1000 km로 늘어나면 예측하는 가속도의 크기 v^2/r_{min}은 변하지 않는다. 따라서 v^2/r_{min}는 가속도의 크기가 될 수 없다.

비슷한 극한적인 경우를 만들려면 r_{max}를 고정하고, r_{min}을 0으로 줄여서 타원을 수직으로 찌그러뜨리자. 타원을 찌그러뜨리면 점 A 근처의 경로는 다시 곧게 펴지므로, 가속도의 크기는 다시 0이 되어야 한다. 그러나 예측한 v^2/r_{min}은 무한대로 간다! 벌써 투 스트라이크이므로, 이 양은 올바른 가속도의 크기가 될 수 없다.

그러나 이것은 거의 맞다. 중심으로부터 입자의 거리인 R을 경로의 곡률반지름 $r_{curvature}$로 바꾸어야 한다. 이 곡률반지름은 점 A 근처에서 경로와 접하는 원의 반지름이다 (그림 6.9a) 원의 경우(6.3절) 접하는 원의 반지름은 항상 원궤도 반지름 자체와 같다. 따라서 두 개념을 구별할 필요가 없었고, 어떤 것도 R로 쓸 수 있었다. 그러나 타원의 경우 곡률반지름은 경로에 따라 변한다.

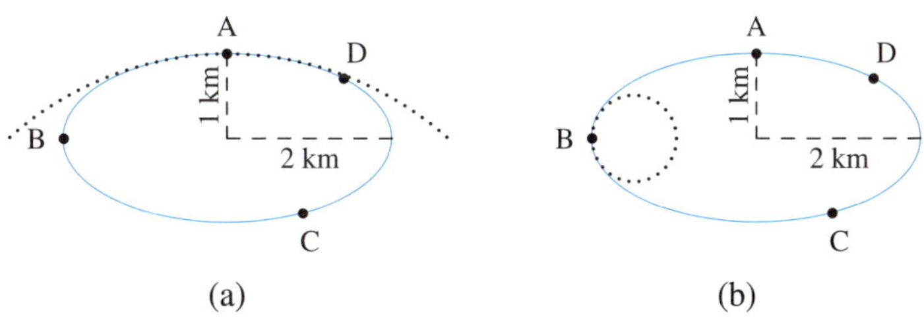

그림 6.9 곡률반지름 측정하기. 주어진 점에서 경로처럼 휘어지는 원은 접하는 원이다. 그 반지름이 그 곳에서 경로의 곡률반지름이다. (a) 점 A에서 (점선으로 나타낸) 접하는 원. (그 원이 크므로, 원의 일부분만 나타내었다.) (b) 점 B에서 접하는 원. 반지름이 0.5 km인 이 원은 점 A에서 접하는 원해 비해 작고, 이는 점 B와 비교하여 점 A에서는 경로가 더 똑바르게 되어 있다는 것을 나타낸다.

가속도를 구하기 위해 점 A에서 경로를 접하는 원으로 어림하고 (그림 6.9a), 6.3절의 원운동 분석을 한다. (6.57)로부터 그 결과는 가속도의 크기는

$$a = \frac{v^2}{r_{curvature}} \tag{6.58}$$

이고 어림한 원의 중심으로 향한다. 즉 (운동 방향인) 입자의 속도에 수직인 안쪽 방향을 향한다.

이 문제에서 분자 v^2은 변하지 않지만(차는 일정한 속력으로 움직인다) $r_{curvature}$는 변한다. 경로는 점 A에서 가장 똑바른 부분이어서, 어림한 원의 반지름 $r_{curvature}$는 그 곳에서 가장 크다. 그러므로 a는 점 A에서 가장 작다.

경로가 가장 휜 점 B에서 어림한 원의 반지름이 가장 작다. (그림 6.9b) 따라서 a가 그 곳에서 가장 클 것이다. 그리고 점 C와 D에서 가속도의 크기는 중간 정도일 것이다. 이 결과로 (그림 6.10) 삼각형 질문에 대답할 수 있다. 이 그림과 다음의 자유물체그림에서 가속도 벡터를 한쪽에만 (속도 벡터가 그렇듯이) 가시처럼 그렸다. 그러나 (가속도를 미분의 관점에서 보면 위치의 이차미분을 나타내기 위해) 가시를 두 개로 그렸다.

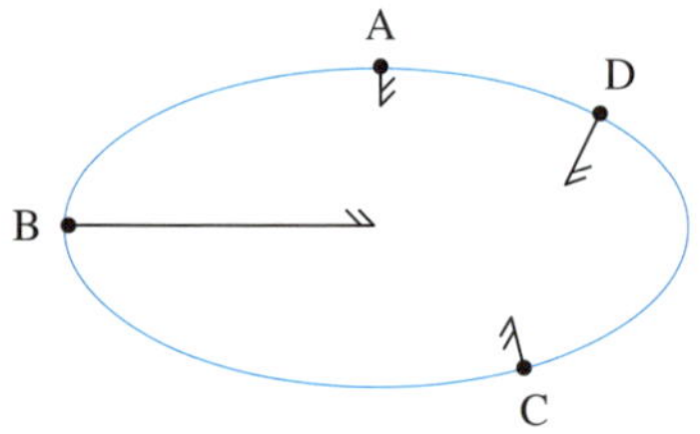

그림 6.10 점 A, B, C 와 D에서의 가속도. 자동차의 속력이 일정하므로, 가속도는 안쪽으로 향한다. 그 크기는 $r_{curvature}$에 반비례하고, 경로의 곡률반지름이 최소인 (가장 휘어있는) 점 B에서 가장 크고, 점 A에서 가장 작다.

6.5 속력이 변하는 원운동

가장 복잡한 운동인 속력이 변하는 원 위에서가 아닌 운동(6.6절)을 공부하기 전에 원운동을 보지만, 속력은 변하는 경우를 살펴보자. 그 예는 진자의 추에서 (그림 6.11) 한 쪽 끝(점 A)에서 다른 끝(점 E) 사이의 다섯 점을 나타낸 것이다. 적어도 추의 속도는 일상 경험에서 친숙하다. 방향을 보면 속도는 항상 원을 접하는 방향을 향한다. 그 크기는 양쪽 끝에서 0이고, 중간인 점 C(평형 위치)에서 가장 크다. 그러나 이 책에서 여러 번 읽었듯이 속도는 가속도가 아니다! 그리고 속도의 변화율인 가속도는 보통 속도보다 계산하기 어렵다.

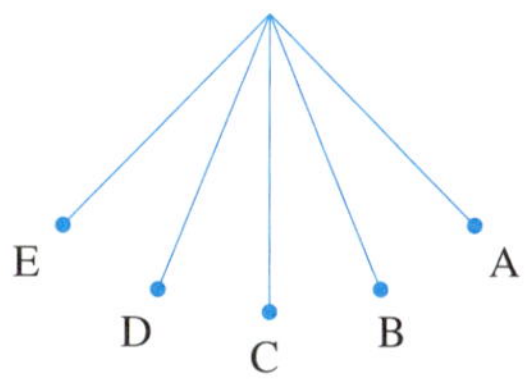

그림 6.11 한 극점(점 A)에서 다른 극점(점 B) 사이에서 영원히 흔들리는 진자의 추. 추는 원형 경로를 따라 움직이지만 속력은 변한다.

▶ 각 점에서 대략 가속도 벡터를 그릴 수 있는가?

물리교육자 Frederick Reif와 Sue Allen[18, 19]의 연구에서 이 질문은 물리를 배우는 학생과 교사에게 매우 힘든 질문이다. 거의 대부분의 학생과 교사들이 이것을 제대로 풀지 못했다. 그러나 침착하게 대응하면, 즉 기본원리로부터 생각하면 풀 수 있다.

속도가 0인 것과 가속도가 0인 것에 대해 혼동하지 않는 한 점 A에서 가속도를 결정하는 것은 가장 쉽다. 그 대신 짧은 시간 간격 동안 평균가속도를 계산하는 사고실험을 해보자. 추가 진동하여 점 A로 올라온다고 하자. 일단 점 A에 도착하면 시계를 시작한다. 잠깐 후에 추가 원을 따라 점 A에서 벗어날 때 시계를 멈춘다.

처음 속도벡터 $\mathbf{v}_{\text{start}}$는 0이다. 추는 양 끝점에서 정지해있다. (추가 정지해있으면 극점에 있다.) 최종 속도벡터 $\mathbf{v}_{\text{end}}$는 거의 정확하게 원을 따라 점 A에서 멀어진다. 따라서 그 차이 $\Delta\mathbf{v}$ 또한 평균가속도 $\Delta\mathbf{v}/\Delta t$와 마찬가지로 원을 따라 점 A에서 멀어진다. 마찬가지로 다른 극점인 점 E에서 평균가속도는 원을 따라 점 E에서 멀어지는 방향을 향한다. 두 극점에서 추는 마치 비탈면을 따라 미끄러지듯이 떨어진다.

그 다음 쉬운 계산은 평형위치인 점 C에서 할 수 있다. 운동에 대한 두 가지 가능성이 있고 (우연이 아닌) 같은 가속도를 갖게 된다. 즉 추는 왼쪽 혹은 오른쪽으로 움직일 수 있다. 다음은 왼쪽으로 움직이는 추에 대한 분석이다. 연습문제 6.4에서 오른쪽으로 움직이는 추도 같은 가속도를 갖는다는 것을 확인할 것이다.

따라서 점 C 바로 직전, 혹은 바로 직후의 왼쪽으로 움직이는 추를 상상하자. 점 C 바로 직전에 원에 접하는 속도는 대부분 왼쪽이고, 약간 아래로 향한다. (그림 6.12a) 점 C 직후에 속도는 거의 왼쪽이지만, 이제는 약간 위로 향한다.

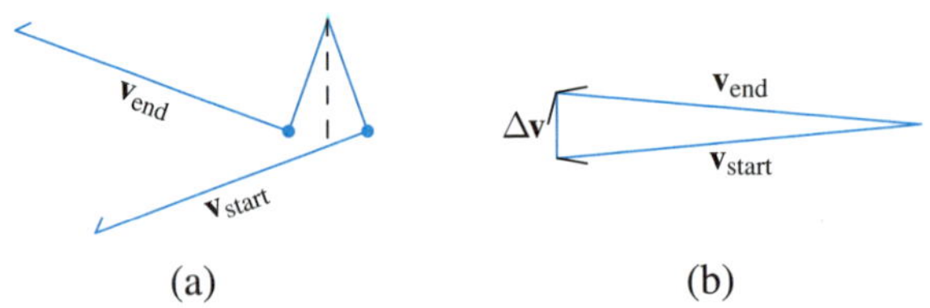

그림 6.12 점 C 주위에서 $\Delta\mathbf{v}$와 $\mathbf{a}_{avg}$를 계산하기. (a) 처음과 최종 속도. 대칭성에 의해 이 속도의 크기는 같다. (b) 그 차이 $\Delta\mathbf{v}$는 약간 위, 즉 안쪽을 향하고, 따라서 $\mathbf{a}_{avg}$도 그렇다.

대칭성 때문에 이 직전과 직후의 속력은 같다. 따라서 추가 C 근처에 있는 동안 추는 등속원운동하는 입자처럼 움직이고, 그 운동에서 가속도는 알고 있다(6.3절)! (6.57)로부터 가속도는 안쪽을 향하고, 점 C에서는 위를 의미한다. (그림 6.12,b) 그 크기는 $a = v^2/R$이고, R은 원의 반지름이다. (여기서는 진자 줄의 길이이다.)

점 B에서 가속도는 점 A에서의 (속력이 변한다는) 가속도에 대한 특징과 점 C에서 (운동 방향이 변한다는) 특징을 갖는다. 이것이 어떻게 결합되는지 보려면 왼쪽으로 움직이는 추를 분석하자. (연습문제 6.5에서 오른쪽으로 움직이는 추를 분석할 것이다.) 점 B 직전에 항상 원에 접하는 속도는 아래로, 그리고 왼쪽으로 향한다. 비교해보면 점 B 직후의 속도는 약간 더 위로 향한다(그림 6.13a). 만일 이 방향의 변화가 $\Delta\mathbf{v}$의 전부라면, 가속도는 (줄을 따라) 안쪽으로 향할 것이고, 크기는 v^2/R일 것이다. 여기서 v는 점 B에서 추의 속력이다.)

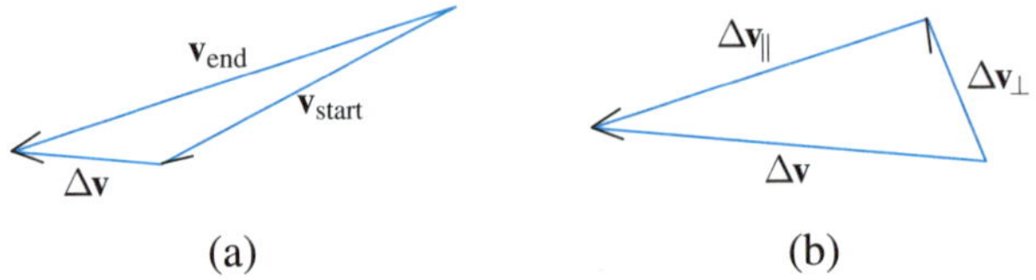

그림 6.13 점 B 주위의 $\Delta\mathbf{v}$. (a) $\Delta\mathbf{v}$ 계산하기. 점 C에서와 마찬가지로 최종 속도는 처음 속도에 대해 시계 방향으로 회전하였다. 그러나 점 B에서 (추가 비탈 아래로 "떨어지므로") 길이가 늘어난다. (b) $\Delta\mathbf{v}$ 쪼개기. 속도 차이 $\Delta\mathbf{v}$는 두 부분으로 나눌 수 있다. 평행성분 $\Delta\mathbf{v}_{\parallel}$은 속력의 변화 때문에 생긴다. 수직 성분 $\Delta\mathbf{v}_{\perp}$은 방향의 변화 때문에 생긴다.

그러나 이야기가 끝난 것이 아니다. 추는 원궤도를 따라 아래로 내려갈 때 속력이 증가하기 때문이다. 미분 용어를 사용하면 $dv/dt > 0$이다. 따라서 이 왼쪽으로 움직이는 추는 점 B를 지난 직후가 점 B를 지나기 직전보다 빠르게 움직인다. 그래서 속도는 방향이 바뀔뿐만 아니라, 크기도 바뀐다.

속력의 변화로 $\Delta\mathbf{v}_{\parallel}$이 생긴다. 이것은 (**v** 쪽인) 운동 방향에 대한 $\Delta\mathbf{v}$의 성분이다. 방향의 변화로 $\Delta\mathbf{v}_{\perp}$이 생긴다. 이것은 운동 방향에 수직한 $\Delta\mathbf{v}$의 성분이다. (그림 6.13b) 두 성분을 시간 Δt로 나누면 해당하는 두 개의 가속도 벡터 성분 $\mathbf{a}_{\parallel}$와 $\mathbf{a}_{\perp}$를 얻는다. 기호로 쓰면 $\mathbf{a} = \mathbf{a}_{\parallel} + \mathbf{a}_{\perp}$이다. 여기서

$$\begin{aligned} \mathbf{a}_{\parallel} &= \frac{dv}{dt}\,\mathbf{v}\ \text{쪽으로},\\ \mathbf{a}_{\perp} &= \frac{v^2}{R}\ \text{안쪽}. \end{aligned} \tag{6.59}$$

점 B에서 $\mathbf{a}_{\parallel}$은 속도와 마찬가지로 대부분 왼쪽, 그리고 약간 아래로 향한다. 한편 $\mathbf{a}_{\perp}$은 (줄을 따라) 안쪽으로 향한다. 가속도 **a**를 주는 그 합은 대부분 왼쪽이고, 약간 위로 향하게 된다. (그림 6.14) 정확한 방향을 계산하려면 점 B에서 속력을 알아야 하고, (에너지 보존에 의존하므로) 이 계산은 설명하지 않았다. 그 이유 때문에 여기서는 가속도 벡터의 대략적인 방향을 물어본 것이다. 그러나 그림 6.14는 정확한 방향과 (상대적인) 길이를 나타낸다.

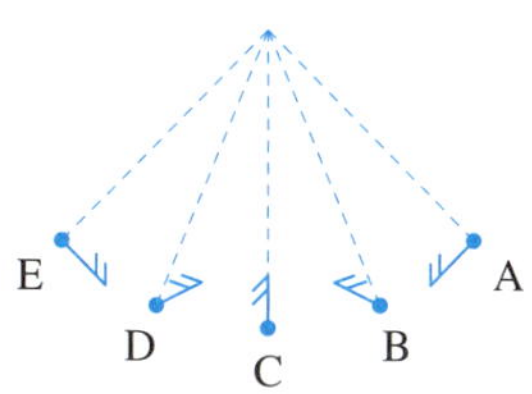

그림 6.14 주어진 점에서 가속도 벡터. 점 A와 E에서 추는 속력이 변하지만, 이므로 방향은 변하지 않으므로 가속도 벡터는 속도와 평행하다. 점 C에서 추는 방향이 바뀌지만 속력은 변하지 않으므로, 가속도 벡터는 속도에 수직이고, 따라서 안쪽이다. 점 B와 D에서 가속도 벡터는 이 두 경우의 혼합된 형태이다.

점 B에서 가속도($\mathbf{a}_B$)를 알면 남은 점인 점 D에서 가속도는 대칭성에 의해 구할 수 있다. $\mathbf{a}_A$와 $\mathbf{a}_E$는 서로의 거울에 비친 상이고(점 C를 지나는 수직 평면에 대해 거울을 비춘 것이다), $\mathbf{a}_B$와 $\mathbf{a}_D$ 또한 거울에 비친 상이다. 거울에 비출 때에는 가속도의 수평성분만 반대이고, 수직 성분만 남는다. 따라서 $\mathbf{a}_B$는 대부분 왼쪽으로 향하고, 약간 위로 향하기 때문에 $\mathbf{a}_D$는 대부분 오른쪽으로 향하지만, 약간 위로 향한다.

이 대칭성에 대한 논의로 인해 $\mathbf{a}_C$는 순전히 위쪽만을 향한다는 것을 보일 수 있다. 점 C는 자신의 거울에 비친 상이다. 따라서 $\mathbf{a}_C$는 자신의 거울에 비친 상이므로 (왼쪽이든 오른쪽이든) 수평성분은 없다.

요약하고, 삼각형 질문에 답하면 다음과 같다. 각각의 가속도 벡터는 0이 아닐 때 수직 성분은 항상 안쪽을 향한다. 그리고 각각은 입자가 속도가 증가하는지(이때 평행한 성분은 앞으로 향한다) 감소하는지(이때 평행 성분은 뒤로 향한다), 혹은 속력이 최대인지, 최소인지(이때 평행한 성분은 0이다)의 여부에 의존한다. 가속도 벡터는 이 두 성분의 합이다.

6.6 일반적인 가속도: 요약

가속도의 평행 성분과 수직 성분에 대한 (6.59)의 결과는 매우 중요하므로 그 요점을 강조하기 위해 앞의 분석을 요약하겠다.

1. 물체의 위치가 시간에 따라 변하는 비율을 측정하는 속도 $\mathbf{v}$는 벡터이다. 그러므로 크기(속력)와 방향이 있다.
2. 물체의 속도가 시간에 따라 변하는 비율을 측정하는 가속도 $\mathbf{a}$ 또한 벡터이다.
3. 다른 어떤 벡터와 마찬가지로 속도는 그 크기가 변하거나 방향이 변하기 때문에 변할 수 있다.
4. 가속도는 속도가 변화하는 두 가지 방법에 대응하는 두 성분으로 분해할 수 있다. (요점 3)
5. (속도가 변할 수 있는 첫 번째 방법인) 속력이 변하면 가속도 벡터의 평행 성분인 $\mathbf{a}_{\parallel}$를 만든다. 이 성분은 물체의 속도와 같은 선상에 있고, 크기는 $|dv/dt|$이다. 여기서 dv/dt는 물체의 속력이 변하는 비율이다. 더 정확하게 쓰면 다음과 같다.

$$\mathbf{a}_{\parallel} = \frac{dv}{dt} \quad \mathbf{v} \text{ 방향으로.} \tag{6.60}$$

$\mathbf{a}_{\parallel}$를 사용하면 혼동을 불러일으키는 "가속"과 "감속"에 대한 일상 용어를 엄밀한 수학적 표현으로 바꿀 수 있다. 가속되는 물체의 속력 v는 증가한다. 수

학적으로는 $dv/dt > 0$이고, $\mathbf{a}_{\parallel}$는 앞으로 향하고, 속도 $\mathbf{v}$와 평행하다. 반대로 감속하는 물체는 $dv/dt < 0$이고 $\mathbf{a}_{\parallel}$는 뒤로 향하고, 속도와 반대 방향이다. 동등하게 표현하면 속도 방향의 $\mathbf{a}$ 성분인 $a_{\parallel}$는 dv/dt이다. (만일 $\mathbf{v} = 0$이라면 $\mathbf{v}$의 방향은 정의되지 않는다. 이 경우 극점 A와 E에서 6.5절의 진자에 대해 해보았듯이, $\mathbf{v}$가 0이 되기 직전이나 직후의 순간에 $\mathbf{a}$를 상상한다.)

6. (속도가 변할 수 있는 두 번째 방법인) 방향이 변하면, 물체가 곡선 경로를 따른다는 의미이고, 가속도 벡터의 수직성분인 $\mathbf{a}_{\perp}$을 만든다. 이 성분은 경로에 수직인 방향을 향하고 안쪽이다(접하는 원의 중심쪽이다). 그 크기는 $v^2/r_{\text{curvature}}$이고, $r_{\text{curvature}}$는 접하는 원(특정한 점에서 경로와 일치하는 원)의 반지름이다. 따라서 다음을 얻는다.

$$\mathbf{a}_{\perp} = \frac{v^2}{r_{\text{curvature}}} \text{ 안쪽.} \tag{6.61}$$

▶ 곡선 경로 위에서 "안쪽"이라는 것은 분명한 의미가 있어서 $\mathbf{a}_{\perp}$의 방향을 정할 수 있다. 그러나 경로가 직선이면 어느 방향이 안쪽이라는 것을 알 수 있는가?

직선 경로에서는 $r_{\text{curvature}} = \infty$이므로 수직 가속도의 크기인 $v^2/r_{\text{curvature}}$는 0이다. 따라서 수직 가속도가 어느 방향을 가리키는지는 중요하지 않다. 왜냐하면 존재하지 않기 때문이다. $\mathbf{a}_{\perp} = 0$.

7. 일상용어를 사용할 때 물체가 가속하지 않더라도, 즉 속력이 늘어나거나 줄어들지 않아도, 물리용어를 사용할 때는 만일 운동방향이 바뀐다면 0이 아닌 가속도를 가질 수 있다.

이러한 점들을 그림 6.15에 요약하였다.

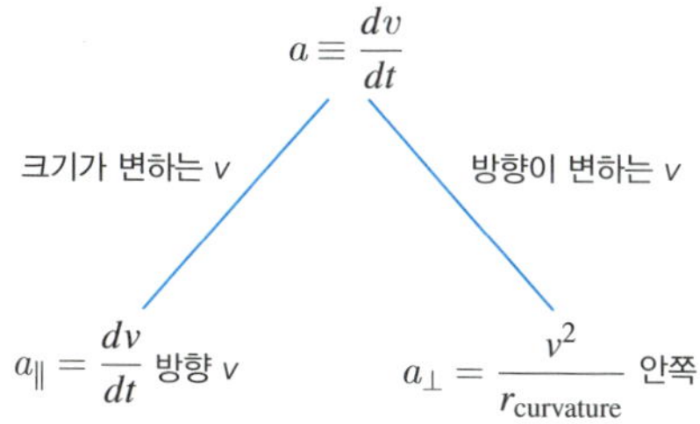

그림 6.15 가속도를 수평 성분과 수직 성분으로 분리하기. $\mathbf{a}_{\parallel}$은 크기가 변하는 $\mathbf{v}$에서 나온다. 그 방향은 속도 방향과 같거나 반대 방향이다. $\mathbf{a}_{\perp}$은 방향이 변하는 $\mathbf{v}$에서 나오고, 안쪽으로 향한다.

이제 가속도의 신비와 미묘함이 줄어들었으므로 가속도를 Newton의 제2법칙에 집어넣을 수 있고 일반적인 형태의 법칙을 사용할 수 있다. 이것이 7장의 주제이다.

6.7 연습문제

6.1 점 A에서 점 B로 이동할 때 (그림 6.16) 입자는 두 직선 부분에서 일정한 속력으로 움직인다. 반원에 도달하기 전에서 10 m/s이고, 반원을 떠난 후에는 12 m/s이다. (그리고 그림 6.2처럼 반원에서는 일정하게 속력이 증가한다.) 이 운동에서 다음을 구하여라.

a. (평균속도의 크기인) $|\mathbf{v}_{avg}|$와 (평균속력) v_{avg} 중 어느 것이 더 큰가? 계산하지 않고 선택하여라.

b. $\mathbf{v}_{avg}$, $|\mathbf{v}_{avg}|$와 v_{avg}를 계산하여 예상을 확인하여라.

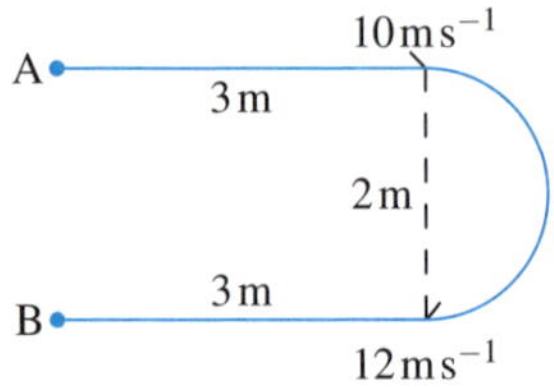

그림 6.16 두 직선경로와 반원 트랙을 통해 점 A에서 점 B로 움직이는 연습문제 6.1의 입자.

6.2 다음의 상황에서 (i) 가속도 **a**(크기와 방향), (ii) a의 크기, (iii) x 성분인 a_x. 오른쪽이 양의 x 방향이다.

a. 기차가 왼쪽으로 100 m/s로 움직이고, 매초당 1 m/s 씩 꾸준히 증가한다. (예를 들어 5초 후에 속력은 105 m/s이다.)

b. 기차가 왼쪽으로 100 m/s로 움직이고 있으며 매초당 속력이 2 m/s 씩 꾸준히 줄어든다.

c. 자동차가 오른쪽으로 50 m/s로 움직이고, 매초당 3 m/s씩 꾸준히 늘어난다.

d. 자동차가 오른쪽으로 50 m/s로 움직이며, 매초당 속력이 3 m/s씩 꾸준히 줄어든다.

e. 공이 위로 20 m/s로 움직이고 매초당 속력이 10 m/s씩 꾸준히 줄어든다.

6.3 지구는 태양 주위의 원궤도를 (평균속력으로) (6.14)에서 매우 정확하게 계산한 일정한 속력으로 움직인다. 지구의 궤도가속도(크기와 방향)을 구하여라.

6.4 오른쪽으로 움직이는 추에 대해 점 C에서 가속도에 대한 분석을 다시 하여라.

6.5 오른쪽으로 움직이는 추에 대해 점 B에서 가속도에 대한 분석을 다시 하여라. 여전히 $\mathbf{a}_{\|}$은 대부분 왼쪽이고, 약간 아래로 향한다는 것을 확인하여라. 즉 이제는 속도와 반대 방향을 향한다. 이 결론은 (6.59)에 주어진 $\mathbf{a}_{\|}$과 일치한다는 것을 확인하여라. 점 B에서 오른쪽으로 움직이는 추에 대해 dv/dt의 부호는 무엇인가?

6.6 자동차 영업사원이 다음과 같이 주장한다. "여기 이 아기는 4초 만에 0에서 60까지 갈 수 있다." 아기는 자동차이고, 60은 60 m/h를 뜻하고, "만에"라는 것은 "소수점 아래가 없다"는 뜻으로 가정하여 이 주장을 자동차의 (평균) 가속도에 대한 서술로 해석하여라. (마일을 사용하는 것이 익숙하지 않다면 60 m/h는 대략 100 km/h와 같다.)

07

변화하는 운동에 대한 Newton의 제2법칙

5장에서 특별한 경우인 정역학에서 Newton의 제2법칙을 도입하였다. 여기서 가속도, 따라서 알짜힘은 0이었다. 6장에서는 가속도만을 도입하여 운동의 변화를 기술하였다. 이 장에서는 가속도를 그 원인인 알짜힘과 연결시키는 완전한 Newton의 제2법칙을 복귀시키도록 하겠다.

7.1 가속도를 Newton의 제2법칙에 복귀시키기

필자가 좋아하는 형태인 (4.6)인 Newton의 제2법칙에는 세 가지 요점이 있다. (1) "알짜"라는 첨자를 통해서, 좌변의 힘은 물체에 작용하는 모든 힘을 더한 알짜힘이다. (2) 대문자 **F**와 **a**를 통해 알짜힘과 가속도는 벡터이다. (3) 인과관계를 나타내는 화살표(→)를 통해 알짜힘이 가속도를 일으킨다. 이 절 뒷부분에서는 일차원에서 완전한 운동의 제2법칙에 대해 연습할 것이다. 여기에는 수동적인 힘이 스스로 적응하는 미묘한 과정도 포함할 것이다. (7.1.6절)

7.2절에서 제2법칙을 합성물체로 어떻게 확장할지 배울 것이다. 이 물체는 (수십 억 개의 별로 구성된 은하계와 같은) 여러 부분이 있는 물체나 (막대기와 같은) 확장된 강체를 포함한다. 7.3절에서 이차원 운동을 살펴본다. 마지막으로 7.4절에서 무게를 이해하기 위해 앞의 개념을 결합한다. 즉 무게가 중력과 어떻게 다른

지, 그리고 이 차이가 많은 흔한 오류를 어떻게 막는지 살펴볼 것이다. 이 절에서는 2.3절에서 도입한 말벌 문제의 답으로 끝맺겠다.

7.1.1 낙하하는 돌

완전한 제2법칙의 가장 간단한 예제는 하나의 일정한 힘이 작용하는 물체이다. 공기 저항이 없이 정지상태에서 떨어지는 돌을 살펴보자. 이 돌의 유일한 상호작용은 지구와의 중력상호작용이다. 따라서 돌에 작용하는 유일한 힘은 아래로 향하는 mg의 중력이다. 그러면 이것 또한 알짜힘 $\mathbf{F}_{\text{net}}$이다. 돌은 무중력 운동(자유낙하)을 한다.

다음의 Newton식 분석은 형태 C(calculating)이다. 돌에 작용하는 힘을 완전히 알고, 이를 이용하고, 제2법칙을 써서 돌의 운동을 계산한다.

첫 번째 단계는 돌의 가속도를 구하는 것이다. 제2법칙 (4.6)으로부터 다음을 얻는다.

$$\mathbf{a} = \frac{\overbrace{mg \text{ 아래로}}^{\mathbf{F}_{\text{net}}}}{m} = g \text{ 아래로}. \tag{7.1}$$

▶ **돌이 정지상태에서 시작하면 시간 t가 지난 후 속력 v는 얼마인가?**

가속도는 속도의 변화율이다. 따라서 돌의 속도는 0에서 시작하여 아래로 g의 비율로 증가한다. 따라서 아래로 $\mathbf{v} = gt$이고, $v = gt$이다.

▶ **돌은 시간 t 동안 얼마나 떨어지나?**

평균속력의 정의 (6.13)에 의하면 떨어진 거리는 t에 돌의 평균속력을 곱한 것이다. 돌의 속력은 꾸준히 0에서 gt로 증가한다. 따라서 평균속력은 $gt/2$이다. 따라서 다음을 얻는다.

$$\text{떨어진 거리} = \underbrace{\text{시간}}_{t} \times \underbrace{\text{평균속력}}_{gt/2} = \frac{1}{2}gt^2. \tag{7.2}$$

이 계산은 돌뿐만 아니라 더 넓게 적용된다. 어떤 자유낙하하는 물체도 중력(아래 방향으로 mg)만 작용하면 자유물체그림은 같고, 같은 가속도(아래로 g)를 갖고, 정지상태에서 놓으면 시간 t 동안 같은 거리 $gt^2/2$를 움직인다.

놀랍게도 가속도, 속도와 떨어진 거리는 모두 질량과 무관하다. 중력은 질량에 비례하지만, 제2법칙에 있는 $1/m$ 인자가 가속도에서 상쇄시키고, 그러므로 속도와 낙하거리에서도 그렇다.

그러나 더 놀라운 것은 이 논의 뒤에 숨어있다. m이 상쇄되는 것 자체가 혼동스럽다. Newton의 제2법칙의 ($1/m$ 인자에 있는) m은 물체의 관성질량이다. 즉 질량은 가속도에 대해 얼마나 강하게 변화를 저항하는가에 대한 척도이다. 그러나 mg에 있는 m인 다른 m은 물체의 중력질량이다. 이것은 (여기서는 지구로부터) 중력에 대해 얼마나 강하게 영향을 받는가에 대한 척도이다. Newton 역학에서 두 질량이 같을 이유는 없다. 그러나 Einstein은 여기에 깊은 이유가 있을지도 모른다고 의아해했다. 그는 그 이유를 찾았고, 그것이 Einstein의 중력이론인 일반상대론의 기초가 되었다. 이에 대해서는 8.3.2절에서 간단히 볼 것이다. 그러나 여기에서는 Newton의 세계로 돌아와 이 두 종류의 질량이 같다는 것이 놀라운 우주적인 우연으로 받아들이면 된다.

▶ 토스트 조각이 식탁에서 (아마도 버터를 바른 부분이 아래로 향해서) 떨어질 때 바닥에 떨어지기 전에 잡을 수 있는 시간은 얼마나 있는가?

옆에 있는 식탁으로 판단해보면 표준 식탁의 높이는 $h \approx 0.6\,\mathrm{m}$(2 ft)이다. 떨어진 거리 (7.2)를 t에 대해 풀면 다음을 얻는다.

$$t = \sqrt{\frac{2h}{g}} \approx \sqrt{\frac{2 \times 0.6\,\mathrm{m}}{10\,\mathrm{m\,s^{-2}}}} \approx 0.35\,\mathrm{s}. \tag{7.3}$$

인간의 반응시간은 대략 0.2에서 0.3초이므로, 평가한 시간간격은 약간의 운이 겹치면 반응을 해서 토스트를 잡기에 충분한 시간이다.

7.1.2 언 호수 위에서 미끄러지는 얼음 토막

완전한 제2법칙의 두 번째 예는 언 호수 위에 있는 얼음 토막이다. (그리고 공기가 없어서 공기의 저항을 무시할 수 있다고 하자.) 토막을 차면, 토막이 미끄러지면서 멀어지고(그림 7.1), 느려지다가 결국에는 멈춘다. 음의 부호를 따라가는 것을 연습하고, 개념의 어려움을 극복하기 위해 토막을 음의 x 방향으로(왼쪽으로) 찬다.

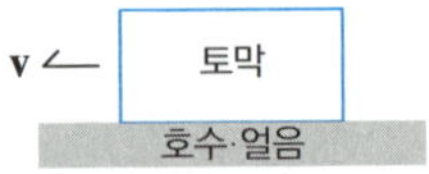

그림 7.1 차고 난 후 왼쪽으로 움직이는 얼음 토막

▶ 느려지는 과정을 어떻게 Newton의 법칙으로 설명하는가?

Newton의 법칙을 적용하는 첫 번째 단계는 자유물체그림을 그리는 것이다. 그래서 모든 관련된 정보가 한 곳에 모이면 이 그림에는 토막의 속도와 가속도가 포함되어 있어야 한다. 속도는 쉽다. (자유물체그림이 아닌) 그림 7.1에서 나타내었듯이 속도는 왼쪽을 향한다. 가속도는 더 어렵다. 토막이 감속하기 때문에 가속도는 음수이고, 따라서 음의 x 방향으로 향한다고 잘못 결론내릴 수 있다.

▶ 앞의 논의에서 잘못된 것이 무엇인가?

앞의 논의에서는 벡터인 속도와 스칼라인 속력을 혼동하였다. 한편 일상에서 ("저 오토바이는 가속도가 대단하네!") 가속도의 의미와 (가속도 벡터로서) 물리적인 가속도의 의미를 혼동했다. 이 차이를 분명히 하려면 발로 차서 정지할 때까지 토막의 평균가속도를 계산하겠다. (6.22)로부터

$$\mathbf{a}_{\text{avg}} \equiv \frac{\mathbf{v}_{\text{end}} - \mathbf{v}_{\text{start}}}{\Delta t} \tag{7.4}$$

를 얻는다. 여기서 $\mathbf{v}_{\text{start}}$는 토막을 찬 직후 토막의 속도이고, $\mathbf{v}_{\text{end}}$는 정지했을 때 속도이고, Δt는 차고 난 후 토막이 정지할 때까지의 시간 간격이다.

토막을 찬 후 처음에 속도는 왼쪽으로 v_0이다. v_0는 토막의 처음 속력이다. 마지막에 속력은 0이다. 따라서 다음을 얻는다.

$$\mathbf{a}_{\text{avg}} = \frac{0 - (v_0 \text{ 왼쪽 })}{\Delta t} = -\frac{v_0}{\Delta t} \text{ 왼쪽.} \tag{7.5}$$

(크기) v_0와 Δt는 양수이므로 평균가속도는 음의 양 $-v_0/\Delta t$이고 왼쪽으로 향한다. 동등하게 표현하면 양수 $+v_0/\Delta t$이고, 오른쪽을 향한다. 따라서 비록 일상적

인 용어로 표현할 때 토막이 가속된다고 하더라도, 평균가속도는 양의 방향인 오른쪽을 향한다. 힘을 결정한 후 그 이유는 분명해지는데 토막의 가속도는 느려질 때 일정하고, 그래서 평균가속도와 (순간)가속도는 같다.

$$\mathbf{a} = \mathbf{a}_{\text{avg}} = \frac{v_0}{\Delta t} \text{ 오른쪽.} \tag{7.6}$$

이 결론은 6.6절에서 논의한 가속도에 대한 두 가지 요점과 같다. 첫째(항목 5) 감속은 속력의 변화율 dv/dt가 음수이고, 그러므로 가속도벡터의 평행성분 $\mathbf{a}_{\|}$은 속도의 반대 방향이다. 둘째(항목 6) 일차원 혹은 직선 운동에서 가속도는 수직 성분 $\mathbf{a}_{\perp}$이 없다. $\mathbf{a}_{\perp}=0$이면 전체 가속도는 속도의 반대 방향인 $\mathbf{a}_{\|}$이다. 속도는 음의 x 방향을 가리키므로, $\mathbf{a}$는 (7.6)에서 구했듯이 양의 x 방향을 향한다.

올바른 가속도를 알았으므로 이를 설명하기 위해 Newton의 제2법칙을 안전하게 사용할 수 있다. 설명, 즉 원인은 항상 토막에 작용하는 모든 힘을 더한 알짜힘이다. 반대로 잘못된 가속도를 설명하려고 한다면 분석할 때 존재하지도 않는 틀린 힘을 계속 도입해야 할 것이다.

힘을 구하기 전에 물리적 세계에 대한 직관적인 모형을 확인하고, 이 모형을 통해 토막이 느려지는 것을 어떻게 설명할지 물어보아야 한다. 이 모형은 두 부분이 섞여 있다. (5.4.1절) 옛날 부분은 다음과 같이 생각한다. "토막은 왼쪽으로 움직이므로 토막에 작용하는 (알짜)힘은 왼쪽을 향해야 한다. 수직항력과 중력은 수직이므로 여기서는 도움이 되지 않는다. 왼쪽으로 향하는 힘은 운동의 힘인 다른 힘이어야 한다. 토막이 느려지므로 이 운동의 힘은 크기가 줄어들어야 한다." 옛날 부분은 깊이, 그러나 틀리게 $\mathbf{F}_{\text{net}} \rightarrow m\mathbf{v}$라고 믿는다.

방향을 바로 잡기 위해 물리교육자인 Bob Kibble의 충고[11]를 따라서, 다르지만 더 올바른 개념을 제시하겠다. 아래에서 설명할 이유로 인해 필자가 좋아하는 개념은 물체의 속도와 질량에 의존하는 물리적 양인 운동의 양이다. 수식적으로 이 양은 운동량이라고 부른다. 8.3.1절에서 다루는 이 양은 질량과 속도를 곱한 $m\mathbf{v}$이다.

속도에 의존하는 것은 속도에 대해 매력을 느끼는 옛날 부분에 호소한다. 그리고 이 매력은 정당화되었다! 세상을 바꾸려고 시도할 때(공학) 가속도는 대부분

(물체의 위치를 변화시키는 목적에 대한 수단인) 원하는 속도를 얻을 때까지 물체의 속도를 변화시키는 목적에 대한 수단이다. 다른 방향에서 보면 세상이 어떻게 움직이는지 예측하려고 할 때(과학), 예를 들어 물체가 사람과 충돌하여 이 물체가 위험한지 예측하려고 할 때 가장 직접적인 관련된 정보는 다시 물체의 속도나 속력이지, 가속도는 아니라는 것이다.

질량에 의존하는 것은 질량이 큰 물체일수록 물체를 움직이는 데 더 큰 힘이 필요하고, 따라서 더 큰 위험이 존재한다는 점에서 옛날 부분의 올바른 느낌과 같다.

새로운 개념과 운동량을 통해 직관을 온동과 힘에 대한 잘못된 직접적인 관계로부터 올바른 간접적인 관계로 방향을 잡을 수 있다.

$$\underbrace{\text{알짜힘}}_{\mathbf{F}_{\text{net}}}\text{이 운동량을 }\xcancel{\text{일으킨다}}\rightarrow \underbrace{\text{변화시킨다.}}_{m\mathbf{v}} \tag{7.7}$$

방향을 바꾼 고대의 부분은 이제 느려지는 토막을 올바로 설명할 수 있다. "토막은 왼쪽으로 움직이므로, 운동량은 왼쪽으로 향한다. 토막은 느려지므로, 이 양은 크기가 줄어든다." 이러한 서술은 힘을 공식적으로 분석할 때 필자를 혼동시키지도 않고, 심지어 분석하는 데 도움이 될 수 있다. "운동량"에서 "운동"이라는 단어를 듣고 어떻게 왼쪽으로 덜 향하게 한다는 것, 즉 다른 말로 하면 어떻게 물체가 오른쪽으로 향하는 운동량을 얻는지 알려면 (운동량이 벡터라는 것을 아는 한) 오른쪽을 향하는 이 변화를 주는 알짜힘이 있을 것이라고 예상한다. 그리고 얼음 토막이 겉으로 보기에는 왼쪽으로 하는 운동과 모순되더라도, 이 결론을 기억할 것이다.

(이 새로운 운동량이라는 양과 힘이 이것을 변화시킨다는 생각을 사용하면 사실 직관적인 부분은 힘이 속도를 변화시킨다거나 가속도를 일으킨다는 공식적인 개념을 넘어서게 된다. 물체의 질량이 일정하게 남아있는 한 힘에 대한 두 가지 설명은 동등하다. 그러나 로켓이 연료를 분출할 때와 같이 물체의 질량이 변할 때는 동등하지 않다. 8.3.1절에서 배우겠지만 (7.7)의 운동량 설명은 올바를 것이고 고급물리에서 사용한다. 직관을 운동량 쪽으로 돌리면 고급물리 쪽으로 준비를 하게 된다.)

그러나 미끄러지는 토막으로 돌아가서, 이것에 작용하는 힘에 대한 수식적인 분석을 해보자. 힘을 구하고, 따라서 자유물체그림을 완성하기 위해서 Newton 물리학의 원리인 상호작용으로 돌아가고, 이에 따른 자유물체그림 요령을 생각하자. (2.1절) 짧은 영역의 상호작용을 보자. (요령의 1단계) 토막은 단지 한 물체인 얼음판(언 호수)과 접촉하고 있으므로 단지 하나의 짧은 영역의 상호작용에 참여한다. 이 상호작용은 얼음판으로부터 접촉힘을 만든다 (그림 7.2a) 한편 토막의 유일한 상호작용(2단계)은 지구와의 중력 상호작용이다. 이 상호작용은 아래로 향하는 중력 mg를 만든다.

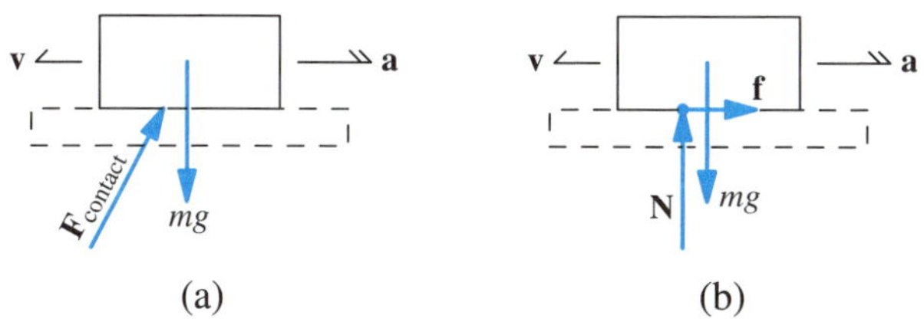

그림 7.2 (속도와 가속도를 포함한) 얼음 토막의 자유물체그림. (a) 기본원리에서 만든 그림. 토막은 단지 두 상호작용만 있으므로 중력과 언 호수로부터의 접촉힘의 두 힘만 받는다. (언 호수는 점선으로 나타내었다.) (b) 접촉힘을 수직성분 (수직항력 **N**)과 수평성분(운동마찰 **f**)로 분해한 같은 그림.

접촉힘 $\mathbf{F}_{contact}$는 얼음판에 수직인 수직성분 **N**과 얼음판 방향인 평행 성분 **f**인 두 성분으로 나눌 수 있다. (그림 7.2b) 토막의 가속도에는 수직 성분이 없으므로 알짜힘은 수직 성분을 가질 수 없다. 따라서 유일한 수직 방향의 힘인 **N**과 중력은 균형을 이루어야 한다. 그 결과로 $N = mg$이다. 여기서 분석은 부분적으로는 형태 I(inferring)이다. (순전히 수평인) **a**에 대한 정보를 수직 방향의 힘을 추론하는 데 사용하였다.

수평성분 **f**는 마찰력이다. 토막은 얼음판에 대해 움직이므로, 마찰은 운동마찰력이고(1.3.4절) 토막과 얼음판의 상대적인 운동을 방해한다. 따라서 고정된 얼음에 대해 왼쪽으로 움직이는 토막에는 **f**는 오른쪽으로 향한다. 더구나 (1.26)으로부터 다음을 얻는다.

$$f = \mu N = \mu mg. \tag{7.8}$$

여기서 μ은 운동마찰계수이다. (f가 N에 의존하는 이 관계 때문에 $\mathbf{f}$ 이전에 $\mathbf{N}$을 계산한다.) 얼음 위를 미끄러지는 얼음 토막은 접촉면에서 마찰열로 인해 녹은 얼음으로부터 나오는) 분자 몇 개 정도의 층으로 이루어진 녹은 물이 윤활유 역할을 하기 때문에 μ는 매우 작다.

요약과 더불어 원래의 삼각형 질문(144쪽)에 대답을 하면 느려지는 과정에 대한 Newton식 설명은 다음의 단계를 거친다. (1) 토막에는 두 가지 상호작용(하나는 짧은 영역, 다른 하나는 긴 영역)이 작용한다. 그러므로 짧은 영역의 접촉힘과 중력, 두 힘이 작용한다. (2) 접촉힘은 수직성분인 수직항력 $\mathbf{N}$과 평행성분인 운동마찰력 $\mathbf{f}$로 나눌 수 있다. (3) 토막은 수직성분의 가속도가 없으므로 $\mathbf{N}$은 중력과 균형을 이루고, $N = mg$이다. (4) 그러므로 알짜힘은 유일하게 균형을 이루지 않는 힘인 $\mathbf{f}$와 같다. (5) 운동마찰력 $\mathbf{f}$의 크기는 μmg이고, 토막의 속도와 반대 방향을 향한다. (6) 따라서 토막의 가속도는 속도와 반대 방향인 오른쪽을 향한다. (7) 달리 표현하면 토막은 느려지고(감속하고) 결국 멈춘다.

이 설명 어디에도 운동 방향의 힘이 포함되지 않았다. 따라서 "운동의 힘"은 있을 수도 없고, 사실 없다.

제2법칙의 마술을 통해 어떻게 힘이 물체의 운동을 결정하는지 보이고, 또한 분석의 형태 C(calculate)를 보이기 위해 운동에 대한 설명을 더 정량적으로 해보도록 하자. 토막의 운동에 대해 토막의 가속도, 정지시간 Δt, 움직일 때 평균속력과 정지거리와 같은 양을 결정할 것이다.

▶ 토막의 가속도는 얼마인가?

앞의 요약에서 단계 4와 5로부터

$$\mathbf{F}_{\text{net}} = \mathbf{f} = \mu mg \text{ 오른쪽} \tag{7.9}$$

이다. (흔히 사용하는 수학기호인 등호에는 중요한 물리적인 차이가 숨어있다. 즉 물리적인 힘의 성분인 $\mathbf{f}$는 알짜힘과는 개념적으로 다르다. 알짜힘은 어떤 물리적인 힘과 전혀 같을 필요가 없다. 예를 들어 0일 수도 있다.) 제2법칙과 (7.9)의 알짜힘으로 다음을 얻는다.

$$\mathbf{a} = \frac{\mathbf{F}_{\text{net}}}{m} = \mu g \text{ 오른쪽.} \tag{7.10}$$

μ와 g는 상수이므로, 가속도도 상수이다. 이 때문에 (7.6)에서 $\mathbf{a}_{\text{avg}}$와 $\mathbf{a}$를 같게 놓을 수 있다. 흥미 있게도 알짜힘과는 달리 가속도는 m에 의존하지 않는다. 더 질량이 큰 토막이 더 큰 운동마찰력을 받아도 큰 질량 때문에 가속되거나 감속되기 더 어렵다. 운동이 질량과 무관한 것은 힘이 중력과 비례할 때는 언제나 그렇고, 가장 간단한 예가 자유 중력운동(자유낙하)에서 7.1.1절의 돌이다. 이와 같은 상황에서 모든 힘과 알짜힘은 m에 비례하고, 제2법칙에 $1/m$의 인자가 있으므로 가속도에서는 나누어진다.

▶ 토막의 정지시간은 얼마인가?

(연습문제 7.3의 주제인) 위로 쏘아올린 돌과 같이 토막의 속력은 꾸준히 감소한다. 감소비율은 $a = \mu g$이다. 토막의 처음 속력은 v_0이다. 따라서 (속력이 0이 되는 시간인) 정지시간 Δt는 다음과 같이 주어진다.

$$\Delta t = \frac{\text{처음 속력}}{\text{속력감소비율}} = \frac{v_0}{\mu g}. \tag{7.11}$$

▶ 토막의 평균속력은 얼마인가?

$\mathbf{a}$가 상수이므로 토막의 속력은 시간에 대해 꾸준히 (즉 일정한 비율로) 감소해서 v_0에서 0이 된다. 따라서 평균속력은 반의 속력이다.

$$v_{\text{avg}} = \frac{1}{2} v_0. \tag{7.12}$$

(속력이 일정하게 변하는 것을 추론하기 위해 일정한 $\mathbf{a}$를 사용하는 논의는 일차원 운동에서만 성립하고, 그 때도 물체가 운동 방향을 바꾸지 않을 때만 성립한다. 연습문제 7.5를 참조하여라. 속력이 일정하게 변하는 필요충분조건은 물체 속도 $\mathbf{a}_{\parallel}$방향의 성분 $a_{\parallel}$이 일정해야 한다. 6.63절에서 요약한대로(항목5) $a_{\parallel}$은 속력의 변화율인 dv/dt이다.

▶ 토막의 정지거리는 얼마인가?

정지거리 d는 토막의 평균속력에 정지시간을 곱한 양이다.

$$d = v_{avg}\Delta t. \tag{7.13}$$

(7.12)로부터 $v_{avg} = v_0/2$이다. (7.11)에서 정지시간 Δt를 이용하면 다음을 얻는다.

$$d = \frac{v_0}{2} \times \frac{v_0}{\mu g} = \frac{1}{2}\frac{v_0^2}{\mu g}. \tag{7.14}$$

▶ 앞의 양에 대한 대략적이고 합리적인 추정값은 얼마인가?

얼음 토막을 빠른 주자의 속력인 속력 $v_0 = 10$ m/s로 찼다고 하자. 매끄러운 얼음 위에서 미끄러지는 매끄러운 얼음에 대해 운동마찰계수 μ는 대략 0.02이다. 그러면 (7.11)로부터 토막의 정지시간은 대략 50 초이다.

$$\Delta t = \frac{v_0}{\mu g} \approx \frac{10\,\mathrm{m\,s^{-1}}}{0.02 \times 10\,\mathrm{m\,s^{-2}}} = 50\,\mathrm{s}. \tag{7.15}$$

(7.12)로부터 평균속력은 5 m/s이다.

$$v_{avg} = \frac{1}{2}v_0 = 5\,\mathrm{m\,s^{-1}}. \tag{7.16}$$

(7.14)로부터 정지거리는 250미터이다.

$$d = \underbrace{5\,\mathrm{m\,s^{-1}}}_{v_{avg}} \times \underbrace{50\,\mathrm{s}}_{\Delta t} = 250\,\mathrm{m}. \tag{7.17}$$

토막은 1킬로미터의 1/4을 간 후 정지한다!

토막의 질량이 가속도에 영향을 주지 않으므로 질량은 정지거리나 정지시간에도 영향을 주지 않는다. 정지거리와 시간에 영향을 주는 유일한 변수는 지구 위의 모든 물체에 대해 같은 중력 상수 g, (물질의 성질에 의존하는) 운동마찰계수 μ와 처음 속력 v_0이다. 따라서 얼음 위에서 미끄러지는 자동차도 정지거리가 거의 비슷할 수 있다. 비록 얼음 위에서 미끄러지는 타이어 고무는 얼음 위에서 미끄러지는 얼음보다 μ가 커서, (7.14)에서 보듯이 얼음 토막과 비교할 때 정지거리가 줄어들지만, 자동차의 처음 속력 v_0는 더 커서 정지거리를 증가시킬 것이다. 그러므로 추운 날씨에 현명한 운전자는 빙판을 두려워할 것이다. 이것을 검은 얼음이라고 하는데 얼음이 매우 얇아서 도로와 같은 색깔로 구별하기 힘들기 때문이다. 이 위에서 미끄러지기 시작해야 알아챌 수 있으므로 를 줄이기에는 너무 늦었다. 속력은 (얼음이 없는 도로에서) μ가 더 클 때 더 잘 줄일 수 있다.

7.1.3 가속하는 자전거

일차원 운동에 대한 다음 예제는 가속하는 자전거이다. 수식의 형태로 보면 발로 찬 후 감속하는 얼음 토막과 비슷하다. (7.1.2절) 그러나 여기에는 능동적인 주체인 사람이 있어서 (우리 대부분에 해당하는) 걱정 없는 사람들에게 개념적인 함정을 더할 수 있다. 함정을 피하는 것을 연습하기 위해 5.4절과 같이 평탄한 길에서 자전거를 타고 있지만, 가속하는 경우를 상상해보자. 이제부터 자전거와 자전거를 탄 사람을 한 개의 합성물체로 고려하여 자전거라고 부를 것이다. 이 자전거는 양의 x 방향, 즉 오른쪽으로 더 빨리 움직인다. 단순하게 하기 위해 공기 저항을 무시하자. 예를 들어 정지 신호에서 기다린 후 (불행하게도 자전거 타는 사람은 거의 이렇게 하지 않는다) 정지 상태에서 시작할 때 이 단순화는 적절하다.

목표는 자전거에 작용하는 힘과 자전거의 가속도를 연결시키는 상황에 대한 Newton식 설명이다. 이러한 설명의 첫 번째이자 중요한 단계는 자유물체그림이다.

▶ 자전거의 자유물체그림은 무엇인가?

자유물체그림을 그릴 때 먼저 물체의 속도와 가속도, 특히 그 방향에 대해 알고 있는 것을 그린다. 속도를 알면 운동마찰력과 공기마찰력의 방향을 아는 데 도움이 된다. 여기서 속도는 오른쪽으로 향한다. 제2법칙의 도움을 받으면 가속도를 이용해 올바른 알짜힘을 얻을 수 있다. 여기서 가속도 또한 오른쪽으로 향한다. 따라서 알짜힘은 오른쪽으로 향한다.

이렇게 준비하고 (합이 알짜힘인) 각각의 힘을 살펴보자. 이 힘은 자전거의 상호작용에서 일어난다. 미끄러지는 얼음 토막과 같다. (7.1.2절) 자전거는 지면과 짧은 영역(전자기적) 상호작용을 하고, 지구와 긴 영역(중력) 상호작용을 한다. 따라서 자전거는 접촉힘 $\mathbf{F}_{\text{contact}}$와 중력 $\mathbf{F}_{\text{g}}$인 두 힘을 받는다. (그림 7.3a)

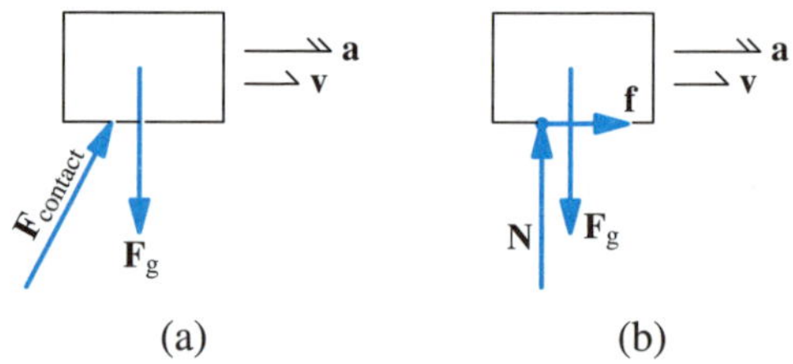

그림 7.3 가속하는 자전거의 자유물체그림. (a) 기본원리로부터 만든 그림. 자전거는 두 상호작용만 하므로 중력과 지면과의 접촉힘인 두 힘만을 받는다. (b) 접촉힘을 수직성분(수직항력 **N**)과 수평성분(마찰력 **f**)로 분해한 같은 그림

$\mathbf{F}_{\text{contact}}$의 수직성분은 수직항력 **N**이다. (그림 7.3b) 수평성분은 마찰력 **f**이다. 이렇게 $\mathbf{F}_{\text{contact}}$을 분리하면 제2법칙 (4.6)에 의하면 다음을 얻는다.

$$\frac{1}{m}\underbrace{(\mathbf{N}+\mathbf{f}+\mathbf{F}_{\text{g}})}_{\mathbf{F}_{\text{net}}} \to \mathbf{a}. \tag{7.18}$$

벡터식으로 쓰면

$$\mathbf{N}+\mathbf{f}+\mathbf{F}_{\text{g}} = m\mathbf{a} \tag{7.19}$$

이다. 여기서 **N**과 $\mathbf{F}_{\text{g}}$는 수직이고, **f**와 **a**는 수평이다. 기하학적으로 보면 **N**과 $\mathbf{F}_{\text{g}}$는 **f**나 **a**의 도움 없이 균형을 이루어야 한다(더해서 0이 되어야 한다). 따라서 다음을 얻는다.

$$\mathbf{N} = -\mathbf{F}_{\text{g}} = mg \text{ 위쪽.} \tag{7.20}$$

이렇게 단순화시키면 벡터식 (7.19)는 다음과 같다.

$$\mathbf{f} = m\mathbf{a} = ma \text{ 오른쪽.} \tag{7.21}$$

따라서 이 상황에 대한 Newton식 설명은 자전거가 앞으로 향하는 힘인 마찰에 의해 앞으로 가속된다. 그러나 의아한 점이 있다.

◀ 힘의 분석에서 자전거를 탄 사람이 능동적으로 자전거 자체에 작용하는 힘을, 따라서 결합된 계에서 힘을 무시하지 않았는가?

이 힘을 불러일으키는 것이 이 단순하게 보이는 문제에서 나타나는 많은 개념의 함정 중 첫 번째이다. 여기서 사람의 노력 없이 자전거는 그냥 거기에 서있을 것이라고(혹은 쓰러질 것이라고) 생각하기 때문이다. 따라서 사람이 어떻게든 자전거를 가속해야 한다. 그리고 지금까지 지겹게 말했듯이 가속도는 힘에 의해 생긴다. 따라서 삼각형 문제를 다시 말하면 다음과 같다. 자전거의 가속도는 자전거를 탄 사람이 가한 힘에 의해 생긴 것이 아닌가?

이 논의의 결점은 사람이 어떤 힘이든 자전거에 가하면(여기서는 사람과 자전거를 두 개의 분리된 물체로 생각한다), 자전거는 제3법칙에 의해 크기가 같고 반대인 힘을 가한다. 따라서 이 한 상호작용의 두 면인 이 두 힘은 사람과 자전거로 이루어진 합성물체에 작용하는 알짜힘을 계산할 때 상쇄된다. 그리고 알짜힘이 합성물체의 가속도를 결정한다. (이 중요한 점은 7.2절에서 합성물체에 대해 더 논의할 것이다.) 따라서 합성물체의 자유물체그림은 사람으로부터의 힘이 있지 말아야 한다. 오히려 (7.21)에 기호로 썼듯이 합성물체는 도로가 작용하는 마찰력에 의해 가속된다.

한편 앞으로 향하는 다른 힘이 사람과 자전거 사이의 상호작용에서 나타난다. 그러나 이것은 자전거 자체가 사람에게 작용하는 마찰력이다. 이것은 사람이 갖는 앞 방향의 가속도를 설명하고, 일으키는 힘이다. 그러므로 Newton의 제3법칙으로부터 사람은 자전거에 뒤로 향하는 마찰력을 작용한다. 사람은 자전거 자체를 뒤로 가속시키려고 한다! 그러면 자전거 자체는 어떻게 앞으로 가속될까? 길에서 작용하는 앞으로 향하는 마찰력이 사람으로부터 나오는 뒤로 향하는 마찰력보다 커서 이를 극복한다. (그림 7.4)

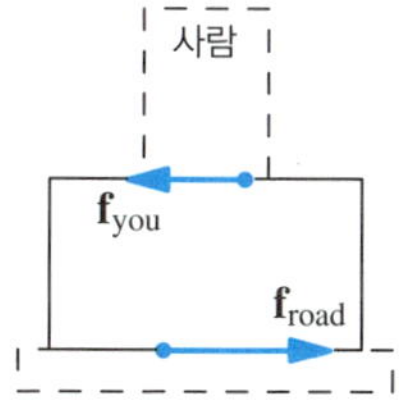

그림 7.4 자전거 자체에 작용하는 마찰력. (이 힘은 각각의 접촉힘의 수평성분이다.) 사람은 자전거를 뒤로 밀고($\mathbf{f}_{you}$) 한편 길은 자전거를 앞으로 민다($\mathbf{f}_{road}$). 길의 마찰력이 더 세서 자전거는 앞으로 가속된다.

◀ 길 때문에 생기는 마찰력은 정지마찰력인가, 운동마찰력인가?

이는 타이어가 미끄러지는지 보아야 한다. 보통의 경우 타이어는 미끄러지지 않는다. 그러면 고무가 길과 접촉하는 접촉점에서 (그림 5.11에서 점 C) 5.4절의 가속하지 않는 자전거와 마찬가지로 고무는 지면에 대해 움직이지 않는다. 고무는 바퀴 중심에 대해 움직이지 않는다. 고무는 지면에 대해 바퀴 중심이 앞으로 움직이는 것과 균형을 이루고 상쇄되기 충분한 뒤로 향하는 속력을 갖는다. 따라서 (5.9)의 표현을 사용하면 $\mathbf{v}_{C/hub} = 0$이므로, 마찰력은 정지마찰력이다. (이 점을 알지 못하면 두 번째 개념의 함정에 빠진다.)

드문 경우에는 페달을 매우 세게 밟으면 고무가 탄다. 타이어 밑면은 바퀴 중심이 지면에 대해 움직이는 것에 비해 바퀴 중심에 대해 더 빨리 움직인다.

$$v_{C/hub} > v_{hub/ground}. \tag{7.22}$$

두 상대속도가 경합하고, (7.22)에 의하면 승자는 뒤로 향하는 $\mathbf{v}_{C/hub}$이다. 그래서 타이어 밑면은 지면에 대해 뒤로 움직인다.

$$\underbrace{\mathbf{v}_{C/hub} + \mathbf{v}_{hub/ground}}_{\mathbf{v}_{C/ground}} \text{ 뒤로}. \tag{7.23}$$

타이어와 지면은 서로에 대해 움직이므로 마찰은 운동마찰이다. 운동마찰은 표면의 상대운동을 방해하므로, 타이어에 작용하는 운동마찰은 앞으로 향한다. (뒤로 향하는 대응되는 힘은 지면에 작용하는 운동마찰력이고, 땅은 질량이 너무 커서 이 힘은 거의 어떤 가속도도 일으키지 않기 때문에 잊어버리기 쉽다.)

◀ (타는 고무의 경우와 같이) 운동마찰력이 작용할 때 그 방향은 지면과 타이어의 상대운동에 의해 결정된다. 그러나 정지마찰력인 보통 경우에는 마찰력의 방향을 어떻게 결정하는가?

페달을 밟아 한쪽으로 밀기 때문에 대칭성이 깨어진다. 법을 준수하는 사람이 가속을 시작하기 직전에 정지 신호에서 정지했다고 하자. 앞으로 가려면 체인을 돌리고, 이 체인이 (뒷)바퀴를 회전시키도록 페달을 밟아 앞으로 간다. 바퀴가 회전하면 바퀴 중심과 전체 자전거가 조금이라도 앞으로 움직이면 접촉점에서 고무는 위로 가려고 한다. 꿈쩍하지 않는 땅에 대해 눌리므로 고무는 움직일 수 없다. 그

대신 땅과 마찬가지로 압축된다. (아주 조금 압축되므로 쉽게 볼 수는 없다.) 이 새로운 수평 압축(새로운 변형)은 타이어와 지면에 존재하는 수직 압축과 결합되어 용수철 혹은 접촉힘을 변화시킨다. (그림 7.5)

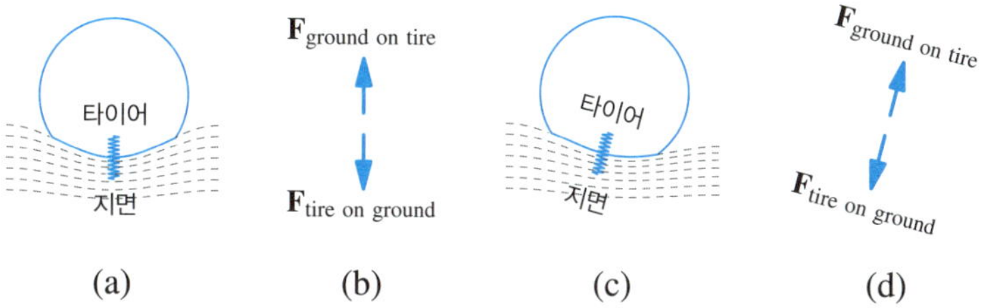

그림 7.5 페달을 밟는 것이 타이어-지면의 용수철 상호작용을 변화시키는 과정. (a) 페달을 밟기 전에 타이어-지면 압축은 수직이다. (b) 이 상호작용은 두 수직힘으로 이루어져 있다. (c) (오른쪽으로 움직이기 위해) 페달을 밟기 시작한 후, 하지만 바퀴 중심이 움직이기 전에 타이어는 시계방향으로 회전하여 타이어-지면의 용수철이 기울어진다. (d) 그 결과로 두 개의 기울어진 용수철(접촉)힘이 생긴다. $\mathbf{F}_{\text{ground on tire}}$의 수평성분은 자전거를 앞으로 가게 하는 정지마찰력이다.

이러한 변화가 생기기 전에 (즉 정지 신호에서 기다릴 때) 상호작용은 (1) 타이어에 순전히 위로 작용하는 접촉힘과 (2) 그에 대응하는 지면에 작용하는 순전히 아래로 향하는 접촉힘에 기여한다. (그림 7.5b) 개념적으로 간단하게 하기 위해 여기서 자전거의 타이어가 한 개만 있다고 생각하겠다.

변화가 일어난 후(즉 페달을 밟고 난 후) 이 두 접촉힘은 기울어진다. (그림 7.5d) 타이어에 작용하는 힘은 앞으로 기울어진다. 지면에 작용하는 힘은 항상 크기가 같고, 반대방향이므로 뒤로 기울어진다. 이 새로운, 앞으로 향하는 성분 $\mathbf{F}_{\text{ground on tire}}$은 정지마찰력 **f**이다.

마찬가지로, 약간 위험하지만 새로운 수평성분을 새로운 수평 타이어-지면의 상호작용을 만드는 것으로 생각할 수 있다. (이 생각은 약간 위험하다. 왜냐하면 비록 그림 7.5c에 나타낸 것처럼 실제로는 하나의 기울어진 상호작용만 있어도, 하나는 수직이고, 하나는 수평인 두 개의 타이어-지면 상호작용이 각각의 타이어에 작용한다는 것을 암시하기 때문이다.) 그래도 이 생각은 유용한데, 왜냐하면 이것은 접촉힘을 수직성분과 평행(혹은 마찰) 성분으로 분해하는 것에 해당하기 때문이다. 이 새로운 수평 상호작용은 두 새로운 힘에 기여한다. (1) 지면에 작용하는 뒤로 향하는 힘 (2) 대응되는 힘인 타이어에 작용하는 앞으로 향하는 힘. 이 앞으로 향하는 힘이 정지마찰력 **f**이다. 이것은 지면의 압축된 물질이 임의의 용수철과 같이 무례하게 뒤로 움직이려고 하는 나쁜 타이어를 앞으로 밀어서, 물질이 다시 펴지려고 대항하는 성질을 나타낸다.

고무와 지면이 더 압축되면 수평의 용수철 상호작용과, 이로 인해 나타나는 정지마찰력은 강해져서 저전거의 가속도를 증가시킨다. 원하는 만큼 가속도가 생길 때 무의식적으로 페달 밟는 것을 조절하여 압축을 이 값으로 유지하려고 한다.

◀ 페달을 밟는 사람이 없은 물체가 가속하는 자동차이거나 기차라면, 어떤 과정이 대칭성을 깨고 정지마찰력의 방향을 결정하는가?

이 질문이 능동적인 주체는 생명체여야 한다는 세 번째 개념의 함정을 만든다. 자동차나 기차에서는 엔진이 능동적 주체이고, 엔진이 바퀴를 돌리려고 하는 방향에 의해 대칭성이 깨진다. 간접적으로는 이 방향은 자동차를 전진 기어나 후진 기어를 바꾸는 생물체인 운전기사에 의해 결정된다. 그러나 엔진은 직접 자동차의 가속도를 일으키지 않는다. 엔진은 자동차의 일부이므로 자동차와 상호작용하는 부분일 수 없다. 따라서 어떤 "엔진으로부터의 힘"도 자동차에 대한 자유물체그림에 나타나지 말아야 한다. 오히려 자동차의 앞으로 향하는 가속도는 자동차–지면의 접촉 상호작용을 통해 지면에 의해 일어난다. (이 점은 7.2절과 7.3.2절에서 자세히 다룬다.)

7.1.4 마찰 없는 비탈에서 미끄러져 내려오기

가속도가 없는 또 하나의 분석을 일반화하기 위해, 정지마찰력이 중력의 수평성분과 균형을 이루어 한 곳에 있을 수 있어서, 언덕에 평화롭게 서있는 한가한 시간으로 돌아가자. (5.2절) 이제 한 장난꾸러기가 윤활유를 언덕에 발라, 모든 정지마찰과 운동마찰이 사라졌다. 이제 사람은 언덕 아래로 가속된다.

▶ 사람에 작용하는 힘은 무엇이고, 이 때문에 생기는 가속도의 크기는 얼마인가?

윤활유 때문에 사람에 작용하는 힘은 단지 중력과 접촉힘만 있다는 상호작용 분석에 대한 기본적인 결론이 변하지는 않는다. 정지마찰이 사라졌고, 정지마찰은 접촉힘의 수평성분이므로 접촉힘은 언덕에 수직이어야만 하고, 일단 미끄러지더라도 운동마찰력도 0이므로 이것은 성립한다. 이제 수직인 힘을 수직항력이라고 부른다.

더구나 언덕을 따라서만 움직이므로 (그리고 언덕은 직선이다) 언덕에 수직 방향의 가속도($\mathbf{a}_\perp$)는 0이어야 한다. (이 논의에 대해 더 깊게 생각해보려면 연습문제 7.8을 풀어보아라.) 따라서 알짜힘은 수직성분을 가질 수 없다. 그러므로 수직항력은 유일한 다른 힘인 중력의 수직성분과 균형을 이루어야 한다. (그림 7.6) 그러면 알짜힘은 중력의 평행성분인 $\mathbf{F}^g_\parallel$이다. 이 논의를 더 간결하게 표현해보자. (각각 두 성분으로 분리된 두 힘의) 네 가능한 성분 중 한 성분($\mathbf{f}$)은 사라지고, 두 성분($\mathbf{N}$과 $\mathbf{F}^g_\perp$)은 균형을 이루고, 단지 한 성분($\mathbf{F}^g_\parallel$)만 남아 작용한다.

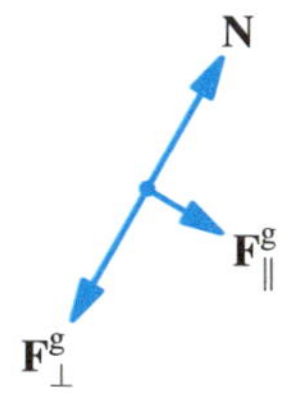

그림 7.6 중력 $\mathbf{F}_g$를 평행성분 $\mathbf{F}^g_\parallel$와 수직성분 $\mathbf{F}^g_\perp$로 분해한 후 사람에 작용하는 힘. 직선(여기서는 언덕 아래로)으로 움직이므로 비탈에 수직인 가속도는 0이다. 따라서 $\mathbf{F}^g_\perp$는 $\mathbf{N}$과 균형을 이루므로, $\mathbf{F}_{\text{net}} = \mathbf{F}^g_\parallel$이다.

이 성분의 크기는 mg sin θ이다. (이것은 윤활유를 바르지 않은 언덕에 서있을 때와 같다.) 따라서 (a에 대한) 삼각형 질문에 대답하면 다음과 같다.

$$\mathbf{a} = \frac{\overbrace{mg\sin\theta \text{ 언덕 아래}}^{\mathbf{F}_{\text{net}}}}{m} = \underbrace{g\sin\theta}_{a} \text{ 언덕 아래.} \tag{7.24}$$

사람은 마치 자유 중력운동(자유낙하) 하듯이 가속되지만, 보통의 자유낙하 가속도의 크기 g에 sin θ를 곱한다

g에 1보다 작은 조절할 수 있는 계수를 곱하는 것이 물리학이 발전할 때 유명한 주제이다. 중력의 강한 효과를 줄여서 측정할 수 있게 하기 위해 George Atwood가 (5.6.3절에서 도입한) 그의 기계를 만들기 전에 Galileo는 비탈을 따라 공을 굴렸다. 비탈에서 가속도는 g에 (7.24)에서 방금 계산한 sin θ를 곱하면 된다. 그리고 (마찰이 없이 미끄러지는 것과 비교하여) 굴러가는 것 자체는 g에 5/7의 계수

를 더 곱해야 한다. 이 계수는 Galileo의 자료에 나타나 있고 (8.2절에서 간단하게 보게 될 개념인) 토크를 이용하여 계산할 수 있다.

가속도를 줄여 Galileo는 운동을 조심스럽게 연구하고, 가속도가 무엇을 의미하는지 설명할 수 있었다. (6.41)에 주어진 답인 **a**는 시간에 대해 속도가 변하는 비율이라는 것은 현재 명백하게 들릴 수 있다. 그러나 Galileo는 처음에 이 기본적인 질문을 인식하고, 대답하려고 하였다. 예를 들어 (그리스의 운동에 대한 모순을 만든) 속도란 무엇인가? 변화율이란 도대체 무엇인가? 예를 들어 이것은 거리에 대해, 혹은 시간에 대해 측정하는가? 따라서 (6.41)이 명백하다면 우리는 Galileo의 연구와 Newton의 미적분학의 발명에서 큰 은혜를 입은 것이다.

7.1.5 진자 가속도측정기

비행기를 탈 때 이륙에 필요한 일률을 추정하기 위해 비행기의 이륙속력(비행기가 활주로를 떠날 때의 속력)을 추정한다. 그러기 위해서 활주로에 있을 때 비행기의 가속도를 측정한다. 열쇠고리를 줄에 매달고, 열쇠고리가 아래로 달랑거리게 한다. 비행기가 가속되는 동안(의자에 눌린다고 느끼는 동안) 줄은 (예를 들어 창문 모서리 같은) 수직선과 0이 아닌 각도 θ를 이룬다. 여러 번 비행한 경험에 의하면 이 손으로 만든 진자 가속도측정기(그림 7.7a)에서 θ는 대략 10도이다.

▶ 비행기의 가속도 크기는 얼마인가?

Newton 역학의 대부분의 문제처럼 자유물체그림으로 관련된 정보와 생각을 모은다. 진자의 추(열쇠고리)는 줄과 지구와 상호작용한다. 따라서 두 힘이 진자에 작용한다. 줄과의 접촉힘과 지구의 중력이다. (그림 7.7b)

중력 $\mathbf{F}_\mathrm{g}$의 크기는 mg이고, 아래로 향한다. 간단히

$$\mathbf{F}_\mathrm{g} = m\mathbf{g} \tag{7.25}$$

로 쓰고, **g**의 크기는 (중력가속도) g이며 아래로 향한다. 접촉힘 $\mathbf{F}_\mathrm{contact}$는 줄을 따라 손의 방향을 향한다. 따라서 그 방향은 알지만, (모르는 줄의 장력인) 크기는 알지 못한다.

◀ 왜 이 자유물체그림은 감속하는 얼음토막(7.1.2절)과 가속하는 자전거(7.1.3절)의 자유그림과 비슷한가?

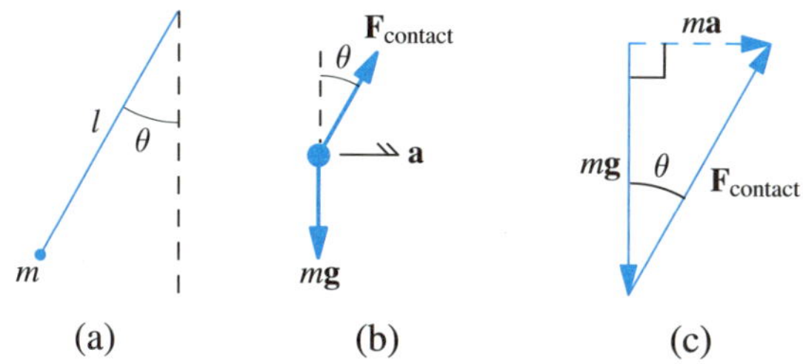

그림 7.7 진자 가속도측정기의 Newton식 분석. (a) 진자 가속도측정기. (b) 두 힘을 받는 추의 자유물체그림. (c) 알짜힘을 구하기 위해 이 힘을 머리와 꼬리를 이어 더하고, 이것이 $m\mathbf{a}$이다.

이 모든 세 상황에서 물체는 중력과 접촉힘의 두 개의 같은 힘을 받고, 오른쪽으로 가속된다. 그리고 모든 세 경우에서 접촉힘은 두 가지 같은 기능을 한다. 그 수직성분은 중력과 균형을 이룬다. 마찰력인 수평성분은 오른쪽으로 가속도를 만든다. 따라서 수직성분과 수평성분을 더한 접촉힘은 모든 세 경우 위쪽, 그리고 오른쪽을 향한다.

한편 속도의 방향에서는 상황이 달라진다. (얼음 토막에서는 가속도와 반대이지만, 자전거와 진자추의 경우에는 같은 방향이다.) 그리고 엔진의 유무이다. (얼음 토막과 추에는 없고, 자전거의 경우에는 사람이다.) Newton의 법칙과 자유물체그림으로 이러한 표면적인 차이 밑에 있는 깊은 유사성을 볼 수 있다.

▶ 미지수에 대해 풀 수 있는 충분한 수의 식이 있는가?

미지수는 두 개로 접촉힘의 크기와 가속도의 크기이다. 그러나 식의 갯수는 추에 작용하는 알짜힘과 가속도 사이의 관계를 주는 Newton의 제2법칙 하나만 있는 것처럼 보인다. 다행히 이 법칙은 벡터식이므로 크기와 방향에 대한 식이 포함된다. 그리고 (2차원에서) 방향을 지정하면 예를 들어 각도와 같은 한 개의 수가 필요하다. 따라서 제2법칙의 방향에 대한 식이 두 번째 식이 된다. (3차원에서는 방향을 지정하려면 두 개의 각도가 필요하므로 제2법칙의 방향에 대한 식은 두 개의 식이 된다.) 두 개의 미지수와 두 개의 식이 있으면 문제의 답은 유일하다.

이렇게 확인한 후 대담해졌으면 답을 구해보자. 제2법칙 (4.6)으로부터 다음을 얻는다.

$$\underbrace{m\mathbf{g} + \mathbf{F}_{\text{contact}}}_{\mathbf{F}_{\text{net}}} = m\mathbf{a}. \tag{7.26}$$

따라서 벡터합을 구하기 위해 머리와 꼬리를 이어 그린 $m\mathbf{g}$와 $\mathbf{F}_{\text{contact}}$는 $m\mathbf{a}$가 된다. (그림 7.7c) 그림으로 보면 세 벡터 $\mathbf{F}_{\text{contact}}$, $m\mathbf{g}$와 $m\mathbf{a}$는 삼각형을 이룬다. $m\mathbf{g}$와 $m\mathbf{a}$는 수직이므로, 삼각형은 직각삼각형이다. 빗변은 접촉힘이고, 다른 변은 중력 $m\mathbf{g}$와 가속도 $m\mathbf{a}$이다. 탄젠트의 정의를 사용하면 a/g를 얻는다.

$$\tan\theta \equiv \frac{\text{반대 변}}{\text{이웃한 변}} = \frac{ma}{mg} = \frac{a}{g}. \tag{7.27}$$

$\theta \approx 10°$이면, $\tan\theta$와 a/g는 약 0.2이다. 따라서 (비행기 가속도의 크기에 대한) 삼각형 질문에 대한 답은

$$a \approx 2\,\text{m}\,\text{s}^{-2} \tag{7.28}$$

이다. 필자가 비행기를 탔을 때 이 측정을 했는데 보일 747 비행기는 40초 동안 이 가속도로 가속하였다. 따라서 이륙속력은 대략 80 m/s(시속 300 킬로미터, 혹은 180 마일)이다. (활주로에서 이 비행기가 얼마나 이동했는지 추정하려면 연습문제 7.2를 풀어보아라.)

7.1.6 수동적 힘이 스스로 조절하는 방법

많은 접촉힘은 수동적 힘이거나 수동적 힘을 포함한다. 예를 들어 가속하는 자전거에 작용하는 접촉힘(7.1.3절), 혹은 진자 가속도측정기에서 열쇠고리에 작용하는 장력(7.1.5절)이다. 1.2.2절에서 배웠듯이 수동적 힘은 능동적 힘에 대응하여 스스로 조절한다. 그러나 수동적 힘이 어떻게 스스로 조절하는가? 올바른 값은 어떻게 알고 있나?

가장 친숙한 수동적 힘은 지면에 서있을 때 나타나는 수직항력이다. (5.1절) 조절작용을 쉽게 볼 수 있는 비슷한 예제는 질량 m인 물렁물렁한 공이 고무 테이블에 있을 때 작용하는 수직항력이다. 제2법칙에 의하면 $\mathbf{N}$은 중력과 균형을 이루어

야 하므로 이다. 그러나 수직항력이 어떻게 $N = mg$이 크기를 알까?

0이 아닌 가속도에 대한 제2법칙을 연습했으므로, 천천히 움직이게 하여 이 신비로운 조절과정을 살펴보아서 제2법칙을 사용할 수 있다. 먼저 테이블 바로 위에서 공을 쥐고 있다고 상상하자. 천천히 공을 낮추어서 테이블에 바로 닿아서 수직항력이 0이 되게 한다.

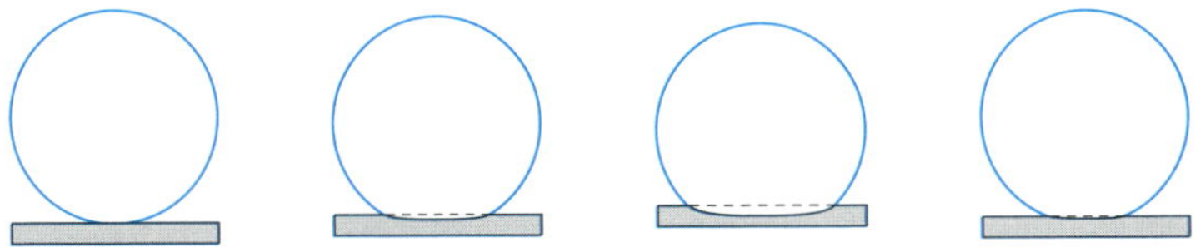

그림 7.8 수직항력을 조절하는 고무공. (a) 놓은 직후 테이블에 겨우 닿을 정도의 공($N = 0$). (b) 떨어지면서 충분히 눌려서 접촉힘과 중력이 균형을 이루는 공($N = mg$). (c) 최대로 압축되고 속도가 0인 공($N > mg$). (d) 압축이 최소이고 속도가 0인 새로운 위치의 공($0 < N < mg$).

이제 공을 놓자. (그림 7.8a) 손에서 가한 힘이 없고, (아직은!) 수직항력도 없어서 공에 작용하는 유일한 힘은 아래로 향하는 중력 mg이다. 공이 아래로 향하는 가속도 g를 갖게 하는 이 힘으로 공이 움직인다. 그 다음 공의 운동은 용수철 운동의 네 가지 단계로 나눌 수 있다. 평형에 접근하고(단계 1), 더 많이 지나가서 평형상태에서 벗어나며 떨어지고(단계 2), 평형으로 돌아오고(단계 3), 그리고 다시 평형상태에서 벗어나 올라온다(단계 4).

1. **평형위치에 접근하기.** 공은 균형을 이루지 않은 중력 때문에 가속되면, 더 빨리 떨어진다. 그러나 테이블이 막고 있다. 공이 움직일 여지를 주기 위해 공과 테이블은 압축되어 세기가 증가하는 접촉 상호작용을 만든다. 따라서 이 상호작용의 한 면인 공에 작용하는 수직항력은 크기가 증가한다. 최종적으로 N이 mg에 도달한다. 이 평형점에서 (그림 7.8b) 공에 작용하는 알짜힘, 따라서 가속도는 0이다. 그러나 공은 여전히 떨어지고 있다.
2. **평형위치에서 더 가면서 떨어지기.** 떨어지는 공에 대한 여지를 주기 위해 공과 테이블은 더 압축되어 N이 증가한다. 이제 mg보다 N이 크므로 공에 작용하는 알짜힘과 가속도는 위로 향하지만, 공은 여전히 떨어지고 있다. 위로 향하는

알짜힘 때문에 공이 느려진다(감속한다). 결국 공은 정지한다. 공은 최저점에 도달했다. 이 점에서 압축이 최대이고 N이 최대이다. (그림 7.8c)

3. **평형으로 돌아가기.** 위로 향하는 알짜힘(여전히 $N > mg$이므로 위로 향한다)은 공을 위로 가속시킨다. 더 빨리 올라가므로, 공과 테이블의 압축이 줄어들어 N이 줄어든다. 결국 공은 $N = mg$인 곳에서 다시 평형점에 도달해서 알짜힘은 0이 된다. 따라서 공의 가속도는 다시 0이 되고, 최대속력으로 올라간다.
4. **평형위치에서 더 가면서 올라가기.** 공은 평형위치에서 더 가서, 공과 테이블의 압축을 줄이고, N을 mg 아래로 줄인다. 이제 알짜힘과 가속도는 (공의 속도와는 반대인) 아래로 향한다. 결국 아래로 향하는 알짜힘은 공을 감속시켜 정지시킨다. (그림 7.8d) 공은 최고점에 도달한다.

한 주기를 구성하는 이 4단계 순환과정은 반복된다. 압축과 펴짐이 완벽해서 어떤 운동에너지도 열이나 소리로 전환시키지 않는다면, 이 순환과정은 진폭이 고정된 채 계속 반복된다. 실제로는 이 과정은 불완전하다. 고무는 따뜻해진다. 즉 운동에너지 일부는 열에너지로 바뀐다. 혹은 고무의 진동은 소리를 만드는데 이것은 운동에너지 일부가 음파로 변환되어 새어나간다는 뜻이다. 따라서 진동진폭은 줄어들고 압축과 수직항력은 평형값인 $N = mg$로 수렴한다.

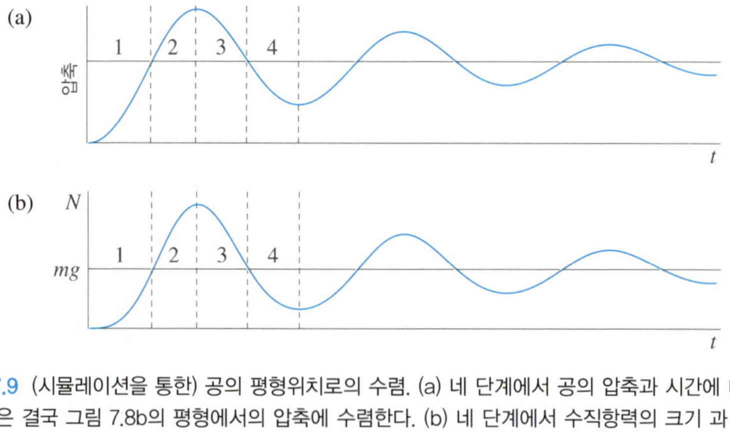

그림 7.9 (시뮬레이션을 통한) 공의 평형위치로의 수렴. (a) 네 단계에서 공의 압축과 시간에 대한 그림. 공은 결국 그림 7.8b의 평형에서의 압축에 수렴한다. (b) 네 단계에서 수직항력의 크기 과 시간에 대한 그림. 공은 결국 $N = mg$인 평형값에 수렴한다.

공과 테이블의 아날로그 컴퓨터는 올바른 수동적 힘을 계산하였다! 이러한 그림을 머리 속에 넣고 다시 물렁물렁한 공을 물렁물렁한 테이블 위에 놓는 것을 상상하자. 테이블이나 공이 충분히 물렁물렁하다면 처음 진동은 (예를 들어 수 밀리미터 정도로) 충분히 크고, 주기가 (수 백 밀리초 정도로) 충분히 길어서 볼 수 있다고 상상해보자. 나무 테이블 위에 놓인 유리구슬과 같이 딱딱한 물체에서 진동은 너무 작고 관측하기에 너무 빠르지만 N을 결정하는 과정은 같다. 물체와 테이블의 압축과, 이로 인한 N은 각각의 평형값 주위로 진동한다. (그림 7.9) 에너지가 계를 떠나면서 이 진동은 줄어들고, 압축은 평형값으로 수렴하여, N이 바로 mg가 되어 (능동적 힘인) 중력과 균형을 이룬다.

어떻게 수동적 힘이 스스로 조절하는지 보여주는 이 느린 운동은 알짜힘에서 상쇄될 때 균형을 이루는 두 힘과, 한 상호작용의 양면일 때 크기가 같고, 방향이 반대인 두 힘의 차이도 보여준다. 제2법칙에서 다루는 균형을 이루는 힘은 처음에는 균형을 이루지 않고, 압축이 스스로 조절하면서 균형을 이룬다. 제3법칙에서 다루는 같고 반대인 힘은 적어도 Newton 역학에서는 순간적으로 항상 같고, 반대이다. (순간적인 조절은 8.3절에서 배울 Newton역학의 후예인 특수상대론에 위배된다.)

7.1.7 튀는 공에 작용하는 힘

언덕에 서있는 사람(5.2절), 썰매가 일정한 속력으로 비탈 아래로 내려가는 것(5.5절) 혹은 마찰 없는 비탈 아래로 가속하는 것(7.1.4절)을 분석한 후 질량 m인 물체는 크기 $N = mg\cos\theta$라고 (θ는 비탈의 경사각도) 추측할 것이다.

이 그럴듯하고, 일리 있는 추측에 대한 간단한 시험은 탁자 위에 서있는 책에 적용하는 것이다. 탁자는 $\theta = 0$이고 $\cos 0 = 1$인 비탈이므로, 추측은 올바르게 $N = mg$라고 예측한다. 많은 예제에서 이 추측이 맞으므로, 이 추측은 맞는 것임에 틀림없다!

과연 그런가? 위대한 수학 교사 George Pólya가 말하기를[17] 추측을 증명(혹은 반대)하지 않으려는 것은 야만인의 증거라고 하였다. 야만인이라고 불리는 것을 피하기 위해 $N = mg\cos\theta$라는 추측에 대해 더 시험해보도록 하자.

특별히 질량 m인 쇠공이 철로 만든 탁자 1미터 위에서 떨어지는 것을 상상해보자. 탁자와 공은 쇠로 만들어졌으므로 거의 탄성적으로 튕긴다. 공의 대부분의 에너지는 튕긴 후 공으로 돌아오고, 공은 다시 1 미터 정도 튀어오른다. 따라서 에너지 손실은 거의 효과가 없고, 그 대신 힘에 집중할 수 있다. 그리고 그 힘의 개수를 줄이기 위해 공기저항은 잊어버린다.

▶ 탁자와 충돌하기 전에 떨어지는 동안 공에 어떤 힘이 작용하는가?

운동의 첫 번째 단계에서 (그림 7.10a) 공은 공기 이외에 다른 어떤 물체와도 접촉하지 않는다. 그러나 공기저항을 무시했으므로, 공에선 어떤 짧은 영역의 상호작용이 없고, 어떤 짧은 영역의 힘도 받지 않는다. 한편 공은 지구와의 상호작용인 단 한 개의 긴 영역의 상호작용이 있다. 따라서 공은 아래로 향하는 중력 mg인 유일한 긴 영역의 힘을 받는다.

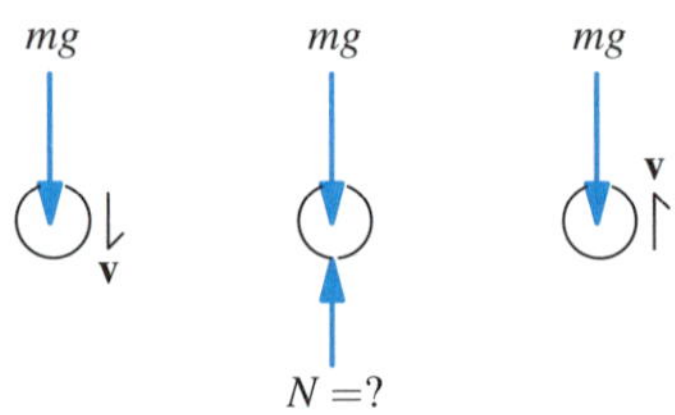

그림 7.10 떨어져서, 튕기고, 올라가는 쇠공의 자유물체그림. (a) 떨어지는 동안. 공은 중력만 작용한다. (b) 튕기는 동안. 공이 순간적으로 정지해 있다. 이제 공에는 중력과 수직항력이 작용한다. (c) 올라가는 동안. 이제 공에는 (a)인 경우와 마찬가지로 올라갈 때라도 아래로 향하는 힘인 중력만 작용한다. $\mathbf{F}_{net} \rightarrow m\mathbf{v}$의 함정에 빠지지 말아라.

▶ 튕기는 동안 정지한 순간 공에 어떤 힘이 작용하는가?

튕기는 동안, 공이 탁자와 접촉할 때 공에는 탁자와의 접촉 상호작용인 새로운 상호작용이 생긴다. 따라서 공에는 보통의 아래로 향하는 중력 mg와 위로 향하는 접촉힘 N이 작용한다. (그림 7.10b) (끌림을 무시하지 않더라도, 이 순간에 끌림은 중요하지 않다. 공은 정지해있으므로, 어떤 공기저항에 의한 힘도 0이다.)

▶ 그 순간 N은 mg에 비하여 얼마나 큰가?

공은 정지해있으므로, 아마도 이 문제는 정역학의 문제일 것이다. (5장) 정역학에서 알짜힘은 0이다. 그러므로 중력과 균형을 이루기 위해 수직항력의 크기는 $N = mg$이다.

▶ "정역학이므로 $N = mg$이다"라는 앞의 논의에는 무엇이 잘못되었는가?

이 논의는 너무 많은 것을 증명하는 것 같다. 공이 위아래로 흔들리면서 더 부드럽게 튀는 경우 N은 결국 스스로 조절하므로(7.1.6절), N이 mg와 같은 때는 거의 없다. 더구나 이 논의는 위험할 정도로 틀린 것같은 느낌이 든다.

왜 그런지 보려면, 먼저 질량 m인 돌을 손 위에 놓자. (손은 탁자 위에 놓여 있다.) 손이 다치지 않도록 돌이 너무 크지 말아야 한다. 명백하게 정역학인 이 친숙한 상황에서 (손이) 돌에 작용하는 수직항력과 (돌이) 손에 작용하는 수직항력의 크기는 $N = mg$이다.

이제 상상 속에서 다른 손으로 돌을 1미터만큼 들어 올리고 손 위로 떨어뜨린다. "정역학이므로 $N = mg$라는" 것이 맞으려면 돌이 손에서 튀어나오더라도 (돌이) 손에 작용하는 수직항력의 크기는 여전히 mg여야 할 것이다. 그리고 mg는 상처를 주지 않는다. 그래도 돌이 손 위에 도달하기 전에 손을 빨리 치우고 싶을 것이다! 직감에 의하면 수직항력의 크기는 mg보다 커서 고통스러울 것이라고 예측한다.

"정역학이다"라는 논의의 결점은 속도와 가속도 사이, 그리고 어느 양이 (알짜)힘과 관련되어 있는지에 대한 오래된 혼란스러움에 있다. 이것은 $\mathbf{F}_{\text{net}} \rightarrow m\mathbf{v}$의 오래된 직관과 $\mathbf{F}_{\text{net}} \rightarrow m\mathbf{a}$라는 현대적인 Newton식 견해 사이의 갈등이다.

알짜힘이 0이라는 조건을 사용하는 정역학에서 속도가 0일 필요가 없다. 이것은 가속도가 0이라는 것을 의미한다. 물체를 새로운 관성계에서 보기만 하면 (3.4절) 물체에 작용하는 가속도나 힘을 변화시키지 않고, 물체가 어떤 원하는 속도라도 갖게 할 수 있다. Newton의 제2법칙에서 중요한 것은, 그러므로 수직항력에 대해서는 물체의 가속도이다. 모든 관성계에서 같은 이 가속도는 0이 될 수 없다.

가속도가 얼마나 0으로부터 벗어날 수 있는지 보기 위해 더 쉽고, 관련된 양을 추정하여 튕기는 동안 (그림 7.11b) 정지했을 때 공의 가속도를 추정해보자. 그 양은 (공이 탁자와 접촉하는 동안) 전체 튕기는 과정에서 공의 평균가속도이다. 공이 아래로 내려가면서 처음으로 탁자와 닿는 순간(그림 7.11a)에 시계를 시작한

다. 공이 올라가면서 탁자와 떨어지는 순간 시계를 멈춘다. (그림 7.11c)

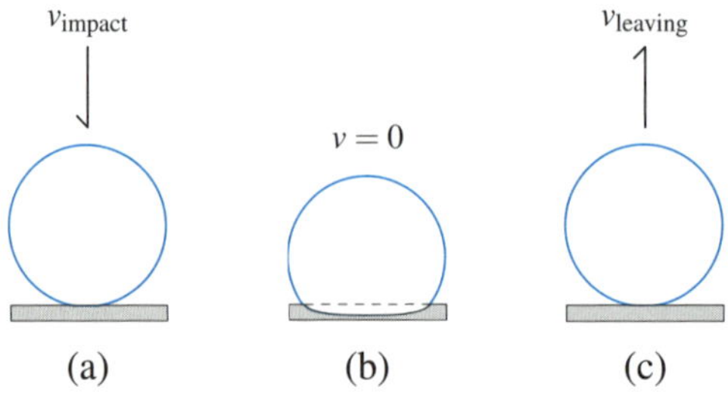

그림 7.11 튕기는 동안의 쇠공. (a) 시계를 시작한다. 공이 내려가면서 탁자에 바로 닿았다. (b) 공은 정지해있고, 최대로 압축된다. (c) 시계를 멈춘다. 공이 올라가면서 탁자를 바로 떠났다.

기호를 쓰고, 평균가속도의 정의 (6.22)를 사용하면

$$\underbrace{\mathbf{a} \sim \mathbf{a}_{\text{avg}}}_{\text{추정값}} \equiv \frac{\Delta \mathbf{v}}{\Delta t} \tag{7.29}$$

이다. 분자는

$$\Delta \mathbf{v} \equiv \underbrace{\begin{pmatrix}\text{탁자를 떠날 때} \\ \text{공의 속도}\end{pmatrix}}_{\mathbf{v}_{\text{leaving}}} - \underbrace{\begin{pmatrix}\text{탁자에 처음 닿을 때} \\ \text{공의 속도}\end{pmatrix}}_{\mathbf{v}_{\text{impact}}} \tag{7.30}$$

이고, 분모는 다음과 같다.

$$\Delta t \equiv \text{접촉시간(시계가 기록한 시간간격)}. \tag{7.31}$$

a에 대한 추정은 수학적으로도, 물리적으로도 맞다. 그 물리적 의미를 느끼기 위해 (7.29)의 양변에 m을 곱해보자.

$$m\mathbf{a} \sim \frac{m\Delta \mathbf{v}}{\Delta t}. \tag{7.32}$$

크기에 대한 식으로서 (7.32)는

$$ma \sim m\frac{|\Delta \mathbf{v}|}{\Delta t} \tag{7.33}$$

이 된다. 이제 사람이 탁자 위에서 뛰어올라 다시 내려오는 것을 상상해보자. 크기에 대한 식 (7.33)의 좌변, 즉 ma는 사람이 탁자로 내려올 때 알짜힘의 크기 F_{net}

이기도 하다. 우변에는 세 요소가 있는데, 각각은 F_{net}의 효과를 주도록 적당한 위치에 있다.

1. $|\Delta v|$. 예를 들어 더 높은 탁자에서 뛰어오르면 $|\Delta \mathbf{v}|$가 더 커지고, 뼈에 더 큰 알짜힘이 작용하므로 뼈가 더 위험할 것이다. 따라서 이 요소는 분자에 있어야 하고, 사실 그렇다.
2. Δt. 관절을 보호하기 위해 착지할 때 자연스럽게 다리를 구부린다. 그렇게 하면 접촉시간 Δt가 증가하고, 이 안전장치로 인해 F_{net}이 줄어들어야 한다. 따라서 Δt는 분모에 있어야 하고, 사실 그렇다.
3. m. 유아기를 벗어나는 (m이 증가하는) 한 가지 단점은 관절에 더 큰 알짜힘이 작용하기 때문에 관절에 작용하는 변형이 더 커지게 된다. 따라서 m은 분자에 있어야 하고, 사실 그렇다.

요약하면 $\mathbf{a} \approx \Delta \mathbf{v}/\Delta t$는 물리적으로 맞다.

그러면 공의 $\mathbf{a}$를 추정하려면 (7.30)을 이용하여 $\Delta \mathbf{v}$를 추정해야 한다. 그러려면 $\mathbf{v}_{impact}$와 $\mathbf{v}_{leaving}$, 그리고 접촉시간 Δt를 추정해야 한다. 1미터 위에서 떨어질 때 $\mathbf{v}_{impact}$를 대략 추정하면

$$\mathbf{v}_{impact} \sim 1\ \mathrm{ms}^{-1}\ \text{아래} \tag{7.34}$$

이다. (연습문제 7.1의 결과를 이용해서 계산해보면 이 추정은 약 네 배 정도 작다. 그러나 이러한 과소평가는 다음에 나오는 접촉시간의 과소평가와 상쇄된다.) 튕긴 후 공은 (속력은 거의 줄지 않고) 방향만 바꾸므로

$$\mathbf{v}_{leaving} \sim 1\ \mathrm{ms}^{-1}\ \text{위} \tag{7.35}$$

이다. 이 속도와 (7.34)의 $\mathbf{v}_{impact}$를 (7.30)의 $\Delta \mathbf{v}$에 대입하면

$$\Delta \mathbf{v} \sim 2\ \mathrm{ms}^{-1}\ \text{위} \tag{7.36}$$

를 얻는다. (이 충돌이 완전탄성충돌이 아니면 의 크기는 더 작아지지만, 그 감소는 놀라운 결론을 바꾸지는 않는다.)

접촉시간(Δt)를 추정하는 것은 더 복잡하다. 그러기 위해서 대략적인 튕기는 것에 대한 천천히 움직이는 모형이 필요하다. (그림 7.11) 먼저 공의 아래 부분이 탁

자에 닿고, 시계를 시작한다. 공의 꼭대기는 계속 v_{impact}로 아래로 내려오고, 바닥은 (탁자와 마찬가지로) 압축된다. 눌리는 것에 지친 바닥이 꼭대기에 소리친다. “돌아가! 더 남아있는 공간이 없어! 용서가 없는 탁자를 만났어!” 이 신호가 꼭대기에 도착하면 꼭대기는 공(그리고 탁자)의 압축을 줄이면서 위로 움직이기 시작한다. 공이 완전히 압축되지 않았을 때 바닥은 탁자에서 떨어진다. 공은 탁자를 떠나고, 시계는 멈춘다.

이 과정은 대략 “돌아가!”라는 신호가 공을 가로지르는 데 걸리는 시간이다. 이 신호는 음파이다. 강철에서 소리는 대략 일초에 5 킬로미터 정도 진행한다. 편리하게 공의 지름을 5 cm라고 하면 접촉시간은 대략 10 μs이다.

$$\Delta t \sim \frac{5\,\text{cm}}{5\,\text{km}\,\text{s}^{-1}} = 10^{-5}\,\text{s} = 10\,\mu\text{s}. \tag{7.37}$$

이와 같이 짧은 시간 동안 공의 속도를 $\mathbf{v}_{\text{impact}}$에서 $\mathbf{v}_{\text{leaving}}$으로 돌리려면 매우 큰 가속도와 알짜힘이 필요하다.

궁금한 사람들에게. (7.37)의 Δt에 대한 추정에서 공이 접촉하는 넓이는 공이 압축될 때 변하지 않는다고 가정한 것이다. 이 효과를 집어넣으면 접촉시간은 대략 $(c_{\text{sound}}/v_{\text{impact}})^{1/5}$ 정도 늘어난다. 여기서 c_{sound}는 공 안에서의 음속이다. 1 미터 위에서 떨어진 강철공에 대해서 이 수정은 대략 4 정도 된다. 간단하게 하기 위해 아래 계산에서는 수정되지 않은 접촉시간을 사용하겠다.

가속도 계산을 간단하게 하기 위해 “돌아가”라는 신호가 공의 바닥에서 꼭대기로 갈 때 걸리는 시간은 접촉시간의 반이라고 가정한다. (왜냐하면 신호를 받은 후에도 꼭대기는 여전히 정지해야 하고, v_{leaving}으로 가속해야 하기 때문이다.) 그러면 (7.37)의 결과의 두 배를 하면

$$\Delta t \sim 2 \times 10^{-5}\,\text{s} \tag{7.38}$$

을 얻는다. $\mathbf{a}$에 대한 (7.29)를 $\Delta\mathbf{v}$와 Δt로 쓰고, $\Delta\mathbf{v}$에 대한 (7.36), 그리고 Δt에 대한 (7.38)을 이용하면 다음을 얻는다.

$$\mathbf{a} \sim \frac{\Delta\mathbf{v}}{\Delta t} \sim \frac{2\,\text{m}\,\text{s}^{-1}\ \text{위쪽}}{2 \times 10^{-5}\,\text{s}} = \underbrace{10^5\,\text{m}\,\text{s}^{-2}}_{10^4 g!}\ \text{위쪽}. \tag{7.39}$$

이 거대한 가속도는 Newton의 제2법칙에 의하면 $m\mathbf{a}$와 같은 거대한 알짜힘에 의해 일어난다.

$$\mathbf{F}_{\text{net}} = m\mathbf{a} \sim 10^4 mg \text{ 위쪽}. \tag{7.40}$$

알짜힘은 수직항력 $\mathbf{N}$과 단지 아래로 $1mg$만 기여하는 중력의 합이다. 중력은 알짜힘에 비해 매우 작으므로, 수직항력이 거의 정확하게 알짜힘과 같다.

$$\mathbf{N} \approx \mathbf{F}_{\text{net}} \sim 10^4 mg \text{ 위쪽}. \tag{7.41}$$

이 분석에는 세 가지 중요한 교훈이 있다. 첫째, 수직항력의 크기 N은 mg일 필요가 없고, 더구나 더 일반적인 $mg\cos\theta$일 필요가 없다. 공이 처음에 탁자와 닿을 때 N은 0이다. 공이 튕기는 동안 최대로 압축되어 정지해있을 때 N은 대략 $10^4\,mg$이다. 남아있는 튕기는 과정에서 N은 그 사이의 모든 값을 갖는다. 추측은 안녕!"

둘째, 탁자에서 튕기는 강철공은 탁자에 놓인 물렁물렁한 공과 중요한 유사점이 있다. (7.1.6절) 두 공 모두 공이 용수철 운동의 네 단계를 거치면서 위아래로 진동할 때 수동적인 힘인 수직항력이 작용한다. 용수철은 어디에나 있다.

물렁물렁한 공에서 공이 용수철 운동의 네 단계를 반복해서 지날 때 N은 0에서 시작하여 진동하다가, mg의 평형값에 수렴한다. 튕기는 강철공에서는 공이 처음 탁자에 닿을 때 (그림 7.12) N은 역시 0에서 시작한다. 그리고 공은 용수철과 같은 운동의 네 단계를 거치지만, 단지 한 주기만에 끝난다. (1) 떨어지는 공은 $N = mg$인 평형위치에 빨리 도달한다. (2) 공은 평형위치를 지나서 빨리 최대 압축점에 도달해서 거대한 위로 향하는 수직항력을 만든다. (3) 이 힘은 공을 위로 가속시켜 빨리 평형위치로 돌아가게 한다. (4) 공은 평형위치를 지나, 압축된 것이 빨리 펴진다. 압축이 사라졌을 때 $N = 0$이고, 공은 탁자와 거의 떨어지려고 한다. 그리고 거의 v_{impact}와 같은 최대속력으로 올라간다. 이 속력으로 계속 위로 올라가서, 탁자 위로 올라간다. 물렁물렁한 공이 그러듯이 다시 단계 1로 돌아오지 않는다. 따라서 N은 평형값(mg)에 절대 수렴하지 않는다.

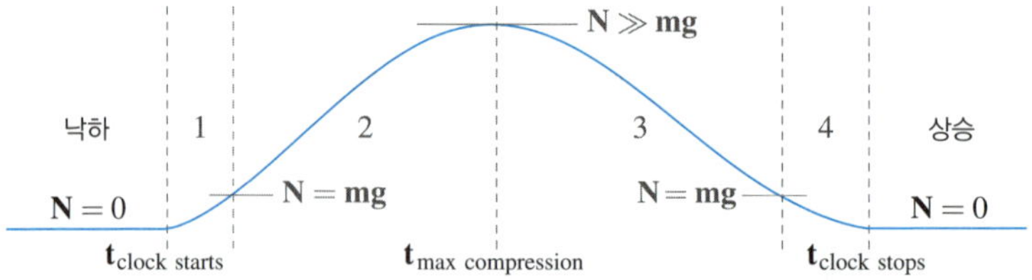

그림 7.12 (시뮬레이션을 통한) 수직항력의 크기 N과 시간의 그림. (낙하) 공은 떨어지지만, 아직 공중에 있다. ($N = 0$) (1) 공이 탁자에 닿고, 떨어지면서($N = mg$)인 평형 압축이 되는 쪽으로 압축된다. (2) 공은 계속 떨어지면서 압축되어 최대 압축에 도달한다. (3) 공은 올라오고 압축이 줄어들면서 다시 평형에 도달한다. (4) 공은 평형상태를 지나가 압축이 없는 상태로 간다. (상승) 공은 탁자를 떠난다.

세 번째 교훈으로 Newton의 제2법칙이 직감을 확인시켜준다. 바위가 손으로 떨어지려고 할 때 손을 빨리 돌에서 피한다. 물렁물렁한 손에서 튕기는 것은 딱딱한 강철 탁자에서 튕기는 것보다 오래 걸리기 때문에 손에 작용하는 수직항력은 $10^4\ mg$보다 매우 작다. 그러나 이러한 감소가 좋은 소식은 아니다. 손에서 튕겨나오는 시간이 더 걸리는 것은 부분적으로 손의 뼈가 휘어서 부러지는 시간도 포함하기 때문이다. Newton의 법칙은 한 목소리로 말한다. 제발 손을 치워!

◀ N은 음수가 될 수 있는가?

벡터와 스칼라에 대한 혼동이 얼마나 심한지 보이기 위해 거의 "그렇다"고 말할뻔 했다. 그러나 N은 크기이고, 결코 음수일 수 없다. 그러나 관련된 질문에는 흥미있는 답이 있다. 수직항력 자체(N이 아닌 $\mathbf{N}$)가 (물체 안쪽으로가 아니고) 물체 바깥쪽으로 향할 수 있는가? 그럴 수 있고, 그때 수직항력은 (밀어내는 것이 아니라) 잡아당기는 것을 의미한다. 한 예로 동전을 손바닥에 풀로 붙이고, 손바닥을 아래로 향하게 한다. 그러면 손과의 상호작용의 한 면인 동전에 작용하는 수직항력은 중력과 균형을 이루고, 위로 향한다. (그림 7.13a) 이때 수직항력은 동전 밖으로 향한다.

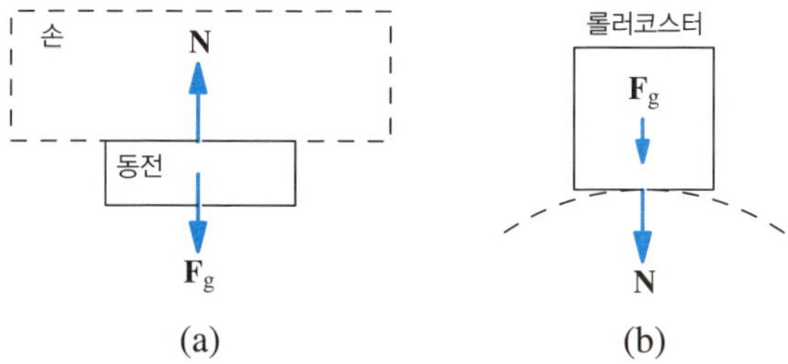

그림 7.13 잡아당기는 수직항력을 갖는 자유물체그림. (a) 손바닥에 풀로 붙인 동전. 수직항력은 동전과 손 사이에 잡아당기는 상호작용을 하고, 동전 밖으로 향한다. 따라서 자유물체그림을 그리는 2.1절의 방식을 따르면, 그 꼬리가 접촉면에 놓여있다. (b) 언덕 꼭대기를 빨리 지나가는 롤러코스터. 충분히 빠른 속력에서 철로가 롤러코스터를 붙들어야 한다. 이것은 잡아당기는 (아래로!) 수직항력이 있다는 것을 의미한다.

다른 예제는 언덕 꼭대기에서 빠르게 지나가는 롤러코스터이다. 충분히 빨리 움직이면, 즉 연습문제 7.19b에서 분석하는 롤러코스터보다 빠를 때, 철로는 롤러코스터를 철로에 붙들어두는 잡아당기는 작용이 필요하다. 붙드는 것은 철로와 차 사이의 접촉 상호작용이 잡아당기도록 하고, 차에 작용하는 수직항력은 차 밖으로 향한다. (그림 7.13b)

7.2 합성물체

7.1.7의 안전수칙으로 일차원 운동에서 가속도에 대한 소개를 끝내겠다. 복잡한 이차원 운동을 (7.3절) 살펴보기 전에 이전의 대부분의 예제에서 슬쩍 피하고, 숨어있던 주제인 합성물체에 대해서 논의하겠다. 단일입자나 단일입자로 취급하는 물체에서 Newton의 제2법칙은 (4.6)이다.

◀ 그러나 모든 실생활의 물체와 같이 여러 개의 입자로 구성된 합성물체의 경우에 제2법칙은 어떻게 되는가? 예를 들어 상자와 말벌(2.3절), 사람과 자전거(5.4절), 혹은 타이어와 엔진이 있는 차인 경우는 어떻게 되는가?

Newton의 제2법칙 (4.6)은 세 가지 양을 연결시킨다. (1) 물체의 질량, (2) 물체에 작용하는 알짜힘 그리고 (3) 물체의 가속도이다. 합성물체에 적용할 법칙으로 수정하려면 각 양은 표기방법과 해석이 달라진다.

1. **질량.** 예상했듯이 이 양은 합성물체의 질량이 된다. 이 질량은 종종 m과 구별하기 위해 M이라는 기호를 사용하지만, m_{total}, 혹은 그냥 m으로도 쓴다.
2. **알짜힘.** 문자 그대로 보면 이 양은 합성물체 안에 있는 모든 입자에 작용하는 모든 힘의 합이다. 이 계산은 벅차보인다. 예를 들어 사람과 자전거의 합성물체를 생각해보자. (5.4절) 사람이 자전거에 작용하는 힘과 자전거가 사람에게 작용하는 힘을 어떻게 구하는가? 그 힘을 구할 수 있지만, 그 과정은 공을 들여야 하고, 여러 개의 자유물체그림이 필요하다. 이 두 힘을 알지 못하면 $\mathbf{F}_{\text{net}}$를 구하고, Newton의 제2법칙을 사용하는 것은 불가능해 보인다.

   여기서 Newton의 제3법칙이 구원하러 온다. 자전거가 사람에 작용하는 접촉힘은 사람이 자전거에 작용하는 접촉힘은 한 상호작용의 양면이므로, 이 힘은 크기가 같고, 반대 방향이다. 따라서 모든 입자에 작용하는 모든 힘을 다 더하면 이 두 힘들은 균형을 이루어 더하면 0이 된다. 이것은 마술과 같다. $\mathbf{F}_{\text{net}}$를 구하려면 이 힘이 필요가 없다. 왜냐하면 $\mathbf{F}_{\text{net}}$에 대해 중요한 것은 그 합이고, 그것은 0이 되기 때문이다!

   이 마술은 합성물체의 두 부분 사이의 모든 상호작용인 모든 내부 상호작용에 대해 일어난다. 각각의 내부 상호작용는 알짜힘에 전혀 기여하지 않기 때문에 알짜힘은 단순히 물체의 외부 상호작용으로 계산할 수 있다. 각각의 이러한 상호작용은 알짜힘의 합에 기여한다. 이 합인 알짜 외부힘은 종종 $\mathbf{F}_{\text{net}}^{\text{ext}}$로 쓴다. 이 표현을 사용하면 마술적인 결론은

$$\mathbf{F}_{\text{net}} = \mathbf{F}_{\text{net}}^{\text{ext}} \tag{7.42}$$

   이다. 새롭게 해석할 필요 없이 알짜 외부힘은 또한 $\mathbf{F}_{\text{net}}$로 쓴다. 그러면 자유물체그림에 대한 계율 2(33쪽)에서 언급했고, 사람과 썰매 사이의 내부힘을 무시했던 썰매에 대한 자유물체그림을 만들었을 때와 같이(5.5.1절) 외부힘만을 고려해야 한다는 것을 기억해야 한다.
3. **가속도.** 이 양은 알짜힘과 같이 더 자세하게 지정할 필요가 있다. 합성 자전거 물체에서 $\mathbf{a}$는 사람의 가속도인가, 자전거의 가속도인가? 두 가속도는 다를 수 있다. 일정한 속도로 타고 있는 동안 페달 위에 서있는 것을 상상해보자. 자전거에는 아무 가속도가 없지만, 사람은 가속도가 있을 수 있다. (일정한 속력으

로 일어서면 그렇지 않겠지만, 이렇게 하기는 어렵다.)

증명하지는 않겠지만, 관련된 가속도는 사람도, 자전거의 가속도도 아니다. 이것은 합성물체 질량중심의 가속도이다. 이 가속도는 보통 $\mathbf{a}_{\text{CM}}$으로 쓴다. 그러나 가끔 이것은 $\mathbf{a}$이다. 그러면 $\mathbf{a}$는 질량중심 가속도를 나타낸다는 것을 기억해야 한다. 그러나 이 가속도를 어떻게 계산하는가?

합성물체에 대해 질량중심의 위치는 각 입자 위치의 가중치이다. (2.1절) 마찬가지로 질량중심의 속도는 각 입자 속도의 가중치이다. 그리고 이를 계속하면 질량중심의 가속도는 각 입자 가속도의 가중치이다.

$$\mathbf{a}_{\text{CM}} = \frac{m_1\mathbf{a}_1 + m_2\mathbf{a}_2 + \cdots + m_n\mathbf{a}_n}{m_1 + m_2 + \cdots + m_n}. \tag{7.43}$$

이러한 표기방법과 해석의 변화를 나타내어 일반화된 제2법칙은 다음과 같다.

Newton의 제2.5법칙

$$\frac{1}{M}\mathbf{F}_{\text{net}}^{\text{ext}} \rightarrow \mathbf{a}_{\text{CM}}. \tag{7.44}$$

이 수정된 형태는 제3법칙을 집어넣어 내부힘을 없앴기 때문에 이것을 Newton의 2.5법칙이라고 부르겠다.

말로 하면, 물체의 질량으로 그 효과가 조정되는 물체에 작용하는 알짜 외부힘은 물체의 질량중심을 가속한다. 따라서 Newton의 법칙은 단지 힘이 어떻게 합성물체의 질량중심의 운동을 변화시키는지 설명할 뿐이다. 합성물체가 질량중심에 대해, 혹은 그 주위로 어떻게 움직이는지, 다시 말하면 어떻게 회전하는지, 그리고 어떻게 회전이 변하는지는 결정하지 않은 채 남아있다. (이 결정을 하려면 토크라는 Newton 법칙을 회전에 적용한 새로운 물리적 개념인 토크가 필요하다. 이 개념은 8.2절에서 다룰 것이다.)

7.3 이차원 운동

속도와 가속도 사이에 오래된 혼동에 일부 뿌리를 둔 빠지기 쉬운 Newton 역학에서의 오류는 물체에 작용하는 힘이 물체의 운동과 같은 방향에 있다고 생각하는 것이다. 즉 알짜힘이 속도와 같은 방향이라는 것이다. 이 오류에 빠지기 쉬운데 일차원 운동에서 알짜힘과 속력은 동일선상에 있기 때문이다. 예를 들어 직선 위에서 움직이는 자전거를 타는 사람이 속도를 올리든, 낮추든 알짜힘은 동일선상에 있다.

그러나 이 간단한 관계는 너무나 간단하다. 예를 들어 (공기의 저항을 무시하면) 돌을 던지면 포물선 경로를 따르지만, 돌에 작용하는 알짜힘과 그 가속도는 바로 아래로 향하고, 이 방향은 절대로 속도와 같은 방향을 향하지 않는다. 힘과 속도에는 어떠한 필요한 관계가 없다.

필요한 관계는 힘과 가속도 사이에 있다. (알짜)힘이 가속도를 일으킨다. 그리고 6.3절에서 보았듯이 이차원(혹은 그이상의 차원)에서 가속도는 일차원과는 정성적으로 다르다. 이차원에서 물체의 가속도는 물체의 속도에 수직인 성분이 있을 수 있다. 따라서 알짜힘도 그럴 수 있다. 여기서 다시 알짜힘과 속도를 분리시킨다.

이 점을 기억할 때 오류에 덜 빠지기 쉽다. 일차원 운동을 너무 오래 공부하면 이 오류에 더 빠지기 쉽기 때문에 이제 이차원 운동을 살펴보겠다.

7.3.1 궤도운동하는 위성에 작용하는 힘

운동(속도)과 힘이 다른 방향을 향하는 첫 번째 예제로 그림 7.14에 있는 궤도 위 몇 개의 위치에 있는 위성을 살펴보자.

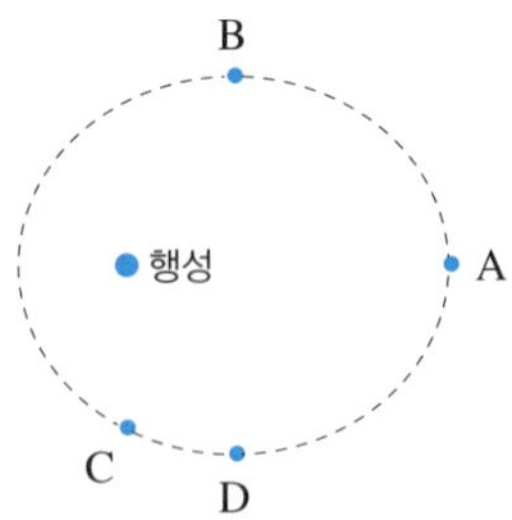

그림 7.14 궤도 위의 몇 개의 위치에 있는 위성

▶ 각 위치에서 위성에 어느 힘이 작용하는가?

위성에 작용하는 유일한 상호작용은 행성과의 중력상호작용이므로, 위성에는 중력인 한 힘만 작용한다. (그림 7.15a) 그 힘은 항상 (상호작용에 대해서 위성의 짝인) 행성을 향한다. 그 크기는 위성으로부터의 거리 제곱에 반비례하므로(1.3.1절) C에서 가장 크고, A에서 가장 작으며, B와 D에서는 그 중간이다.

▶ 힘은 위성이 시계방향, 혹은 반시계 방향으로 회전할 때 다르게 작용하는가?

그렇지 않다! 위성에 작용하는 중력은 행성에 대한 위치에만 의존한다. 위성의 위치를 간접적으로 변화시키는 위성의 속도를 제외하고는 힘에는 어떤 영향도 없다.

▶ (일차원 운동에서 항상 그랬던 것처럼) 알짜힘과 속도는 공동선상에 있는가? 가속도와 속도는 어떤가? 공동선상에 있기는 한가?

알짜힘인 중력은 항상 행성을 향한다. 그러나 위성은 직접 행성을 향해 움직이지 않는다. 따라서 알짜힘과 속도는 결코 공동선상에 있지 않다. 마찬가지로 가속도도 알짜힘과 같은 방향으로 직접 행성을 향한 방향으로 향하므로 절대 속도와 같은 방향을 향하지 않는다. 이차원 운동은 일차원 운동과 정성적으로 다르다.

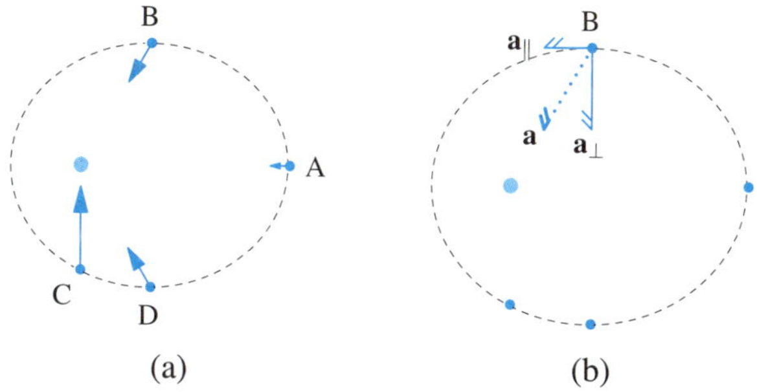

그림 7.15 궤도운동을 하는 위성.(a) 여러 위치에서 위성에 작용하는 힘. 각 점에서 유일한 힘인 중력은 위성을 궤도에 있게 하며, 행성을 향한다. (b) 평행성분과 수직성분으로 나눈 점 B에서 위성의 가속도.

▶ 이제 위성이 반시계 방향으로 궤도를 돌고 있다고 가정하자. 점 B에서 속도가 커지는가(가속하는가), 아니면 느려지는가(감속하는가)?

결정하려면 가속도를 수직성분과 수평성분으로 나눌 수 있다는 (6.6절) 요점을 사용하면 된다. 수직성분 $\mathbf{a}_\perp$는 방향을 바꾸는 속도에서 나온다. 평행성분 $\mathbf{a}_\parallel$은 위성이 빨라지거나(가속하거나) 느려지면서(감속하면서) 속도의 크기가 변하기 때문에 생긴다. 위성이 빨라지면 $\mathbf{a}_\parallel$은 ($\mathbf{v}$ 방향으로) 앞쪽으로 향한다. 위성이 느려지면 $\mathbf{a}_\parallel$은 ($\mathbf{v}$ 반대 방향으로) 뒤쪽으로 향한다.

위성의 모든 궤도에서 가속도 $\mathbf{a}$는 행성을 향한다. 점 B에서 행성은 (바로 앞은 아니지만) 위성의 앞에 있다. 따라서 $\mathbf{a}$의 $\mathbf{a}_\parallel$ 성분은 위성 앞쪽으로 향하는 $\mathbf{v}$와 같은 방향을 향한다. (그림 7.15b) 그러므로 위성은 가속하고 있다. 이 결론은 물리적으로 맞는다. 점 B에서 위성은 다행히 행성으로 직접 떨어지지는 않지만 행성 쪽으로 떨어진다. 따라서 속도가 증가해야 한다.

7.3.2 원운동

이차원 운동의 다음 예제는 J. W. Warren의 결과[25, 35−37쪽]에서 필자가 배웠던 다른 문제이다. 이 문제는 곡선 도로를 돌아가는 차에 작용하는 힘을 설명하는 것이다. (그림 7.16a) 특별히 자동차는 일정한 속력으로 원형 도로를 따라 시계방향으로 움직인다. 더구나 바람은 없다. (공기는 도로에 대해 정지해 있다.) 7.3.1절의 위성과 비교하면 이 자동차는 더 단순한 궤도를 따르지만, 더 많은 종류의 힘을 받는다.

▶ 그림 7.16a(위에서 본 그림)에서 자동차에 작용하는 다음 힘을 그려라. (1) 알짜힘 $\mathbf{F}_{net}$, (2) 길이 자동차에 작용하는 마찰력 $\mathbf{f}$와 (3) 자동차에 작용하는 어떤 다른 힘도 나타내고 화살표로 표시한다. 수평면 바깥에 있는 부분에 있는 힘이나 그 일부는 무시한다.

힘을 제대로 그렸는가? 그렇지 않다면 다시 돌아가서 그려라! 그러면 다음의 논의에서 더 많은 것을 배울 것이다. 여러분이 그린 힘과 비슷한 점을 보일지도 모르는 전형적인 그림을 그림 7.16b에 나타내었다.

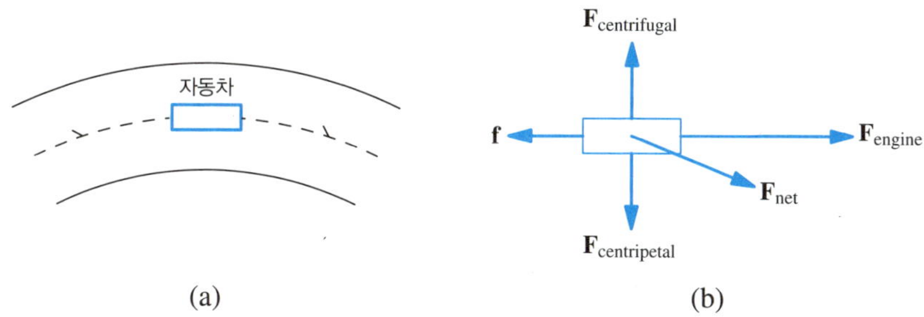

그림 7.16 (a) 일정한 속력으로 원형 경로를 따라 시계방향으로 가는 자동차. (위에서 본 그림) (b) 전형적이지만 틀린 자유물체그림. (위에서 본 그림)

▶ 이 전형적인 그림에서 몇 개의 실수를 찾을 수 있는가?

모든 잘못을 찾으면 문제를 푼 것이다. 그리고 전문가는 알고 있는 양에서 알려지지 않은 양으로 진행하여 문제를 푼다. (반대로 초보자는 거꾸로 진행한다.) [12] 그래서 Newton의 전문가가 된다면, 대단하다. 그렇지 않다면 그렇게 될 때까지 그런 척하면 된다. 어떤 경우든 알고 있는 것으로부터 앞으로 진행하여라.

자동차의 운동과 그 운동이 어떻게 변하는지 알고 있다. 따라서 문제는 형태 I(inferring)이다. 차의 운동으로부터 여기에 작용하는 힘을 유추해낸다. 특히 차의 가속도 **a**로부터 제2법칙을 사용하여 **a**를 일으킨 알짜힘을 유추한다.

$$\mathbf{F}_{\text{net}} = m\mathbf{a}. \tag{7.45}$$

차의 가속도는 친숙한 것이다. 자동차는 일정한 속력으로 원운동을 한다. 물리학 용어를 사용하면 차는 6.3절에서 공부했던 등속원운동을 한다. 그 결과에는 두 가지 점이 있다. 첫째, 그리고 여기서 덜 중요한 것은 $a = v^2/R$이다. 여기서 v는 차의 속력이고, R은 원의 반지름이다. 둘째, 그리고 더 중요한 것은 다음과 같다. 자동차의 속력이 일정하므로 $\mathbf{a}_{\parallel}$은 0이고, 수직성분만 남아서, **a**는 안쪽으로 향한다.

(7.45)에서 안으로 향하는 가속도가 있으려면 안으로 향하는 알짜힘이 있어야 한다. 이 관찰로 인해 전형적인 그림의 첫 번째 문제가 드러난다. $\mathbf{F}_{\text{net}}$가 **a**와 같은 방향을 향하지 않으며, 이것은 Newton의 제2법칙을 위반한 것이다.

거의 앞쪽으로, 그리고 약간 아래로 향하는 이 잘못된 알짜힘은 흔히 본다. 필자도 그렇게 하고 싶을 때가 있다. 그 방향은 힘과 운동에 대한 함정의 머리가 많이 달린 뱀을 나타낸다. 즉 (알짜)힘은 속도를 일으킨다는 강한, 직관적인, 잘못된 믿음이다.

너무 빨라서 자세히 살펴볼 수 없는 내부의 틀린 생각은 대략 다음과 같이 전개된다. "자동차의 속도는 차 앞으로 향하므로, 알짜힘도 앞으로 향해야 한다. [아차, 힘과 운동의 함정에 빠졌네!] 그러나 그 알짜힘은 차를 똑바로 움직이게 해야 하지만, 사실 자동차는 도로에서 시계방향으로 움직이면서 약간 오른쪽으로 돌아서 원 위에서 움직여야 할 필요가 있다. 따라서 알짜힘을 약간 오른쪽으로 비틀어서 그 힘이 대부분 앞으로, 그리고 약간 아래로 향하게 한다." 만일 독자도 이와 비슷하게 생각을 했다면, 알짜힘이 속도를 일으킨다고 가정하는 첫 번째 문장에서 멈추고, 알짜힘은 가속도를 일으킨다는 Newton의 제2법칙으로 돌아가야 한다. 그리고 $\mathbf{F}_{\text{net}} \rightarrow m\mathbf{v}$를 너무나 사랑하는 직관에게 7.1.2절에서 도입한 운동량을 버리고, 힘이 운동량을 변화시킨다고 말해야 한다.

전형적인 그림의 두 번째 문제는 "알짜힘"에서 "알짜"의 의미에서 나타난다. 자동차에 작용하는 모든 실제 힘을 더해서 알짜힘을 얻는다. 전형적인 그림에서 이 힘은 $-\mathbf{f}$, $\mathbf{F}_{\text{centrifugal}}$과 $\mathbf{F}_{\text{centripetal}}$은 올바르게 더해지지 않아서, 그린 알짜힘도, 안쪽으로 향하는 올바를 알짜힘도 얻을 수 없다. 그러므로 이러한 힘 또한 맞을 수 없다.

▶ 어떤 힘이 있어야 하는가?

힘의 안개를 없애려면 상호작용이라는(1장) 기본원리로 돌아간다. 자동차에 작용하는 각각의 힘은 한 상호작용에서 나온다. 찾을 수 있는 가장 쉬운 상호작용은 긴 영역이고, 흔히 지구와의 중력상호작용이고, 여기서도 그렇다. 짧은 영역(접촉) 상호작용을 찾으려면 자동차와 접촉하는 물체를 고려하자. 여기서 그 물체는 도로와 공기이다. (비록 바람이 없다고 해도, 이것은 공기가 도로에 대해 움직이지 않는다는 것을 의미하는 것이지, 공기가 사라진 것이 아니고, 차에 대해 움직인다.)

따라서 자동차에 세 상호작용이 있는데, 하나는 긴 영역이고, 두 개는 짧은 영역이어서 자동차는 세 힘을 받는다. (지구와의 중력상호작용으로부터) 중력, (도로와의 접촉상호작용으로부터) 접촉힘, 그리고 (공기와 접촉상호작용으로 인한) 끌림이다.

위에서 본 그림은 수평면에서의 운동과 힘만을 나타내므로, 중력은 이 그림에 나타나지 않는다. 그러나 공기의 끌림 $\mathbf{F}_{drag}$은 수평하므로, 그 전체가 나타난다. 접촉힘 $\mathbf{F}_{contact}$는 중력과 균형을 이루는 수직성분 (수직항력) **N**이 있지만, 그림에 나타나는 $\mathbf{F}_{contact}$의 유일한 성분은 수평성분인 타이어에 작용하는 길의 마찰력 **f**이다.

요약하면 수평면에서 두 힘만 있다. $\mathbf{F}_{drag}$과 **f**이다. 따라서 $\mathbf{F}_{centrifugal}$, $\mathbf{F}_{centripetal}$ 혹은 $\mathbf{F}_{engine}$은 어떤 것도 이 그림에 나타나지 말아야 한다.

◀ 이 힘에 잘못된 것이 무엇인가?

$\mathbf{F}_{centrifugal}$은 친숙한 침입자다. (1.5.1절) 이것은 실제로 있는 물리적인 힘이 아니다. $\mathbf{F}_{centripetal}$도 그렇다. (1.5.2절) 따라서 어떤 힘도 이 그림에 나타나지 않는다.

가장 미묘한 침입자는 $\mathbf{F}_{engine}$이다. 이것은 물리적인 힘처럼 보인다. 힘을 작용하지 않는다면 엔진이 무슨 소용이 있는가? 그러나 엔진이 작용하는 힘은 엔진과 자동차의 나머지 부분 사이의 상호작용의 한 면인 내부힘이다. 이 상호작용의 다른 면은 자동차의 나머지 부분이 엔진에 작용하는 힘이며, 이것도 마찬가지로 내부힘이다. 제3법칙에 의하면 이 두 내부힘은 크기가 같고, 반대이고, 둘을 더하면 자동차에 작용하는 알짜힘은 없다.

요약하면 자동차에 작용하는 외부힘만이 자동차의 (질량중심) 가속도에 영향을 미친다. 이것은 Newton의 2.5법칙 (7.44)의 한 예이다. 따라서 $\mathbf{F}_{engine}$은 자동차의 자유물체그림에 없어야 한다. (혹은 $\mathbf{F}_{engine\ on\ rest\ of\ car}$를 짧게 쓴 $\mathbf{F}_{engine}$을 포함시킬 수 있다. 그러나 그러면 제3법칙의 대응되는 부분 $\mathbf{F}_{rest\ of\ car\ on\ engine}$을 포함시키고, 이것은 알짜힘의 합에서 서로 균형을 이룬다.) 자동차는 외부 물체인 길에서, 그리고 공기에서 가속도를 얻지, 엔진에서 얻지는 않는다.

◀ 엔진이 자동차를 가속시키지 않는다면, 무엇이 가속시키는가?

사람이 자전거를 가속시킬 때와 같이 (7.1.3절) 엔진은 길과 타이어 사이의 접촉점에서 필요한 정지마찰력 **f**를 만들어내는 올바른 조건을 만드는 것을 돕는다.

이 조건을 만드는 다른 요소는 운전자와 자동차 핸들이다. 핸들을 돌리면 운전자는 앞바퀴를 돌린다. 뒷바퀴에 대한 방향과 앞축과 뒤축 사이의 거리가 함께 차의 경로의 곡률반지름을 결정한다. (그림 7.17)

그림 7.17 자동차 경로의 곡률반지름을 결정하기 위해 앞바퀴 돌리기. (a) 앞바퀴를 약간 돌리면 $r_{\text{curvature}}$는 크다. (b) 급하게 앞바퀴를 돌리면 $r_{\text{curvature}}$는 작다.

자동차를 도로에 있도록 하려면 운전자는 앞바퀴를 돌려 이 곡률반지름과 길의 곡률반지름 R과 같게 해야 한다. 한편 R과 자동차의 속력 v로 (안으로 향하는 v^2/R인) $\mathbf{a}$와, 제2법칙에 의해 필요한 자동차의 알짜힘을 결정한다. 따라서 바퀴의 방향을 통해 마찰력 $\mathbf{f}$로부터 필요한 $\mathbf{F}_{\text{net}}$의 안쪽 방향 성분을 결정할 수 있다.

오직 진실만을 말하는 증인처럼, 이제 이 분석은 모든 올바른 힘 $\mathbf{F}_{\text{drag}}$과 $\mathbf{f}$만 포함한다. 최종 단계는 알짜힘이 이 실제힘의 합이라는 것을 확인하는 것이다.

$$\mathbf{F}_{\text{net}} = \mathbf{F}_{\text{drag}} + \mathbf{f}. \tag{7.46}$$

방향에 관해서는 이 세 힘 중 두 힘을 알고 있다. 가속도의 방향을 알고 있으므로 $\mathbf{F}_{\text{net}}$을 알고, 운동의 방향을 알기 때문에 $\mathbf{F}_{\text{drag}}$을 안다. 이 힘을 그리려면 그 크기 또한 알아야 한다. 대략 그리려면, 적당한 상대적인 크기를 선택하면 된다. 그리고 마찰력 $\mathbf{f}$를 구하기 위해 기하학적으로 벡터를 더한다. (그림 7.18a) 그 결과로 얻은 $\mathbf{f}$의 앞 방향의 성분은 끌림힘 $\mathbf{F}_{\text{drag}}$와 균형을 이루고, 남은 안쪽 방향의 성분이 알짜힘이 되고 자동차의 안쪽 가속도를 만든다. 이제 올바른 자유물체그림을 만들 수 있다. (그림 7.18b)

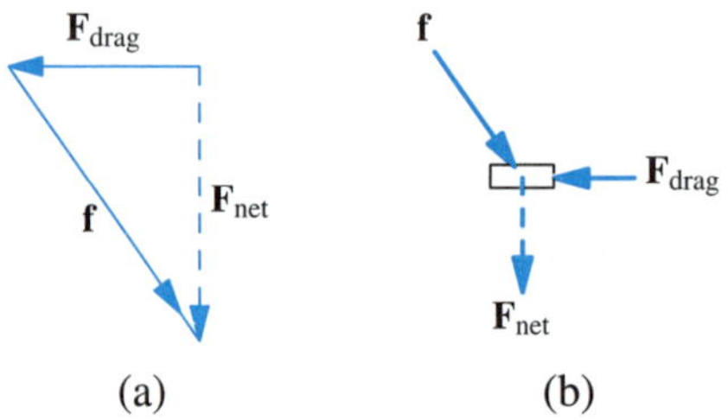

그림 7.18 올바른 자유물체그림 만들기. (a) 마찰력 $\mathbf{f}$ 구하기. 마찰력과 끌림힘 $\mathbf{F}_{\text{drag}}$을 머리와 꼬리를 이어서 더해 알짜힘 $\mathbf{F}_{\text{net}}$을 만든다. (실제 힘이 아니므로 점선으로 나타내었다.) (b) 이 $\mathbf{f}$를 자동차의 올바른 자유물체그림에 포함시킨다. (위에서 본 그림) $\mathbf{F}_{\text{drag}}$과 $\mathbf{f}$는 밀어내는 접촉힘이므로 그 끝이 자동차의 모서리에 있도록 그렸다.

머리와 꼬리에 대한 주의. 올바른 자유물체그림에서 접촉힘은 그 머리나 꼬리를 힘의 작용점에서 물체의 모서리에 그려야 한다는 유용한 관습을 따른다. 따라서 그림에서 **f**는 도로 위의 자동차 바퀴 자국의 모서리에 작용하여, 대략 뒤축으로 연장된 선 위에 있다는 것을 암시한다. 이 틀린 암시로 인해 삼차원 그림을 이차원에 그리게 되었다.

사실 작용점은 (**f**와 **N**의 합인) 접촉힘의 작용선이 자동차의 질량중심을 지나도록 위치하고 있다. 보통 이 점은 자동차의 바퀴 자국 안에 있다. 그러나 **f**의 머리를 바퀴 자국 안에 놓으면 **f**는 긴 영역이거나 물체의 힘이라고 잘못 암시할 수 있다.

독약을 선택하는 게임에서 접촉힘에 대한 관습을 따랐다. 어쨌든 이 문제는 **f**(혹은 $\mathbf{F}_{\text{contact}}$의 머리가 자동차의 바닥을 건드리는 삼차원 그림에서 해결될 것이다. 따라서 삼차원 그림에서 보면 그 벡터는 자동차 밖에 있고, 표면과 닿는다는 것을 볼 수 있을 것이다.

7.3.3 구심력: 오개념 없애기

자유물체그림을 그릴 때 예를 들어 코너를 도는 자동차의 경우 안으로 향하는 힘을 구심력 $\mathbf{F}_{\text{centripetal}}$로 부르고 싶을지도 모른다. 그런 유혹이 생겼다면 다음의 건강 경고를 읽어보아라.

▶ 구심력(centripetal force)은 어떤 종류의 힘인가?

가장 단순한 답은 라틴어의 뜻에서 온다. (1.5.2절) 라틴어 어원인 “centri”는 “중심}을 의미하고, “petal”은 라틴어 “petere”에서 왔으며 “찾는다”는 의미이므로, centripetal은 “중심을 찾는”다는 것을 뜻한다. 구심력은 중심을 향하는 힘이다.

그러나 1.5.2절에서 배웠듯이 구심력은 1.2.1절의 네 가지 기본적인 힘과 더불어 다섯 번째 힘은 아니다. 오히려 “구심력”이란 단지 중심을 향하는 실제 물리적인 힘을 (거의 언제나 중력이나 전자기력이다) 다시 설명하는 것이다.

▶ “구심력”이라는 표시를 해야 하는가?

구심력은 단지 기존의 힘에 이름을 붙인 것이기 때문에 자유물체그림을 그릴 때 별 도움이 되지 않는다. 그리고 특별히 구심력을 찾는다면 혼동을 줄 수도 있다.

부주의한 사람들이 빠지는 함정의 예를 들어보겠다.

7.3.2절의 코너를 도는 차로 돌아가지만, 먼저 공기 끌림이 없다고 하자. 이 자동차는 진공에서 일정한 속력으로 원형 경로를 지난다. 진공이든 아니든 알짜힘은 여전히 중심을 향한다. 공기 끌림이 없으면 수평면에서 자동차에 작용하는 유일한 힘은 정지마찰력 **f**(길의 접촉힘의 수평성분)이다. 한편 길의 접촉힘의 수직성분은 중력과 균형을 이룬다. 따라서 정지마찰이 알짜힘과 같고, 마찬가지로 중심을 향한다.

그러나 구심력을 사용할 때 무엇이 잘못될 수 있는지 살펴보자. 등속원운동하는 물체에서 어떤 힘은 원의 중심으로 향한다는 올바른 생각으로 시작한다. 그리고 그 힘을 그린 다음 이것을 $\mathbf{F}_{\text{centripetal}}$로 이름 붙인다. (그림 7.19a) 그러나 이름 때문에 이 힘의 근원이 분명하지 않고, 따라서 오개념을 갖기 쉽다.

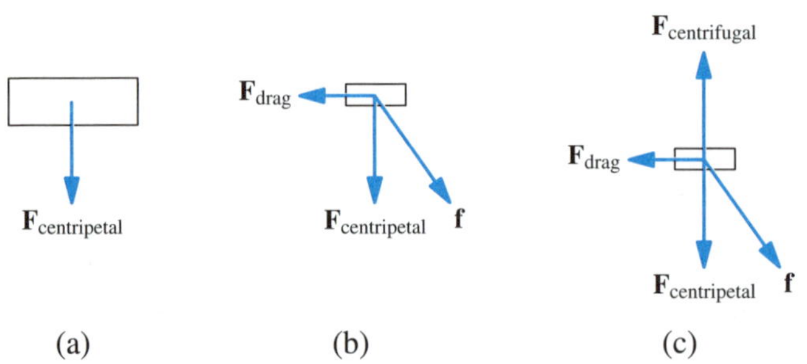

그림 7.19 구심력의 문제. (a) 알짜힘을 $\mathbf{F}_{\text{centripetal}}$로 이름 붙이기. (b) 두 실제 힘을 포함시키기. 이제 원심력은 실제 힘이 아니고, 단지 실제 두 힘의 합뿐이라는 것을 잊기 쉽다. (c) 가짜 원심력을 더해 알짜힘을 고치기. 구심력을 이용하면 더 큰 문제가 생긴다!

그 안쪽 방향의 힘이 알짜힘인가? 그렇게 결정하는 것은 그럴듯하다. (그리고 맞다.) 알짜힘은 안쪽으로 향한다. 그러나 이 선택은 단지 구심력으로 이름 붙인 힘이 어떤 실제 물리적인 힘인가 하는 질문을 뒤로 미룰 뿐이다. 왜냐하면 알짜힘은 물리적 힘이 아니기 때문이다. 이것은 단지 (단순히 알짜힘이 가속도를 만든다는) Newton의 제2법칙을 말하고 적용하기 위해 만든 머리 속의, 혹은 수학적인 구조물이다.

그렇다면 안쪽으로 향하는 힘은 마찰력 **f**인가? 이 (올바른) 가정을 믿기 힘들 것이다. 필자도 가끔 그렇다. 왜냐하면 마찰은 "운동을 방해"한다는 믿음 때문이다. 이러한 혼동은 안쪽으로 향하는 정확하게 한 개의 힘이 (무엇이라고 부를지는 신경쓰지 말자) 있는 올바른 자유물체그림을 만들기 때문에 이러한 혼동은 사라지지 않는다.

(7.3.2절처럼) 공기 끌림이 포함되면 혼동은 걷잡을 수 없게 된다. 이제 끌림은 뒤로 향하고, 정지마찰은 안쪽, 그리고 앞으로 향한다. 단지 그 합인 알짜힘만이 안쪽으로 향한다. 따라서 어떤 실제 물리적인 힘이 중심으로 향하는 것이 아니다. 그러나 등속원운동에서는 중심을 향하는 (알짜)힘이 필요하므로, 즉 (알짜) 구심력이 필요하므로 이것을 찾기 시작하고, 자유물체그림에 포함시킨다. (그림 7.19b) (이 자유물체그림에서 $\mathbf{F}_{\text{drag}}$와 $\mathbf{f}$를 마치 접촉힘이라기 보다는 중력과 같은 물체힘인 것처럼 자동차의 질량중심에 꼬리를 놓고 그렸다. 자동차의 모서리에 이 힘을 놓는 조심스러운 사람은 구심력 함정에 빠지지 않을 것이다.)

이렇게 선택해서 좋은 것은 전혀 없다. 안으로 향하는 화살표는 알짜힘을 나타내야 하지만 알려지지 않게 되어 힘이 가속도를 어떻게 일으키는지, 무슨 물리적 힘이 알짜힘을 만드는지 결정하는 요소가 없게 된다. 혹은 이 안으로 향하는 화살표는 실제 물리적인 힘으로 상상하게 된다. 그러나 실제 힘이 중심으로 향하리라는 것은 이상하게 보인다. 그러므로 소위 구심력을 균형잡게 하여, 밖으로 향하는 **원심력**을 포함시켜 그 효과를 없애려고 시도할지도 모른다. (그림 7.19c) 한 오개념은 다른 오개념을 낳는다.

이것을 피하기 위해 두 가지를 기억하여라. 첫째 "구심력" 자체는 물리적인 힘이 아니다. (즉 가장 중요한 중력과 전자기적인 힘을 포함하는 1.2.1절의 네 가지 종류를 넘어 새로운 다섯 번째 힘이 아니다.) 이것은 중심으로 향하는 물리적인 힘에 이름을 붙인 것뿐이다. 둘째, 알짜힘도 물리적인 힘이 아니다. 따라서 등속원운동과 같이 알짜힘이 중심을 향하더라도, 이것을 구심력으로 이름 붙이지 말아야 한다.

더 조심하려면 "구심력을" 묻거나 찾지도 말아야 한다. 대신 구심력에 대해 말하려면 "하나의 구심력"에 대해 물어보아라. "그" 구심력이라고 하면 정확히 하나의 구심력을 의미하고, 알짜힘까지 포함하여 중심을 향하는 어떤 힘에도 필사적으로 구심력이라고 이름 붙이려고 하기 때문이다. 왜냐하면 "그 구심력은 어디 있는가?"에 "아무 곳에도 없다"고 대답하는 것은 문법적으로 틀리게 들리기 때문이다. 대조적으로 "하나의" 구심력이라고 하면 구심력이 없을 가능성도 허용된다. 왜냐하면 "하나의 구심력이 어디 있는가?"에 "아무 곳에도 없다"고 대답하는 것은 (대부분) 괜찮게 들리기 때문이다.

따라서 구심력을 사용할 때 문제를 피하려면 많이 노력해야 한다. 가장 간단한 방법은 사용하지 않는 것이다. 필자도 자유물체그림을 고칠 때를 제외하고는 전혀 사용하지 않는다. 그 대신 모든 힘은 한 상호작용의 한 측면이라는 기본원리를 기억하여라. 따라서 물체가 참여하는 짧은 영역과 긴 영역의 모든 (외부) 상호작용을 찾고, 각 상호작용에 대한 한 개의 힘을 그리고, 다른 힘은 그리지 않는다!

7.4 무게

이차원 운동과 같이 무게는 많은 혼동을 불러일으키는 주제이다. 근본적으로 혼동이 숨어있는 이차원 운동과는 달리 무게에 대해서는 혼동은 대부분 스스로 만든 것이고 해결하기 쉽다. 혼동을 불러일으키고, 해결하기 위해 먼저 궤도운동(7.4.1절)을 보겠다. 그리고 지구로 돌아와서 그네를 타는 동안(7.4.2절), 그리고 비탈 아래로 스키를 타는 동안(7.4.2절) 무게를 계산하겠다. 이 계산으로 인해 무게를 느끼는 방법에 대한 질문이 생길 것이다. 마지막으로 무게에 대해 분명히 이해한 후 말벌 문제(7.4.5절)를 풀 것이다. 보너스로 이 분석으로 인해 제2법칙과 제3법칙을 자주 연습하고, 이것을 이차원 운동과 자유물체그림에 적용하게 될 것이다.

7.4.1 궤도 운동

궤도에서 무게에 대한 혼동이 가장 명백하다.

▶ 지구 근처의 궤도에서, 예를 들어 우주 셔틀이나 우주정거장 안에 있는 우주인은 무게가 없는가?

그 답은 무게를 정의하는 방법에 의존한다. 무게를 인기있는 선택인 중력의 크기로 정의하면 우주인인 무게가 없다고 전혀 말할 수 없다. 지구의 중력은 낮은 궤도에서는 지면에서의 중력과 거의 비슷하기 때문이다. 예를 들어 고도 200 km에

서 지구의 중력은 지면에세 세기의 거의 94 퍼센트가 된다. (연습문제 1.5)

그러나 무게를 용수철저울이 나타내는 값으로 정의하면 우주선 안에서 떠다니고 어떤 물체나 저울에 접촉힘을 가하지 않으므로 무게가 없다. 이 두 개의 모순되는 답을 해결하기 전에 (두 번째 답이 의존하는) 자체로 떠다니는 것에 대해 의아해할 것이다.

◀ 우주인의 왜, 혹은 어떻게 떠다니는가?

이 심오한 질문에 대해서는 궤도를 도는 우주인과 우주선에 대한 Newton식 분석이 필요하다. 우주인에 작용하는 유일한 힘으로서(그림 7.20) 중력만이 우주인에게 안으로 향하는 크기 g_{orbit}의 가속도를 제공한다. 여기서 g_{orbit}은 대략 9.4 m/s^{2}이고, 낮은 궤도에서 약간 약한 중력을 반영한다. 궤도속력 v가

$$\frac{v^2}{R_{orbit}} = g_{orbit} \tag{7.47}$$

을 만족하는 한 일정한 속력으로 원궤도를 움직인다. 즉 6.3절의 등속원운동을 한다. 여기서 R_{orbit}은 (지구의 반지름과 지면으로부터 우주인의 고도를 더한 지구 중심으로부터의 거리인) 궤도 반지름이다.

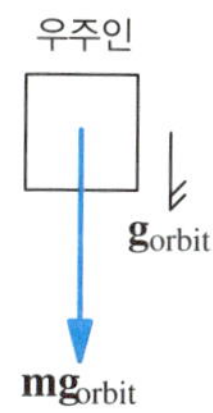

그림 7.20 궤도를 도는 우주인의 자유물체그림. 우주인인 중력인 하나의 상호작용만이 참여하고, 따라서 유일한 힘인 중력만 받는다.

한편 우주선에 작용하는 중력으로 우주선도 같은 안으로 향하는 가속도를 갖게 되고, 우주선과 같은 원궤도 속력을 갖는다. 따라서 우주인과 우주선은 나란히 궤도를 돌고, 이는 우주인은 우주선 안에서 아무런 접촉힘이 없이 떠다닌다.

우주선이 엔진을 켜서 다른 궤도로 가면 이 결론은 잠깐 변한다. 이제 우주선은 추가적인 힘인 폭발하는 연료와의 상호작용에 의한 접촉힘을 받는다. 이 힘은 우주선의 가속도를 변화시키고, 결국 궤도를 수정한다. 궤도가 변하면 더이상 우주

인과 우주선이 나란히 궤도를 움직이지 않는다. 따라서 우주선은 결국 우주인에 닿고, 우주인을 밀어서 접촉힘을 작용한다. 이 새로운 힘은 우주인의 가속도와 속도를 변화시켜 우주인의 궤도가 우주선의 새로운 궤도와 같도록 한다. 일단 우주인과 우주선이 나란히 궤도를 돌면, 우주인에 작용하는 접촉힘이 사라지고, 우주인은 다시 떠다녀서, 용수철 저울의 무게에 대한 정의에 의하면 다시 무게가 없어진다.

◀ 그러면 무게에 대한 두 정의를 어떻게 조정하는가?

기본적인 문제는 무게에 대한 두 개의 다른 정의가 존재하기 때문이 아니라, 이것을 섞는 것에 있고, 자주 일어나는 일이다. 필자를 포함해서 많은 사람은 용수철 저울 정의를 묵시적으로 사용한다. "우주인은 무게가 없다!" 한편 많은 사람들은, 필자도 예전에 그 중의 하나였는데, 명시적으로 중력의 정의를 사용한다. 많은 자유물체그림에서 mg와 W(무게)를 서로 바꾸어 사용하는 많은 교재에서 그렇게 가르쳤다. "우주인의 무게는 mg다."

불행하게도 무게가 없다는 것과 무게가 mg라는 두 개의 모순된 결과는 낮은 궤도를 도는 물체에서 중력은 0이라고(따라서 g_{orbit}이 0이라고) 결론지으면 가장 쉽게 조정할 수 있다. 이 결론의 허구성은 단순한 딸꾹질처럼 보이고, 낮은 궤도의 중력은 지면에서의 중력과 거의 같다는 것을 알면 쉽게 고칠 수 있다. 그러나 이러한 생각은 증상만을 치료할 뿐이지 그 아래에 숨어있는 무게의 두 가지 정의를 섞는 혼동을 없애지 못한다. 이렇게 섞는 것은 특히 문제가 된다. 왜냐하면 용수철과 중력은 (각각 전자기적이 힘과 중력인) 다른 종류의 기본적 힘을 상징하기 때문이다.

올바른 치료는 한 정의를 선택하고, 그것을 명시적으로나 묵시적으로나 사용하는 것이다. 어떤 정의도 맞을 수 있다. 그러나 필자가 힘이 속도를 일으킨다는 묵시적인, Newton 이전의 믿음의 찌꺼기를 만날 때마다 기억하듯이 명시적인 믿음을 바꾸는 것이 묵시적인 믿음을 바꾸는 것보다 더 쉽다. 그 이유는 명시적인 정의를 바꾸어 묵시적인, 용수철 저울 정의를 맞추려고 한다. 더구나 (중력의 크기라는) 기존의 이름에 (무게라는) 새로운 이름을 붙이면 혼동을 일으키게 된다. 왜냐하면 이것은 두 이름이 다른 힘을 가리키는 것을 의미하기 때문이다. 따라서 용수철 저울 정의를 사용하는 것을 추천한다. 무게는 용수철 저울이 나타내는 것이다.

◀ 용수철 저울은 정확히 무엇을 나타내는가?

용수철 저울은 그 윗면에 작용하는 수직항력의 크기를 나타낸다. (목욕탕 저울과 같이 실제 용수철 저울은 자질구레한 것이 많으므로) 개념적으로 작용하는 방법을 보면 수직항력이 윗면을 압축하고, 그 밑의 용수철을 압축한다. 압축된 거리 x와 용수철의 딱딱함을 나타내는 (1.18)의 용수철 상수 k가 함께 수직항력의 크기 N을 (kx로) 결정한다. 혼동스럽게도, 이제 N을 (지구 표현에서 표준적인 g값에 기초하여) $m=N/g$을 이용해 질량 m으로 나타내는 것이다. 미터계 저울에서는 그 눈금이 (질량의 단위인) 그램이나 킬로그램으로 되어 있다.

눈금이 파운드를 나타낸다면 힘을 질량으로 변환하는 것은 필요하지 않다. 영국 중력계와 미국공학 단위계에서 (풋–파운드–초와 인치–파운드–초) 파운드는 공식적으로 힘의 단위이다. 불행하게도 삼 세기 전에 묵시적으로 만들어졌을 때 정당화된 이 놀라운 선택은 무게, 질량과 힘에 대한 널리 퍼진, 뿌리 깊은 혼동을 불러일으켰다. 왜냐하면 질량과 힘을 처음 공부할 때 만들어진 시대의 불가피한 혼동을 우리 시대로 가져오기 때문이다. 필자의 해결방법은 파운드는 질량의 단위인 척하는 것이다. 이것은 미국이 무기력한 미터화를 하려는 시도를 하는 동안 필자가 초등학교에 다닐 때 배운 것이고, 어쨌든 대부분의 사람들이 그렇게 생각한다. 그리고 이 비공식적인 파운드에 대략 2.2 파운드당 킬로그램을 사용하여 미터계에서 계산을 계속하여 안전할 수 있었다. 이 단위계는 분명히 혼동스럽지 않다.

무게를 용수철 저울로 정의하면 우주 셔틀 안에서 떠다니는 우주인은 아무 접촉힘도 가하지 않고, 거의 모든 세기로 중력을 경험하여 무게가 없다.

궤도운동은 대부분의 시간을 지상에서 보내는 우주인도 특이하다고 인정한다. 따라서 무게의 용수철 저울 정의는 과도한 것 같다. 첫째, 매우 가상적인 문제를 푸는 데 수동적인, 접촉힘을 풀 때 실제로 있는 복잡함이 더해진다. 둘째, 많은 지구상의 상황에서 물체가 저울에 작용하는 수직항력은 어쨌든 (크기는) 물체에 작용하는 중력과 같다. 예를 들면 목욕탕 저울 위에 조용히 서있는 경우이다. ($\mathbf{a}=0$) 제2법칙에 의하면 사람에 작용하는 수직항력의 크기는 mg이다 (5.1절) 그러므로 제3법칙에 의하면 사람이 저울에 작용하는 수직항력 또한 크기가 mg이다.

따라서 왜 더 간단한 무게에 대한 중력 정의를 사용하지 않는가?

그 답은 등식 관계는 0의 (수직) 가속도 조건에 의존한다는 것이다. 예를 들어 튕기는 동안(7.1.7절), (7.4.2절에서 분석할) 그네, 혹은 궤도처럼 물체의 가속도에 0이 아닌 수직성분이 있으면, 중력과 수직항력은 크기가 다르고, 무게의 정의가 중요해진다. 용수철 저울 정의의 개념적 분명함은 추가적인 계산의 복잡함을 보상하고도 남는다.

7.4.2 그네

무게의 용수철 저울 정의를 지구로 가지고 와서 0이 아닌 수직 가속도에 대해 주의를 기울이면서, 다음과 같은 상황에서 무게를 계산하자. 앞뒤로 진동하는 놀이터 그네(진자)에 서있는 경우이다. 그네를 매단 체인의 길이 l은 대략 2 미터이다. 그네 바닥에는 그네 의자, 사람의 발과 이 밑에 얇은 용수철 저울이 있고, 이 전체가 약 4 m/s로 움직인다. (시간당 14 km 혹은 9 마일이다.)

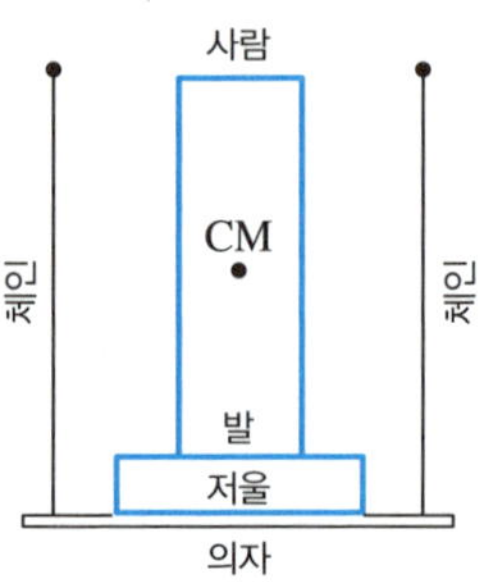

그림 7.21 놀이터 그네에 서있는 사람. (뒤에서 본 그림)

▶ 그네가 원호의 바닥에 있을 때 사람의 무게는 얼마인가? 즉 정규적인 눈금 와 비교하면 어떤 힘이 저울에 나타나는가?

무게를 구하려면 사람에 작용하는 수직항력을 구해야 한다. 따라서 사람의 자유물체그림을 그려야 한다. 사람의 유일한 긴 영역의 상호작용은 중력상호작용이다. 유일한 짧은 영역의 상호작용은 저울과의 접촉상호작용이다. (이 계산을 하기 위해 공기저항을 무시하겠지만, 연습문제 7.15에서 그 효과를 고려할 수 있다.) 따라서 사람에는 아래로 향하는 중력과 위로 향하는 수직항력의 두 힘만 작용한다.

자유물체그림을 만들 때 마지막 단계는 이 그림에 사람의 가속도를 포함시키는 것이다. 그러나 사람의 어느 부분의 가속도인가? (발이 저울과 닿아 있으므로) 발의 가속도인가, 혹은 (Newton의 법칙을 사용하므로) 머리의 가속도인가? 사람의 다른 부분의 속력이 다르고, 가속도도 다를 수 있다. 사람은 합성물체이다.

답은 Newton의 2.5법칙 (7.44)에서 나오고, 다시 반복하면 m을 사람의 질량으로 하여 쓴다.

$$\frac{1}{m}\mathbf{F}_{\text{net}}^{\text{ext}} \to \mathbf{a}_{\text{CM}}. \tag{7.48}$$

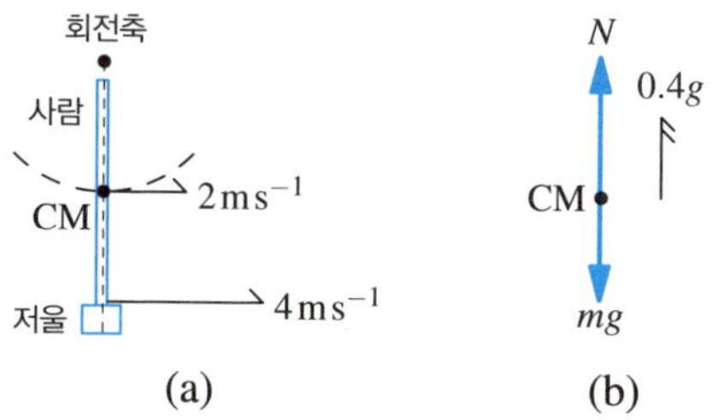

그림 7.22 그네 분석. (a) 놀이터 그네에 서있는 사람의 모양과 운동. (옆에서 본 그림) 수직 점선은 체인이다. 사람의 질량중심(CM)은 반지름이 대략 1미터인 원에서 움직인다. 저울은 얇고, 사람의 CM은 사람의 중점에 있고, 꿈에서 (체인처럼) 키가 2 미터이다. (b) 사람의 자유물체그림. 수직항력이 스스로 조절하여 사람의 CM의 가속도가 위로 $0.4g$가 되게 한다.

알짜(외부)힘에 의해 만들어지는 관련된 가속도는 사람의 질량중심(CM)의 가속도이고, 질량중심은 회전축에 중심이 있는 원 위에서 움직인다. (그림 7.22a) 원운동에서 가속도는 안쪽으로 향하는 수직성분

$$|\mathbf{a}_{\perp}| = \frac{v_{\text{CM}}^2}{r} \tag{7.49}$$

를 갖는다. 여기서 r은 사람의 질량중심이 움직이는 원의 반지름이고, v_{CM}은 질량중심의 속력이다. 사람의 질량중심은 회전축에서 발 사이의 대략 반인 위치에 있다. 따라서

$$r \approx \frac{1}{2} \times l = 1\,\text{m} \tag{7.50}$$

이고

$$v_{\mathrm{CM}} \approx \frac{1}{2} \times \underbrace{4\,\mathrm{m\,s^{-1}}}_{v_{\mathrm{feet}}} = 2\,\mathrm{m\,s^{-1}} \tag{7.51}$$

이다.

가속도의 평행성분은 그 방향에 의해 사람의 질량중심의 속도가 증가하는지 혹은 느려지는지 알려준다. 그네 원호의 바닥에서 v_{CM}은 최대이므로, 사람의 질량중심은 아무 것도 하지 않는다. ($dv_{\mathrm{CM}}/dt = 0$) 따라서 수평성분은 0이고, 위로 향하는 가속도만 남는다. 이것은 6.5절에서 원호 바닥의 점 C에서 진자의 추와 같다.

(7.50)에서 r과 (7.51)에서 v_{CM}를 추정한 값으로 다음을 얻는다.

$$a_{\mathrm{CM}} = \frac{v_{\mathrm{CM}}^2}{r} \approx \frac{(2\,\mathrm{m\,s^{-1}})^2}{1\,\mathrm{m}} = 4\,\mathrm{m\,s^{-2}} = 0.4g. \tag{7.52}$$

이제 자유물체그림은 거의 완성되었다. (그림 7.22b) 유일하게 알지 못하는 것은 수직항력의 크기인 N이다. 수동적인 힘이므로 이 힘은 스스로 그 값을 조절하여 사람의 질량중심이 원 위에 있도록 한다. 그 값은 Newton의 제2.5법칙 (7.48)로 결정된다. 이 법칙은 벡터식이지만, 여기서는 수직성분, 즉 y 성분만 중요하다. (평행한 힘성분과 가속도는 모두 0이므로 $0 = 0$이라는 오래된 결과를 얻는다.) 위를 양의 y 방향으로 정하면 (7.48)의 y 성분은 다음과 같다.

$$\underbrace{N - mg}_{F_y^{\mathrm{net}}} \rightarrow ma_{\mathrm{CM}}. \tag{7.53}$$

(7.52)에서 $a_{\mathrm{CM}} = 0.4g$를 사용하고, N에 대해 풀면

$$N \approx 1.4mg \tag{7.54}$$

가 된다. 제3법칙의 결과로 N 또한 사람이 저울에 작용하는 수직항력의 크기이므로, 이것이 사람의 무게이다. (이것으로 삼각형 질문에 대답하였다.) 위로 향하는 가속도에 대해 예상한대로 $N > mg$이다. 사람은 지면에 평온하게 서있을 때보다 그네 원호의 바닥에 있을 때 훨씬 무겁다.

7.4.3 스키 타기

가속하여 무게를 바꿀 수 있다. 다음 예제에서는 사람이 삼각형 쐐기 위에 서있고 (그림 7.23), 사람과 쐐기가 기울기 $\theta = 30°$인 비탈 아래로 미끄러져 가는 것을 볼 것이다. (실제로는 뒤로 자빠지지 않도록 웅크려야 한다. 8.2절을 공부한 후 연습문제 8.2를 풀어 보아라.) 저울을 쐐기의 윗면에 놓았다. 무게와 관련된 접촉힘을 계산하는 데 집중하기 위해 공기 끌림과 쐐기와 비탈 사이의 마찰은 무시한다. (그러나 쐐기와 사람 사이의 마찰은 연습문제 7.20에서 분석했듯이 중요하다.)

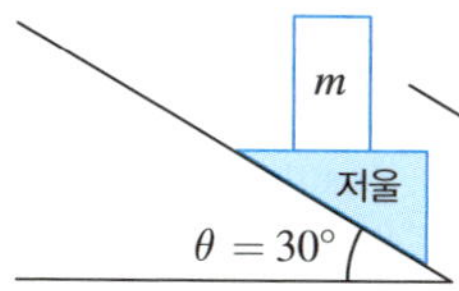

그림 7.23 쐐기 위에서 마찰 없는 비탈을 미끄러져 내려가기. 무게를 측정하는 저울이 쐐기의 윗면에 있다.

▶ 사람의 무게는 얼마인가? 즉 저울이 나타내는 힘의 크기는 얼마인가?

저울의 눈금은 저울 윗면에 작용하는 수직항력의 크기를 나타낸다. 동등하게 이 눈금은 사람에 작용하는 수직항력의 크기를 나타낸다. 이 두 수직항력은 Newton의 제3법칙으로부터 크기가 같다고 배웠다. 따라서 저울의 수직항력을 구하려면 사람의 자유물체그림을 그려야 한다. (사람은 쐐기보다 적은 수의 접촉상호작용이 있으므로 쐐기의 자유물체그림보다 간단하다.)

사람의 자유물체그림은 지구와의 상호작용과 쐐기와의 상호작용, 동등하게는 쐐기의 윗면에 놓인 저울과의 접촉상호작용의 두 상호작용으로부터 힘 하나씩 받는다. 따라서 사람은 두 힘을 받는다. 아래로 향하는 중력 mg와 접촉힘 $\mathbf{F}_{\text{scale}}$이다. $\mathbf{F}_{\text{scale}}$의 위로 향하는 성분의 크기, 즉 수직항력 $\mathbf{N}$의 크기가 저울의 눈금이다.

따라서 N이 최종 목표이고, 중간 목표는 사람의 가속도 $\mathbf{a}$로 결정되는 $\mathbf{F}_{\text{scale}}$이다. 아차, 마음 속을 투영하는 실수(5.5.1절)을 저질러서 가속도가 힘을 결정한다고 했다. 이보다는 $\mathbf{F}_{\text{scale}}$와 중력이 함께 알짜힘으로서 $\mathbf{a}$를 결정한다.

다행히 먼저 $\mathbf{F}_{\text{scale}}$를 구하지 않고 $\mathbf{a}$를 결정할 수 있다. 사람과 쐐기는 함께 마찰이 없는 평면에서 미끄러지고 있다. 이 분석은 7.1.4절에서 했다. 그 결과는 아래로 $\mathbf{a} = g\sin\theta$이다.

이 $\mathbf{a}$를 알면 중력과 함께 $\mathbf{a}$를 만드는 $\mathbf{F}_{\text{scale}}$를 유추할 수 있다. 다행히도 완벽하게 기름을 바른 언덕을 미끄러져 내려올 때 (7.1.4절) 이미 분석했다. 그때도 지금과 같이 가속도는 비탈 아래 방향으로 $g\sin\theta$이다. 그때는 아래로 향하는 중력 mg와 이때와 마찬가지로 접촉힘을 받는다. 따라서 두 상황에서 접촉힘은 같아야 한다. 거기서는 비탈에 수직인 $mg\cos\theta$였고, 여기서는 $\mathbf{F}_{\text{scale}}$이다. (Newton의 법칙이 제공하는 X선 시선으로 보면 쐐기는 볼 수 없다.)

저울 눈금은 $\mathbf{F}_{\text{scale}}$의 수직 성분인 N을 나타낸다. (그림 7.24) $\mathbf{F}_{\text{scale}}$은 수직선에 대해 θ만큼 기울어져 있으므로 다음을 얻는다.

$$N = \underbrace{F_{\text{scale}}}_{mg\cos\theta}\cos\theta = mg\cos^2\theta. \tag{7.55}$$

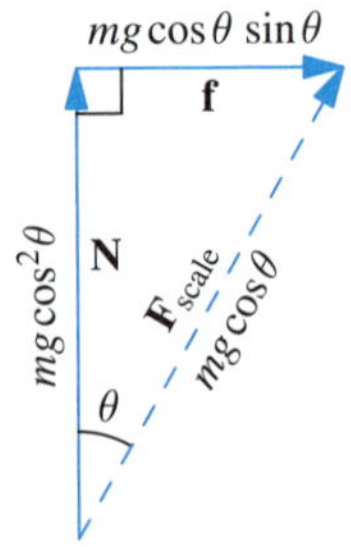

그림 7.24 접촉힘 $\mathbf{F}_{\text{scale}}$을 크기가 N인 수직성분 $\mathbf{N}$과 평행성분 $\mathbf{f}$로 분해하기.

$\theta = 30°$이면 $\cos\theta = \sqrt{3}/2$이고, 삼각형 질문의 답은

$$N = \frac{3}{4}mg \tag{7.56}$$

이다. 쐐기 위에서 이 평면을 따라 스키를 타고 내려가면, 보통 무게의 3/4만의 무게가 된다. 스키를 타는 것은 비록 (대부분이 관심을 갖는) 질량은 아니지만, 순간적으로 무게를 빼는 방법이다.

7.4.4 무게 느끼기

무게와 중력의 차이 때문에 어떻게 무게를 감지하거나 느끼는가 하는 질문이 생긴

다. 그 답으로 인해 물체에 작용하는 긴 영역과 짧은 영역의 힘을 구별하게 된다. 다시 평평한 지면에 서있는 경우를 상상해보자. (5.1절) 사람에 작용하는 한 힘은 "긴 영역의 중력"이다. 이 중력은 사람의 모든 작은 부분에 작용한다. 따라서 수많은 작은 중력이 몸 전체에 분포되어 있다. (그림 7.25) 다른 힘은 지면이 발바닥에 작용하는 짧은 영역의 접촉힘이다.

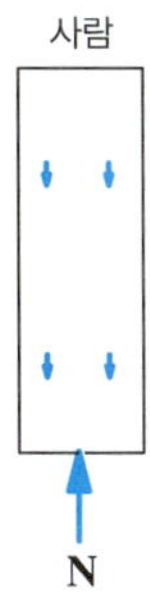

그림 7.25 사람이 지면에 서있을 때 더 정확한 자유물체그림. 중력을 하나의 힘(화살)로 표현하기 보다는 많은 작은 힘으로 나누었다. (수직항력 **N**도 나눌 수 있다. 이것은 사람의 밑면을 따라 작용하는 많은 작은 힘이 될 것이다.)

표면 혹은 접촉힘과, 부피 혹은 물체힘(여기서는 중력)은 바로 그 이름 때문에 사람의 다른 부분에 작용한다. 이 차이가 몸 안에서 변형력을 만들고, 조직과 뼈를 압축시킨다. (연습문제 5.8에서 단순한 모형을 만들었다.) 이 압축이 사람들이 익숙하게 느끼는 것이다.

익숙한 압축으로부터의 차이는 확실하게 나타난다. (연습문제 7.16에서 분석한) 롤러코스터 차 안에서 언덕을 지나갈 때 배가 가슴으로 올라오는 것처럼 느낄 것이다. 사람에 작용하는 중력은 롤러코스터 경로가 시작한 부분에서 수 미터 올라가도 변하지 않지만, 사람의 아랫부분에 작용하는 힘은 변한다. 그러므로 내부 변형력은 익숙한 것과는 다르고, 따라서 내부 압축과 팽창(변형이라고 부른다)도 달라진다.

마찬가지지만, 더 오랜 기간 동안 우주인이 작은 무게로 지낼 때, 예를 들어 우주 정거장에 있을 때, 뼈는 정상으로 자라지 않는다. 뼈는 지구에서 느끼는 보통의 변형력을 느끼지 않는다. 지구 위의 변형력이 뼈를 성장하고, 고치는 것을 자극한다.

식물 또한 부피(긴 영역)와 표면(짧은 영역)의 힘의 차이를 구분한다. J. W. Warren의 논의에서 배운 것처럼[25, 22쪽]

작은 씨도 중력과 땅을 밀고 올라오는 반대의 힘이 일치하지 않아서 씨가 싹이 틀 때 뿌리가 아래로 자라게 된다.

무게가 중력으로 정의하지 말아야 한다는 생각을 굳히기 위해서 중력은 없고, 수직항력만 있는 다음 상황을 고려하자. (그림 7.26) 사람이 중력장으로부터 멀리 떨어져 있는 우주 공간에 있는 엘리베이터 안에 서있다. 엘리베이터는 지구의 중력가속도인 크기가 g인 일정한 가속도가 위로 작용한다. (중력이 없이 윗방향을 정의하기는 어렵고, 아마도 불가능할 수도 없지만 이 점은 아래의 분석을 망치지는 않는다.)

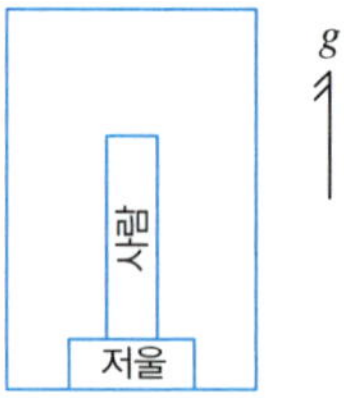

그림 7.26 가속되는 엘리베이터 안의 저울 위에 서있기. 엘리베이터의 가속도는 위로 g이다.

▶ 몸 전체에서 지구 위에 서있는 것과 똑같이 느끼는가? 혹은 저울 눈금만 비슷한가?

(발 밑바닥에 있는 저울에 닿는 부분뿐만 아니라) 몸 전체를 통해 지구 위에 서있는 것과 같이 느낀다. 즉 사람 몸의 모든 각 부분에 작용하는 내부힘은 지구 위에 서있는 것과 똑같다. 그 이유를 보려면 두 상황에서 대응하는 힘을 고려한다. 지구 위에 서있을 때 질량 Δm인 각 부분은 약간 균형을 이루지 않는 두 압축힘을 받는다. (그림 7.27a) 그 벡터합은 이 부분에 작용하는 작은 아래 방향의 중력과 균형을 이루고 가속되지 않게 하려면 위로 $g\Delta m$와 같아야 한다. 가속되는 우주의 엘리베이터 안에 서있을 때 벡터합도 역시, 각 부분의 가속도가 위로 g가 되려면, 위로 $g\Delta m$과 같아야 한다. (그림 7.27b)

따라서 지구 위에서처럼 엘리베이터 안에서 대응되는 부분에 작용하는 위와 아래의 힘은 같은 양($g\Delta m$)만큼 다르다. 더구나 엘리베이터 바닥이든 지면이든, 접촉면에서 대응되는 아래힘은 동일하다. 그러므로 위와 아래의 힘인 내부 압축힘은 두 상황에서 같다. 가속되는 엘리베이터에는 인공적인 지구 중력이 있다.

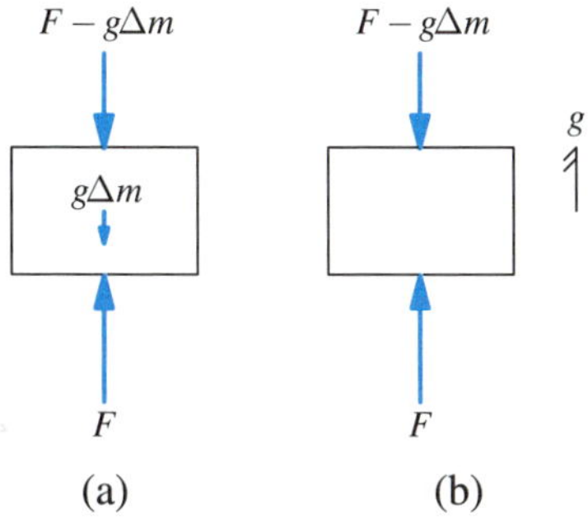

그림 7.27 지구 위에 서있는 것과 가속되는 엘리베이터 안에 서있는 것을 비교하기. (a) 지구 위에 서 있을 때 사람의 일부분에 대한 자유물체그림. 내부 압축힘은 함께 중력과 균형을 이루고, 그 부분의 가속도가 0이 되게 한다. (b) 엘리베이터 안에 서있을 때 부분에 대한 자유물체그림. 압축힘은 (a)의 경우와 같다. 그러나 이와 균형을 이룰 중력이 없어 이 부분에 크기 g인 윗방향의 가속도를 준다.

◀ 이 방법을 (우리 뼈가 정상적으로 자라도록 내부 변형력을 재창조하도록) 오래 여행하는 우주인에게 인조중력을 만드는 데 사용할 수 있는가?

다음 문제를 해결하기 위해 필요한 수정을 하면, 그렇다. 정지상태에서 시작하여, 예를 들어 10시간 동안 가속한 후 엘리베이터는 6000 km 이상 여행할 때, 그 거리는 지구 주위 궤도반지름과 비슷하며, 대략 360 km/s의 속력으로 움직인다. 태양 주위로 도는 지구의 궤도속력보다 훨씬 큰 이 속력을 얻으려면 매우 많은 양의 연료가 필요하다. 어떤 유용한 지속시간에 대해서도 직선 가속도는 실용적이지 않다.

그러나 가속도를 이용하여 중력을 흉내내는 생각은 적절하다. 더 값싼 방법은 우주선이나 우주정거장을 축 주위로 돌리는 것이다. (그림 7.28) 만일 우주인이 살고 있는 가장자리가 일정한 속력 v로 회전하면 $v = \sqrt{gR}$이다. 여기서 R은 (6.57)로부터 축에서 가장자리까지의 거리이고, 우주인의 안으로 향하는 가속도의 크기는 g이다

$$a = \frac{v^2}{R} = \frac{gR}{R} = g. \tag{7.57}$$

우주선이나 우주정거장에 인조중력이 있다! 인조중력은 (내부적으로 그 결과를 통해) 단일 외부힘을 느끼는 곳에서 힘을 느끼는 하나의 극한을 보여준다.

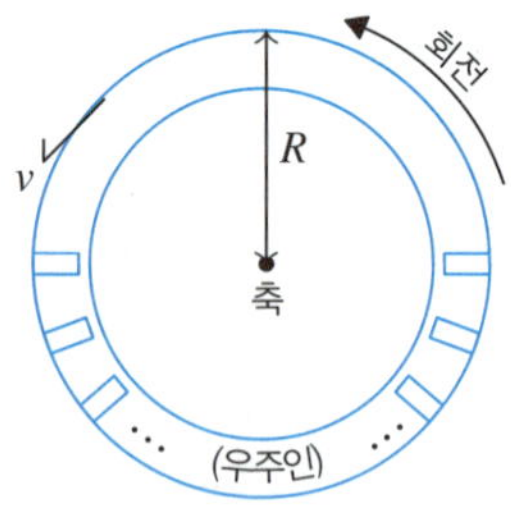

그림 7.28 인조중력을 만들기 위해 회전하는 우주정거장.

◀ 다른 극한에서 느낄 수 없는 힘이 있는가?

그렇다! 물체 혹은 부피힘이라고 부르는(1.2.3절) 긴 영역의 힘이 물체의 부피에 균일하게 작용하는 것을 상상해보자. "균일하게"라는 것은 물체의 각 부분에 힘이 (크기와 방향이) 같은 가속도를 만드는 것을 의미한다. 이와 같은 힘은 모든 부분의 속도를 동일하게 변화시킨다. 그러므로 부분의 상대적인 운동에 영향을 끼치지 않는다. 그러므로 압축시키거나 늘리는 물체의 내부구조에도, 내부힘에도 영향을 끼치지 않는다. 이 힘은 느낄 수 없다.

이와 같은 부피힘의 예는 균일한 중력장 안에 있는 물체에 작용하는 중력이다. 중력의 크기와 방향은 어디서나 같다. 이 중력은 느낄 수 없다. 이러한 이유로 Einstein은 중력은 우스운 힘의 종류이고, 이것을 힘이 아니라 시공간의 기하학적 모양의 변화(곡률)로 다시 상상했다. (이 훌륭한 이야기는 8.3.2절에서 도입된다.)

비록 어떤 중력장도 완벽하게 균일하지 않지만, 중력의 근원에서 멀리 떨어져 있고, 충분히 작은 영역에서는 중력을 균일하다고 어림할 수 있다. (이 작용 영역에 대한 필요성 때문에 Einstein은 그의 중력이론을 만들 때 미분기하학이 필요했다. 미분기하학에서는 작은 영역에서 시공간의 기하구조를 연구하고, 이 분석을 짜깁기한다. 이것은 미분에서 작은 직선 구역으로 곡선을 만드는 것과 비슷하다.)

지구의 중력장은 지구 중심으로부터 6000 km 떨어진 표면 (혹은 그 위에서) 거의 균일하다. 특히 6000 km에 비교하여 (예를 들어 사람을 지나는 영역과 같은) 작은 영역에서는 거의 균일하다. 따라서 사람은 지구의 중력을 느끼지 않는다! 그 대신 내부힘에 의해 만들어지는 압축(그리고 늘리기)을 느낀다. 이것은 사람이 자유낙하하지 못하게 막는 지면 때문이다.

또한 지구 궤도의 거리에서 태양의 중력도 거의 균일하다. 태양의 중력은 지구에 작용하는 유일한 큰 힘이므로 태양 주위를 도는 궤도에서 중력을 느끼지 못한다. 즉 무게가 없다!

7.4.5 말벌

무게의 용수철 저울의 정의(7.4.1절)과 합성물체에 대한 Newton의 2.5법칙(7.2절)과 같은 개념의 조각을 모았으므로, 이제 2.3에서 소개했던 말벌 문제를 풀 수 있다. 벌 상자를 저울 위에 놓았는데, 무게의 상한보다 10 그램을 초과한다. (그램은 무게가 아니라 질량의 단위이기 때문에 필요한데) 용어를 분명하게 사용하도록 하자. 수직항력 N(그림 2.10)은 10 그램 곱하기 g, 즉 0.1 뉴턴으로 너무 크다. 벌은 무게를 줄일 수 있을까? 물리적 언어를 쓰면 N은 벌의 운동을 바꾸어 줄일 수 있을까?

▶ 벌이 상자 바닥에서 평화롭게 잠들어있을 때 트럭 운전사가 갑자기 상자를 쳐서 벌을 깨워 날아다닌다면 어떤 일이 벌어지는가?

벌이 쉬고 있을 때 상자와 벌의 합성물체의 가속도는 0이다. 특히 질량중심의 가속도가 0이다. 따라서 2.5법칙 (7.44)에 의해 물체에 작용하는 알짜 외부힘은 0이어야 한다. 그러므로 수직항력 $\mathbf{N}$과 중력 $\mathbf{F}_g$는 균형을 이루어야 한다. $N = F_g$. 여기서 F_g는 합성물체에 작용하는 중력의 크기이므로 다음이 성립한다.

$$N = F_g = (M + m)g. \tag{7.58}$$

여기서 M은 상자의 질량이고, m은 모든 벌의 질량이다.

벌이 날아오를 때 벌은 평균적으로 0이 아닌 위로 향하는 속도를 갖는다. 그렇지 않으면 결코 공중에 뜨지 못할 것이다. "평균적으로"란 질량중심을 의미한다. 따라서 질량중심의 속도 $\mathbf{v}_{CM}^{bees}$는 위로 향한다. 벌이 상자 바닥에서 쉬고 있을 때 $\mathbf{v}_{CM}^{bees}$이 0에서 시작했으므로, (떠오를 약간의 시간 동안) $\mathbf{v}_{CM}^{bees}$ 또한 위로 향해야 한다. 그렇지 않으면 $\mathbf{v}_{CM}^{bees}$는 결코 위로 향할 수 없다.

한편 합성물체의 다른 부분인 상자의 가속도는 0이다. 합성물체 질량중심의 가속도 $\mathbf{a}_{CM}$은 (각각의 질량으로 가중치를 둔) 두 부분의 가속도의 가중치(7.43)이다. 따라서 (상자에 대한) 가속도 0과 벌에 대한 위로 향하는 가속도의 가중평균인 $\mathbf{a}_{CM}$ 또한 위로 향한다.

질량중심을 위로 가속시키려면 N은 (떠오르는 것에 영향을 받지 않는) F_g보다 커야 한다. 벌은 날아오르게 하면 무게는 증가하고, 삼각형 질문에 대한 슬픈 답이다. 그렇지만 실망하지 말아라! 무게는 반대 방향으로 이동했지만, 이 분석으로 인해 무게는 벌의 운동에 의존한다는 놀랍지만, 환영할만한 소식을 얻게 되었다.

▶ 벌이 무게를 줄일 수 있는가?

벌의 질량중심이 아래로 가속한다면 N은 F_g보다 작을 것이다. 그 가속도를 만드는 첫 번째 단계로 벌이 날아오르는 것을 멈추고, 각각 편하게 날아다니는 높이에서 돌아다니게 하자. 그러면 $\mathbf{a}_{CM}$은 0이고, (벌이 상자 바닥에서 자고 있을 때와 같이) 다시 $N = F_g$이다. 이제 해롭지 않은 수면 가스를 상자 안으로 펌프질한다. 벌은 날아다니는 도중 잠이 들고 상자 바닥을 향에 자유낙하운동을 한다. 그 가속도와 물체의 질량중심 가속도는 이제 아래로 향한다. N은 F_g보다 작다!

▶ N은 얼마나 작아질 수 있는가?

자유낙하운동을 할 때 벌에는 (공기저항을 무시하면) 중력만 작용한다. 하지만 누구도 이것을 느낄 수 없다. (7.4.4절) 따라서 벌은 무게가 없고 보통의 무게 mg는 (7.58)에 주어진 저울 눈금에서는 사라진다. 따라서 자유낙하운동을 하는 동안

$$N = \underbrace{(M + m)g}_{F_g} - mg = Mg \tag{7.59}$$

가 된다. 저울은 단지 상자의 (보통) 무게만을 나타낸다. (무중력 상태에 대한 약간 매끄러운 논의를 사용하여 지원한 이 결론은 정당화할 수 있다. 연습문제 7.24를 풀어보아라.)

원래 저울은 한계보다 10 그램 초과하는데 이는 초과된 수직항력이 10 그램에 를 곱한 양이라는 뜻이다. 따라서 벌의 질량이 10 그램보다 크기만 하면 이 문제는 풀렸다. 그리고 우리의 주제인 가속하는 합성물체의 일반적인 경우에 대한 Newton의 제2법칙의 코스요리에 대해 결론을 맺겠다. 다음 장과 마지막 장에서는 Newton의 법칙 이후에 어떤 것이 있는지 논의할 것이고, 디저트로 제공한다. 배

고프다면 계속 읽어보아라!

7.5 연습문제

7.1 7.1.1절의 움직이는 토스트가 (잡지 못했다면) 땅에 떨어질 때 얼마나 빠른가? 공기의 저항(그리고 토스트의 회전)은 무시하여라. 일반적인 식탁 높이 h에 대해 충돌속력을 구하고, $h \approx 0.6$ m인 경우 그 값을 구하여라.

7.2 7.1.5절의 보잉 비행기는 이륙하기 위해 속도를 올리는 동안 활주로에서 얼마나 이동하는가?

7.3 $t = 0$에서 테니스 라켓을 이용해 돌을 바로 위로 속력 $v_0 = 20$ m/s(72 km/h)로 위로 올린다. 그런데 이 출발 속력을 얻으려면 라켓이 돌을 친 지점과 순간에 라켓은 위로 $v_0/2 = 10$ m/s로 움직여야 한다. 다음 질문에 답할 때 공기 저항은 무시한다. ($g = 10$ m/s^{2}를 이용한다.)

a. 돌은 언제 최고점에 도달하는가? (언제 속력이 0인가?)

b. 올라가는 동안 돌은 (7.1.1절의 떨어지는 돌처럼) 운동 방향의 힘을 받는가?

c. 올라가는 동안 돌의 평균속력, 평균속도, 평균가속도를 구하여라.

d. 올라가는 동안 돌은 얼마나 올라가는가?

e. 출발한 다음 돌이 쏘아올린 높이로 돌아올 때까지 걸리는 시간은 얼마인가?

f. 왕복운동을 하는 동안 돌의 평균속력, 평균속도, 평균가속도를 구하여라.

7.4 두 개의 같은 질량($m_1 = m_2$)이 있는 (이상적인) Atwood 기계에서 어떤 질량도 (5.6.3절의 결과에 의해) 가속되지 않는다. 이 문제에서 m_1과 m_2가 다를 때 일반적인 가속도를 구한다. (그림 5.27a)

a. 각 질량에 대한 자유물체그림을 그려라.

b. 두 그림을 이용하여 줄의 장력 T, m_1의 가속도 수직성분 a_2를 구하여라.

c. 다음을 확인하여라. (i) T와 a_2의 결과가 쉬운 경우인 $m_1 = m_2$인 경우에도 맞다. (ii) $m_1 > m_2$일 때와 $m_2 > m_1$인 경우 a_2의 부호는 물리적으로 맞다.

7.5 발로 찬 얼음 토막의 평균속력 (7.12)를 계산한 후, **a**가 일정하면 일차원 운

동에서만, 물체가 방향을 뒤집지 않는 한 속력이 일정하게 변하다는 것을 알게 되었다. 이러한 주의점을 다음과 같이 나타내어라.

a. **a**는 일정하지만, 속력이 일정하게 변하지 않는 이차원 운동의 예를 들어라.

b. **a**는 일정하지만, 속력이 일정하게 변하지 않는 일차원 운동의 예를 들어라.

7.6 7.1.3절의 자전거에 대해 F_{contact}를 m, a와 g로 나타내어라.

7.7 연습문제 5.8에서 지면 위에 서있는 사람과 사람 내부에 작용하는 힘을 구하기 위해 사람을 토막이 세 개 쌓여있는 것으로 모형을 만들었다. 이 문제에서 지구로 자유낙하하는 사람에 대해 그 분석을 다시 한다. 따라서 다이빙대에서 뛰어내리고 물에 떨어지는 동안 공중에 떠있다. (공기 저항은 무시한다.)

a. 지구와 사람 모형에 사용되는 각각의 세 토막에 대한 자유물체그림을 그려라.

b. 연습문제 5.8에 있는 지면에 서있는 경우와 비교하면 내부힘은 어떻게 다른가?

c. 지면에 서있을 때와 비교하면 지구의 운동은 어떻게 다른가?

7.8 마찰이 없는 비탈에서 미끄러져 내려올 때 $\mathbf{a}_\perp = 0$이라는 7.1.4절의 결론은 두 가지 조건에 의존한다. (1) 언덕을 따라서만 움직인다. (2) 비탈은 직선이다. $\mathbf{a}_\perp = 0$이라는 결론을 증명하려면 두 번째 조건이 필요하다는 것을 보이기 위해 반례를 만들어라. 즉 첫 번째 조건을 만족하더라도 $\mathbf{a}_\perp = 0$이 0이 아닌 비탈을 고안하여라.

7.9 (줄에 질량을 매달은) 진자 가속도측정기를 들고 마찰이 없는 언덕 아래로 스키를 타고 내려간다. 비탈은 수평선과 각도 θ를 이룬다. 공기저항이 없다고 가정하면 (일단 질량이 진동을 멈추면) 줄은 수직선과 어떤 각도를 이루는가? 줄은 언덕과 어떤 각도를 이루는가?

7.10 여전히 7.3.1절의 위성이 반시계방향으로 궤도를 돌고 있다고 가정하자.

a. 점 A에서 $\mathbf{a}_\parallel$은 얼마인가? 그리고 그 곳에서 위성의 속력에 어떤 일이 일어나는가? (즉 속력이 증가하는가, 감소하는가, 일정한가?)

b. 점 C와 D에서 $\mathbf{a}_\parallel$은 어떤 방향을 향하는가? 이 점에서 위성의 속력에 어떤 일이 일어나는가?

위성이 시계방향으로 궤도를 돌고 있다면 답은 어떻게 바뀌는가?

7.11 회전을 활기있게 만들기 위해 7.3.2절의 운전자는 가속기를 밟아 원형 도로를 따라 움직일 때 차를 가속시킨다. 속력이 두 배가 되었을 때 운전자는 차의 속력이 일정하게 한다. 수평면의 자유물체그림과 벡터합(그림 7.18)을 수정하여 다음 시간에 힘과 알짜힘을 구하여라.

a. 자동차를 가속한 직후(즉 속력이 눈에 띄게 증가하기 전).

b. 속력이 두 배가 된 후, 그리고 가속을 멈추었을 때.

7.12 그림 7.29에 자전거를 탄 사람과 자전거를 한 물체로 생각하고, "자전거를 탄 사람"이 일정한 속력으로 원형 경로를 따라 움직이는 흔한, 잘못된 자유물체그림을 나타내었다. 이 그림은 정면에서 본 그림으로 힘과 수직면에서 그 성분을 나타낸다. 지면에서 튀어 나오도록 자전가를 타는 사람은 원운동을 하기 위해 몸을 안쪽으로 기울인다.

a. 그림에서 어느 것이 맞는가?

b. 그림에서 틀린 것은 무엇인가?

c. 올바른 자유물체그림을 그려라.

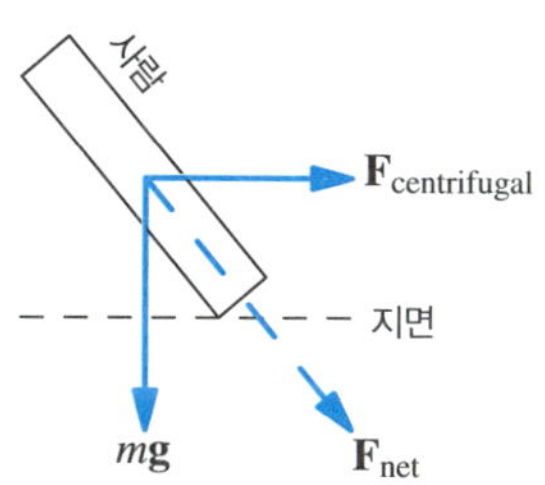

그림 7.29 코너를 도는 자전거를 타는 사람에 대한 틀린 자유물체그림. 사실 사람과 자전거를 합성물체로 보는 물체에 대한 자유물체그림.)

7.13 그림 6.8의 타원 트랙 주위로 일정한 속력으로 반시계 방향으로 움직이는 차를 고려하자. 각각의 점 A, B, C와 D에서 알짜힘 $\mathbf{F}_{net}$, 길에서 오는 마찰력 $\mathbf{f}$와 다른 힘(혹은 그 성분)을 수평면에서 나타내는 자유물체그림을 그려라. 자동차가 (일정한 속력으로) 시계방향으로 움직이면 그림은 어떻게 바뀌는가?

7.14 진폭이 매우 작을 때에도 진자의 주기를 유추하는 것은 미적분이 필요한 것 같아 보인다. 왜냐하면 진자의 속력은 원호를 따라 움직일 때 변하기 때문이

다. 그러나 위대한 물리학자 Arnold Sommerfeld가 "모든 시대를 통틀어 가장 천재적인 시계제작자"라고 부르는 Christiaan Huygens(1629–1695)는 수평면의 원에서 움직이는 진자인(그림 7.30) 원뿔진자의 운동을 분석하여 미적분 없이 주기를 구하였다. 이제 그의 발자취를 따라가보겠다.

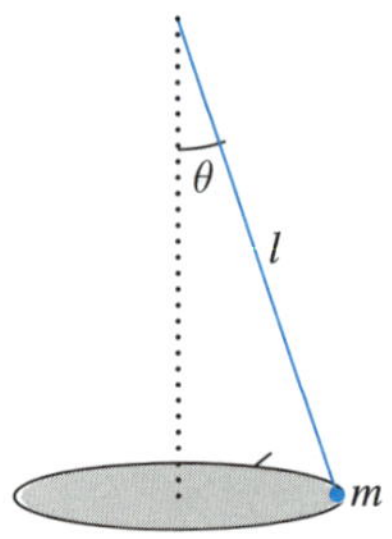

그림 7.30 (궤도면 위에서 옆에서 본) 원뿔진자. 추는 수평면 위의 원에서 반시계방향으로 궤도를 본다. (θ가 일정하다는 것을 의미한다.)

길이 l인 줄과 (질량 m인) 추로 이루어진 진자가 등속원운동을 하고 있다. 순간사진을 찍은 그림 7.30에서 추는 지면으로 들어가는 방향으로 움직인다.

a. 추의 궤도속력 v을 g, l과 θ의 삼각함수로 나타내어라. 힌트: 추의 자유물체그림을 그리거나 (7.1.5절의) 진자 가속도측정기의 분석을 다시 보아라.

b. 추의 궤도주기 T를 g, l, θ로 나타내어라.

c. θ가 작은 경우 $\sin\theta$를 θ로, $\cos\theta$를 1로 어림할 수 있다. 이 극한에서 주기 T는 얼마인가?

원뿔진자의 이차원 운동을 예를 들어 이 종이면과 같은 수직 스크린에 투영시키면 (작은 θ에 대한) 일차원 진자운동이 된다. 따라서 어떤 미적분도 사용하지 않고 계산한 주기 T는 일차원 진자운동의 주기가 된다!

7.15 (7.54)에 주어진 그네를 탈 때 원호의 바닥에서 공기 저항이 무게에 영향을 끼치는가? 비교하기 위해, 발은 여전히 4 m/s로 움직인다고 가정하자. 몸무게는 여전히 $1.4mg$인가, 더 작은가, 더 커졌는가?

7.16 (점질량 인) 사람이 곡선 궤도의 꼭대기에 방금 도착한 롤러코스터 차에 앉아 있고, 5 m/s로 움직인다. (그림 7.31) 꼭대기에서 궤도는 지면 위 10 미터에 있고, 곡률반지름은 5 미터이다.

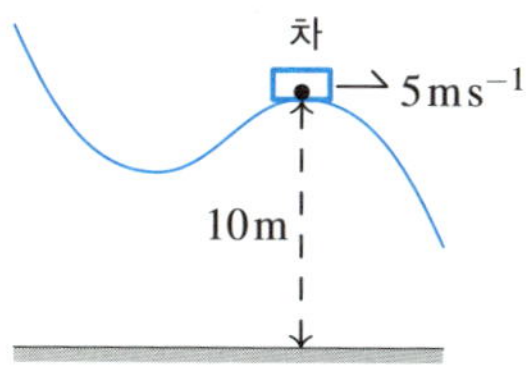

그림 7.31 방금 꼭대기에 도달한 롤러코스터 차에 앉아 있는 사람

a. 꼭대기에서 무게를 보통의 무게인 mg로 표현하면 얼마인가? (사람은 정확히 궤도를 따라 움직이는 점으로 본다.)

b. 꼭대기에서 롤러코스터 차에 사람을 고정시키는 안전벨트가 필요없이 대략 얼마나 빨리 움직일 수 있는가?

7.17 7.4.3절의 쐐기에 서있지만, 미끄러지려고 기다리는 동안 무게는 얼마인가? (그 순간 쐐기는 비탈에 고정되어 있다.)

7.18 스키 타는 사람의 발 아래 있는 저울이 나타내는 무게(수직항력)를 m, g와 (비탈의 기울기인) θ의 함수로 나타내어라. (그림 7.32) 이 저울은 스키 장화에 부착되어 있다. 따라서 저울이 수평으로 놓여 있는 7.4.3절의 쐐기 위에서 스키를 타는 것과는 대조적으로 이 저울은 비탈과 평행하게 놓여 있다. (예를 들어 스키를 타기 시작한 직후에) 공기의 저항을 먼저 무시하고 분석하여라. 그리고 스키 타는 사람의 (오랫동안 스키를 탄 후) 최종속력에서 생기는 공기 저항이 있을 때 분석을 다시 하여라.

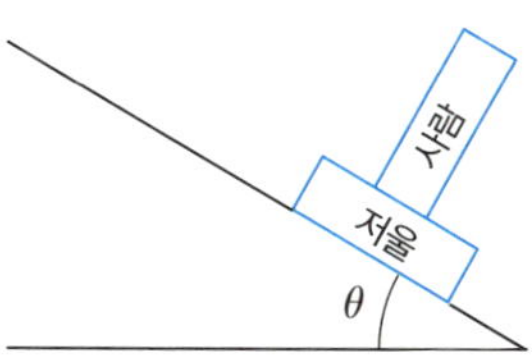

그림 7.32 스키 장화에 부착된 저울 위에 있는 마찰이 없는 비탈에서 스키를 타고 내려가기

7.19 질량 $m = 60\,\mathrm{kg}$인 롤러코스터를 타는 것을 두려워하지 않는 사람이 롤러코스터 차를 타고 롤러코스터 궤도의 최고점에서 시작한다. (그림 7.33) 호기심 많은 물리학과 학생인 그 사람은 자신의 바닥에 목욕탕 저울을 놓았다.

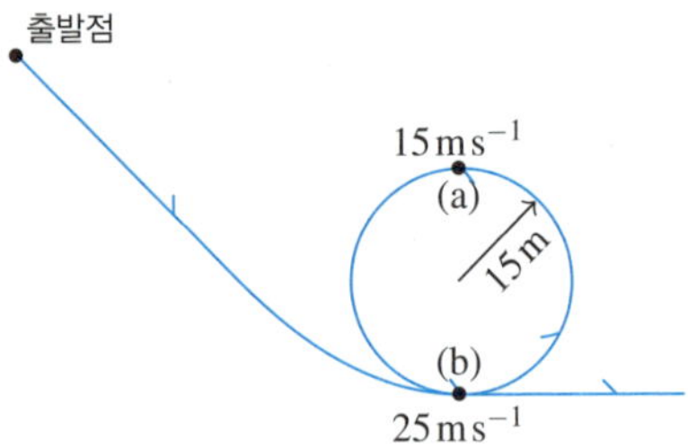

그림 7.33 연습문제 7.19의 고리를 이루는 롤러코스터 궤도. (a)와 (b)는 문제의 일부분을 표기한다.

a. 반지름 15 키터인 원형고리의 꼭대기에서 사람은 거꾸로 서서 15 m/s(54 km/h)로 움직인다. 저울에 나타나는 힘은 (뉴턴으로) 얼마인가? 다음을 설명하여라. (i) 이 양수의 저울 눈금이 왜 사람이 차 안에 있기 위해 안전벨트가 필요없다는 것을 의미하는가? (ii) 위로 향하는 힘이 작용하지 않는 사람이 어떻게 차 안에 있을 수 있는가? (이 놀라운 상황은 연습문제 2.2에서 언급은 했지만, 설명은 하지 않았다.)

b. 고리의 바닥에서 사람은 25 m/s로 더 빨리 움직인다. 그곳에서 저울에 나타내는 힘은 얼마인가? (더 큰 눈금이 나오기 때문에 현대의 롤러코스터에서 원형고리 모양은 만들지 않는다.)

7.20 7.4.3절의 쐐기 위에서 비탈 아래로 스키를 타고 내려갈 때 $\mathbf{F}_{\text{scale}}$의 수평성분의 물리적 효과는 무엇인가? 다른 말로 하면 만일 이 성분이 사라진다면 어떤 나쁜 결과가 나타나는가?

7.21 7.1.7절의 떨어뜨린 강철공에 대해 책상에 저울이 부착되어 있다고 상상하자. 공이 책상에 닿는 동안 (mg의 단위로) 저울의 눈금을 시간에 대해 그려라.

7.22 그림 7.34에 딱딱한 고무공을 앞으로 던졌을 때 그 경로를 나타내었다. 2.2.2절에서 친숙하게 보았던 경로에는 (공이 에너지와 속력을 잃는) 약간 비탄성적인 튕김이 있다.(첫 번째로 튕기기 직전의) 점 A, (첫 번째 최고점) B, (두 번째 튕김이 일어나는) C에서 그 점에서 공에 작용하는 힘을 그려라. 임의의 공기저항을 포함하고, 힘의 화살표 길이를 사용하여 여러 힘을 크기순으로 나타내어라. (제일 약한 힘은 가장 짧은 화살표로 그린다.) 회전하는 복잡함을 피하기 위해 공과 지면의 접촉면은 마찰이 없다고 가정하자. (이 문제는 J.

W. Warren이 사용한 문제[25, 33–34쪽]를 적용하였다.)

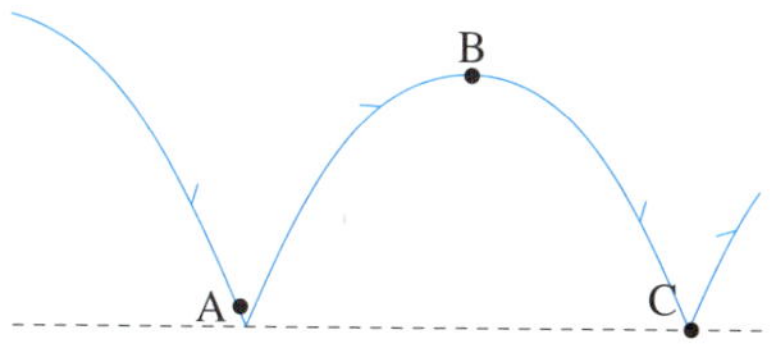

그림 7.34 튕기는 공의 경로. 점 A는 첫 번째 튕기기 직전이다.

7.23 부엌에 있는 디지털 저울에 음식을 놓고, 저울과 음식을 아파트 건물 엘리베이터 바닥에 놓은 후 엘리베이터가 1층과 6층 사이에서 엘리베이터가 움직일 때 (여전히 혼동스럽게 질량의 단위로 표시한) 무게가 어떻게 변하는지 관찰하였다. 대략 그린 무게와 시간에 대한 그래프(그림 7.35)를 이용하여 다음의 질문에 답하여라.

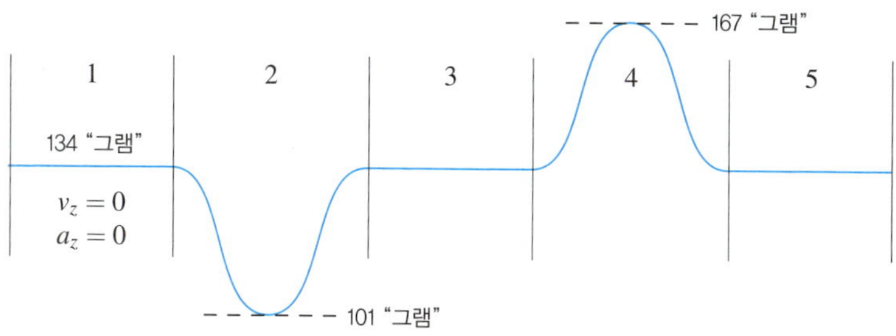

그림 7.35 (질량 단위로 나타낸) 음식의 무게를 시간에 대해 그린 그림

a. 영역 2에서 5 사이의 그래프에서 (엘리베이터 속도의 위로 향하는 성분) v_2와 (엘리베이터 가속도의 위로 향하는 성분) a_2부호(+, −, 혹은 0)를 나타내어라.

b. 엘리베이터의 대략적인 위로 향하는 최대가속도를 g로 나타내어라.

c. 엘리베이터의 대략적인 아래로 향하는 최대가속도를 g로 나타내어라.

7.24 Newton의 2.5법칙 (7.44)를 이용하여 7.4.5절의 벌이 자유낙하운동을 하는 동안 ((7.59)에서 주장했지만 증명하지 않은) 저울이 Mg를 나타낸다는 것을 증명하여라.

7.25 썰매를 끄는 개가 마찰이 없는 얼음 위에서 직선으로 연결된 세 개의 썰매를 가속시키고 있다. (그림 7.36) (개의 발톱이 얼음을 파고들어 필요한 정지마찰력을 만든다.) m_1, m_2, m_3와 로 다음을 나타내어라. (a) 줄의 장력 T_3, (b) 줄의 장력 T_2, (c) 줄의 장력 T_2. 힌트: 합성물체를 이용하여라.

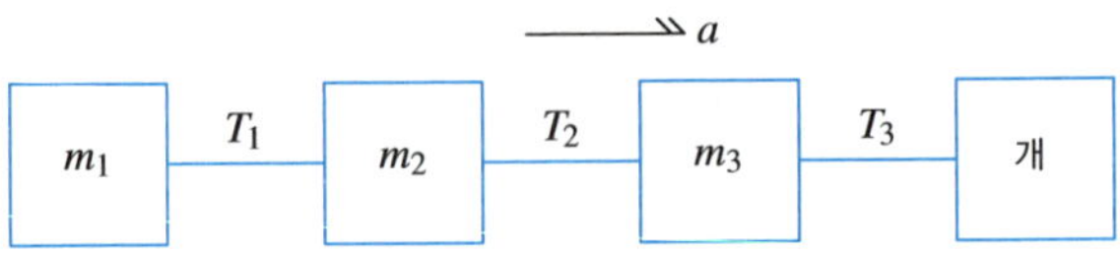

그림 7.36 썰매끄는 개가 잡아당기는 세 개의 연결된 썰매

08

그 이후

앞에 있는 장에서 운동에 대한 Newton의 법칙에 대한 기본적인 개념을 도입하였다. 그러나 운동에는 아직도 많은 신비함이 숨어 있다. 분명히 Newton의 법칙에 대한 이야기는 그렇게 빨리 끝날 수는 없다. 이 마지막 장에서는 역학의 더 깊은 개념을 건드려보겠다. 이 장에서 위험한 원심력을 안전하게 사용할 수 있는 방법을 포함하는 비관성좌표계(8.1절), 토크와 회전(8.2절), 그리고 Newton의 법칙을 넘어서는 이야기(8.3절)를 하겠다.

8.1 비관성좌표계

지금까지 이 책에서 제1법칙의 시험(3.2절)이 통하지 않는 비관성좌표계는 다루지 않았다. 좌표계가 이 시험을 통과하지 못하면 역학의 심장인 Newton의 제2법칙을 그 좌표계에서 사용할 수 없기 때문이다.

그러나 이러한 좌표계가 필요할 때가 있다. 지구좌표계가 그 중의 하나로 이 시험을 여러 가지 이유로 통과하지 못한다. 지구는 자전하고, 태양 주위를 공전하며, 태양 자체는 (따라서 태양계도) 은하 중심에 대해 공전하며, 은하는 은하계 내부에서 궤도를 돌며, 더 큰 공간에서 이러한 운동을 반복한다.

이러한 이유가 은하 내부의 운동에 한정하더라도 아무도 (이것이 관성계라고 가정하더라도) 은하좌표계에서 역학계산을 하지 않고, 은하에서 태양의 궤도와, 태양 주위의 지구 궤도와, 최종적으로 지구의 자전을 고려해야 한다. Galileo가 피사의 사탑에서 대포알을 떨어뜨린 것을 분석하기 위해[3] 이 모든 것을 반복해야 했다면 과학혁명은 결코 시작되지 않았을 것이다. 비록 비관성계이지만 지구좌표계에서 직접 역학을 공부할 수 있는 방법이 있어야 한다.

이와 같은 좌표계가 만드는 질문을 드러내기 위해 지구 적도로 가서 높은 탑을 찾아보자. 탑의 꼭대기에서 돌을 떨어뜨린다. (그림 8.1) 지구가 관성좌표계라면 돌은 탑의 바닥에 떨어질 것이다. 그러나 실제 지구에서는 어디에 떨어질까? 문제를 가능한한 간단하게 하기 위해 공기저항과 태양 주위로 공전하는 지구와 은하에서 태양의 궤도와 거대한 크기에서 모든 운동을 잊어버리자. 유일한 좌표계의 운동은 자전축에 대한 지구의 회전이다.

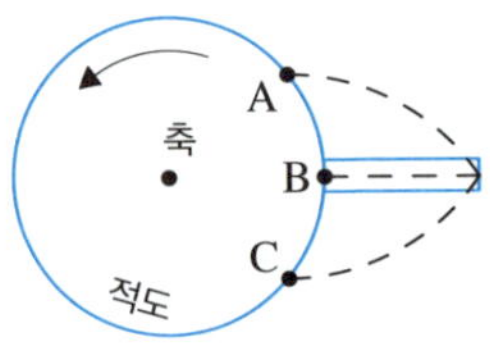

그림 8.1 자전하는 지구의 적도에 있는 탑. (북극 위에서 본 그림) 돌을 탑의 꼭대기에서 떨어뜨린다. 어느 경로를 따르는가? 점 A, B, C 중 어느 곳에 떨어지는가?

▶ 돌은 어디에 떨어질까? 탑 앞(점 A), 탑 아래(점 B) 혹은 탑 뒤(점 C)

결정하기 위해서 관성좌표계에서 Newton의 제2법칙이 성립한다는 것을 기억하자. 따라서 돌의 운동을 기본 관성계에서 계산하고, 이 결과를 비관성좌표계로 옮길 수 있다. 여기서 기본 관성계는 북극 위에 있고, 지구가 반시계 방향으로 회전하는 것으로 관측한다.

이 좌표계에서 돌의 처음 속도는 (지구계의 속도이므로) 0이 아니지만, (회전 방향을 향하는) 앞으로 향하는 속도를 갖는다. 그 속력은 탑 꼭대기의 속력이다. 한편 탑의 바닥 또한 앞으로 향하는 속도가 있다. 그러나 바닥은 꼭대기보다 회전축에 가까우므로, 꼭대기가 움직이는 것보다 약간 느리게 움직인다. 따라서 돌이 떨어질 때 탑 바닥보다 약간 앞서게 되어 탑의 앞에 떨어진다. (점 A에 떨어진다.) 이 결과는 미묘한 반대 효과에도 불구하고 성립한다. 그 효과란 지구의 회전 때문에 중력의 방향 또한 돌이 떨어질 때 약간 회전하는 것이다.

100 m인 탑에 대해서 속력 차이와 반대 효과를 다하면 약 3 cm 정도 차이로 벗어나고, 이것은 엄밀한 계산에서는 중요하다. (만약 만들 수 있다면) 100 km인 탑에서 떨어지면 돌은 9.0 km 정도 벗어날 것이다.

회전하는 지구가 비관성계라는 것을 몰랐지만, Newton의 법칙을 적용했다면 혼동스러울 것이다. 돌에 작용하는 유일한 힘은 아래로 향하는 중력이고, 돌은 정지 상태에서 출발한다. 따라서 돌이 어떻게 수직선에서 벗어나서 떨어질 수 있는가?

짧은 답은 비관성계에서 Newton의 제2법칙을 사용하려면 가상의 힘을 더해야 한다는 것이다. 이 힘은 실제 물리적인 힘이 아니다. 이 힘은 자연계의 네 가지 형태의 상호작용 중의 하나가 아니다.(1.2.1절) 또한 이 힘은 Newton의 제3법칙도 따르지 않는다. 이 힘은 상호작용의 한 쪽도 아니고, 대응되는 힘도 없다. 그러나 Einstein이 일반상대론을 만들 때 사용했던 묘한 비슷한 성질을 갖는 중력처럼 (8.3.2절에서 논의할 것이다) 이 힘은 부피 혹은 물체힘이다. (그래서 그 머리나 꼬리를 물체의 질량중심에 그린다.)

이 가상적인 힘은 돌을 옆으로 "벗어나게 한다." 이 "벗어남"을 따옴표 안에 넣은 것은 가상적인 힘은 가상적이기 때문에 어떤 물리적인 효과가 없기 때문이다. 오히려 벗어나는 것은 좌표계의 회전(혹은 가속도)로 인한 인공물이다.

가상적인 힘이 작용되는 것을 보기 위해 곡선을 도는 자동차(7.3.2절)을 회전하는 비관성계를 사용하여 새롭게 보자. 다시 기억을 살리면 자동차는 반지름 R인 원형 도로에서 일정한 속력 v로 운전한다. (그림 8.2) 다시 분석하기 위해 이 자동차는 (각도가 증가하도록 하기 위해) 반시계방향으로 돌고, (앞으로 나올 가상적인 힘을 가리기만 하는) 공기저항은 없다.

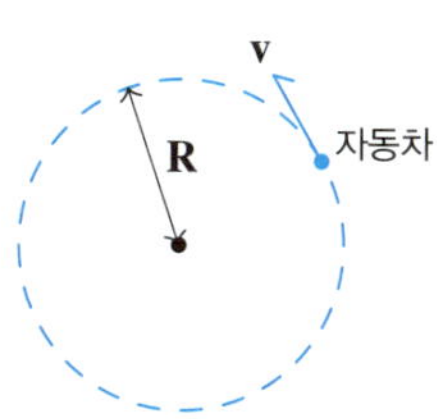

그림 8.2 일정한 속력으로 원을 도는 자동차. 이 차는 반시계방향으로 움직이고, 단순하게 하기 위해 공기저항은 없다.

회전좌표계를 만들기 위해 길의 중심에 서서 자동차가 항상 앞에 있도록 적당한 비율로 회전한다. (그림 8.3)

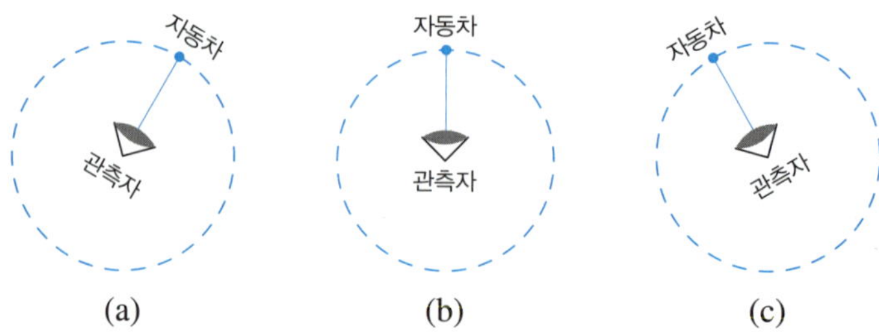

그림 8.3 관측자가 회전좌표계의 중심에 있다. 원의 중심에 서서 자동차가 항상 관측자 바로 앞에 있도록 관측자가 반시계방향으로 회전한다. (a) 이전 순간 (b) 약간 지난 후 (c) 더 시간이 지난 후.

관성계에서 등속원운동하는 자동차의 가속도는 안쪽으로 v^2/R이다. (그림 8.4a) 이 가속도는 자동차에 작용하는 중력과 접촉힘으로 인해 생긴다. 그 합인 알짜힘이 안쪽으로 mv^2/R이다. 다르게 말하면 접촉힘의 수직 성분은 중력과 균형을 이루고, 안쪽 성분인 정지마찰력이 안쪽 방향의 가속도를 만든다. 그러므로 Newton의 제2법칙을 만족한다.

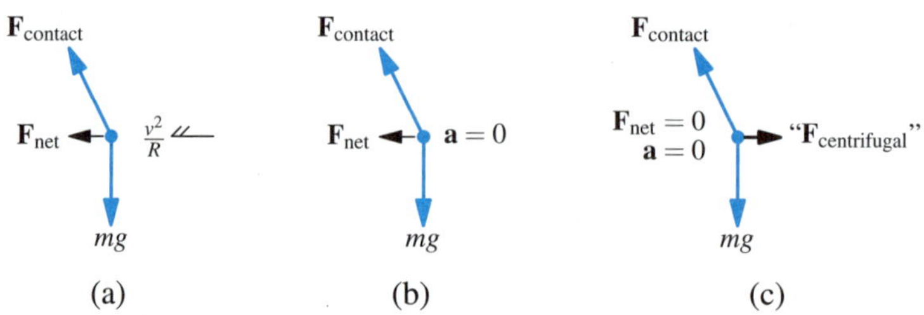

그림 8.4 다른 좌표계에서 그린 자동차의 자유물체그림. (자동차는 지면으로 들어가고, 원을 돌기 위해 왼쪽으로 돌아야 하는 자동차를 뒤에서 본 그림.) (a) 관성좌표계에서 (b) 회전하는 관측자의 좌표계에서. 관측자는 원점에 서있고, 자동차의 왼쪽에 있으며 오른쪽에 있는 차를 본다. 관측자가 볼 때 자동차는 고정되어 있다. 그래서 이 좌표계에서 본 자동차의 가속도 **a**는 0이다. 즉 $\mathbf{F}_{\text{net}} \neq m\mathbf{a}$를 의미한다. (c) (b)의 회전하는 좌표계에 있지만, 원심력을 포함하였다. (8.1)의 올바른 $\mathbf{F}_{\text{centrifugal}}$을 이용하면 $\mathbf{F}_{\text{net}} = m\mathbf{a}$이다. (모두 0이다.)

그러나 회전좌표계에서 제2법칙은 위배된다. (그림 8.4b) 비록 자유물체그림에는 관성계에서와 같은 물리적인 힘이 있지만 (물리적 힘은 관성계든 그렇지 않든 모든 좌표계에서 같다) 여기서 가속도 **a**는 0이다. 이 편리한 좌표계에서 자동차는 전혀 움직이지 않는다. 따라서 알짜힘은 $m\mathbf{a}$가 아니다.

답은 적당한 가상적인 힘을 발명하여 회전좌표계에서만 사용하고 각 물체에 작용하는 것으로 하면 된다. 이 조심스럽게 만든 가상적인 힘이 원심력이다. (그림 8.4c)

$$\mathbf{F}_{\text{centrifugal}} = m\omega^2 r \text{ 바깥쪽.} \tag{8.1}$$

여기서 m은 물체의 질량이고, ω는 (관성계에서 측정한) 좌표계의 회전각속력이고, r은 회전축으로부터 물체의 거리이다.

◀ 도대체 좌표계의 회전각속력(ω)은 무엇인가?

각속력은 (과표계의 속력은 좌표계의 위치가 얼마나 빨리 움직이는지 기술하는 것처럼) 좌표계의 방향이 얼마나 빨리 변하는지 기술한다. 이것은 시간당 (보통 라디안으로 측정한) 각도로 나타낸다. 예를 들어 회전계가 한 바퀴를 돌 때 (각도로는 2π 라디안) 1 분이 걸린다면 ω는 분당 2π 라디안, 즉 초당 $\pi/30$ 라디안이다.

▶ 원심력 (8.1)를 포함시키면 제2법칙을 살릴 수 있는가?

이 힘이 필요한 것을 제공하는지 보기 위해 이 힘을 계산해보자. 질량 m은 주어져 있다. 그리고 회전축으로부터 자동차의 거리 r은 원형 도로의 반지름 R이다. 하지만 ω는 미묘하다. 이것을 계산하려면 지속시간 t를 고려하자. 그 시간 동안 자동차는 길이 vt인 원호를 따라 움직인다. (그림 8.5) 자동차를 계속 관측자 앞에 있게 하려면 바라보는 방향은 각도 $\theta = vt/R$인 곳으로 바뀌어야 한다. (라디안으로 쓴 각도는 바로 원호의 길이를 반지름으로 나눈 값이다.) 관측자의 각도 회전비율은 이 각도를 시간으로 나눈 양이다. 따라서 다음을 얻는다.

$$\omega \equiv \frac{\theta}{t} = \frac{vt/R}{t} = \frac{v}{R}. \tag{8.2}$$

이 값을 이용하면 (8.1)에서 다음을 얻는다.

$$F_{\text{centrifugal}} = m\underbrace{\left(\frac{v}{R}\right)^2}_{\omega^2}R = \frac{mv^2}{R}. \tag{8.3}$$

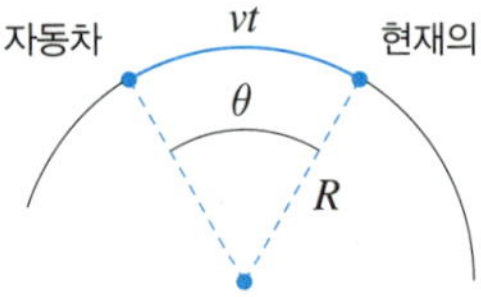

그림 8.5 회전각도 θ 계산하기. 시간 t 동안 자동차는 도로를 따라 거리 vt를 움직인다. 차를 관측자 앞에 계속 있게 하려면, 관측자는 $\theta = vt/R$만큼 회전해야 한다.

원심력이 없으면 알짜힘은 안쪽으로 mv^2/R이고, 편리하게 바로 원심력과 반대이다. 회전좌표계에서 측정한 자동차의 가속도 또한 0이므로, Newton의 제2법칙은 회전계에서 설립한다!

요약하고, 삼각형 질문에 대답하자. 회전좌표계에서 Newton의 제2법칙을 적용한다면 사실 가상적인 원심력을 포함시켜야 한다. 이러한 명령은 앞에서 원심력을 완전히 피하라는 명령을(1.5.1절) 보완하고, 이 명령은 관성계에서 여전히 맞다.

알짜힘에서 가상적인 힘을 포함시키면 언어학적으로 어색하게 된다. 이제 알짜힘은 어떤 것도 일으킬 수 없는 물리적이 아닌 힘을 포함하기 때문에 알짜힘이 가속도을 일으킨다고 말하는 것은 엉성하다. 그래도 원심력이 인과적인 관계를 만들어내는 것처럼 하겠지만, 자유물체그림(그림 8.4c)에서 $\mathbf{F}_{\text{centrifugal}}$ 주위에 따옴표를 사용하여 이 엉성함을 기억하게 하였다.

이제 원심력을 사용하는 것이 타당하더라도 이것은 다리를 잘라낼 수 있는 강력한 체인톱으로 남아있을 수 있다. 그 위험은 관성좌표계에서 사용하려는 유혹에 있다. 필자도 그런 유혹을 받는데, 왜냐하면 차를 몰고 돌아갈 때 차 문 바깥쪽으로 밀려가는 느낌을 설명할 수 있는 것 같기 때문이다. 그러나 그 느낌은 이미 물리적인 힘으로 설명하였다. 자동차 문이 없으면 (간단히 안전벨트를 잊어버리고 의자는 마찰이 없다고 가정하자) 사람은 직선 위로 움직일 것이다. 한편 자동차와 그 문은 원운동을 한다. 그러므로 안쪽으로 휘는 원의 곡선 때문에 자동차 문은 움직여서 사람을 안쪽으로 민다. 이 사람과 자동차 문 사이의 접촉상호작용을 느끼는 것이다. 이 상호작용의 한 면은 사람이 자동차 문을 바깥쪽으로 미는 것이다. 다른 면은 사람이 자동차 문을 바깥쪽으로 미는 것이다. 그러나 어떤 면도 원심력처럼 사람에 밖으로 향하는 힘을 작용하지 않는다.

그렇다고 하더라도 사람이 자동차 문을 바깥쪽으로 미는 것은 바깥쪽으로 향하는 원심력이 있다고 하고 싶은 유혹이 생긴다. 그러나 이와 같은 생각은 양립할 수 없는 좌표계에서 분석을 섞는 것이다. 사람에 작용하는 실제 알짜힘은 안쪽으로 향해도 (그 좌표계에서 볼 때) 어떻게 가속도가 0이 되는지 설명하려는 회전하는 좌표계에서만 사용할 수 있다. 원심력은 자동차 문의 접촉힘과 균형을 이루어 알짜힘이 0이 된다. 그러나 원심력을 관성계에 도입하면 설명할 때 새로운 힘이 필요없는 현상을 설명하려고 해야 한다.

◀ 회전좌표계에서 원심력이 적절하고, 필요하다면 구심력을 사용하는 것도 역시 적절하지 않은가?

길을 돌고 있는 자동차에 작용하는 알짜힘은 (중심을 향하는) 구심력이라고 하더라도, 어떤 실제 힘도 그렇지 않다. 정지마찰력은 중심으로 향하지만, 실제 힘은 아니다. 이것이 실제 접촉힘의 성분이고, 접촉힘은 위와 안쪽으로 향한다. (예를 들어 그림 8.4a를 참조) 가상적인 원심력도 중심을 향하지 않는다. 따라서 구심력을 사용하지 말아야 하는 15.2절과 7.3.3절의 이유는 여전히 적용된다. 원심력은 관성계와 비관성계에서 사용하지 않을 것이다.

◀ 원심력이 유일한 가상적인 힘인가?

아니다! 이유를 보려면 회전하는 지구좌표계에서 보는 적도에 있는 탑에서 떨어뜨린 공으로 돌아가보자. 좌표계의 회전때문에 공은 원심력을 받는다. 그러나 이 힘은 바깥쪽을 향한다. 즉 탑의 위쪽 방향을 향한다. 따라서 공을 앞으로 벗어나게 할 수 없다.

원심력은 좌표계의 운동 때문에 생기는 여러 가상적인 힘 중의 하나라는 것을 보일 것이다. 이전의 돌아가는 자동차의 분석에서는 세 가지의 가정을 했기 때문에 이 힘은 보이지 않았다.

1. Coriolis 힘. 첫 번째 가정은 회전좌표계에서 물체는 그림 8.4c의 홀고 있는 자동차와 같이 정지해있다는 것이다. 그러나 그림 8.1의 떨어지는 돌은 회전좌표계에서 움직이므로 Coriolis 힘을 받는다. 이 힘은 (비관성계에서 볼 때) 물체의 속도 **v**와, (그 자체로 좌표계의 회전 평면에 수직인 벡터인) 좌표계의 각속

도 ω와 수직이다. 그 크기는 좌표계의 회전비율 ω, 회전축으로부터 물체의 거리와 물체의 속력 v에 비례한다. 이 힘은 떨어지는 돌을 앞으로 휘게 한다.

2. Euler 힘. 두 번째 가정은 좌표계의 회전비율 ω가 일정하다는 것이었다. 회전율이 변하면 소위 Euler 힘을 만든다. 이 힘이 왜 필요한지 보려면, 회전하는 자동차를 다시 분석할 때 (그림 8.3) 사용한 회전좌표계의 중심에 있는 사람으로 돌아가서, 당분간 자동차가 사람 바로 앞에 이도록 적당한 비율로 움직인다고 하자. 그리고 (자동차는 계속 등속원운동을 하는 동안) 사람은 갑자기 회전을 멈춘다. 사람은 더이상 회전하지 않고, 자동차는 앞으로 달려나가는 것을 보게 된다. 좌표계를 선택해서 생긴 인공적인 결과로 자동차의 가속도는 이에 해당하는 인공적인, 즉 가상적인 힘인 Euler 힘으로 만들어진다. 이 힘은 지구가 자전하는 비율이 약간 변하는 극단적인 예제에서도 그렇게 믿기지 않은 것은 아니다. 따라서 가장 자연스러운 좌표계인 지구가 회전하는 좌표계에서 각 물체는 (작은) Euler 힘을 받는다.

3. 가속계 힘. 세 번째 가정은 계의 원점이 가속하지 않는다는 것이었다. 그러나 가속하는 어떤 좌표계는 회전하지 않더라도 관성계가 아니다. 따라서 그 안에서 Newton의 제2법칙은 성립하지 않는다. 예를 들어 우주에서 위로 가속하는 엘리베이터 안에 사람이 서있을 때 (그림 7.26) 엘리베이터 좌표계에서 볼 때 가속도는 0이다. 그러나 사람에 작용하는 힘은 0이 아니다. (그 힘은 위로 mg이다.) 따라서 $\mathbf{F}_{\text{net}} \neq \mathbf{ma}$이다.

가속계 힘 $-m\mathbf{a}_{\text{frame}}$을 각 물체에 더하여 제2법칙을 구할 수 있다. 여기서 $\mathbf{a}_{\text{frame}}$은 임의의 관성계에서 측정한 계의 가속도이다. 따라서 가속하는 엘리베이터 좌표계에서 물리를 하려면 아래로 mg인 가상적인 힘을 더하여 사람에 작용하는 알짜힘이 0이 되게 한다.

◀ 가상적인 힘이 더 있는가?

없다! 목록은 네 개로 완성되었다. 그러나 이 가상적인 힘을 실제 물리적인 힘과 너무 비슷하게 생각하는 미묘한 함정을 피하여라. 비록 물리적인 힘은 (중력, 전자기력, 강한 핵력, 약한 핵력의) 네 가지가 있지만, 이 영역은 실험의 결과이다.

실험을 더하면 새로운 힘을 발견할 수도 있다. 어린 아이일 때 다섯 번째 힘에 대한 많은 놀라운 신문기사를 읽었다. 이 힘은 더 측정해본 결과 모두 사라졌지만, 논리적으로는 여전히 가능하다.

대조적으로 네 개의 가상적인 힘은 수학에서 얻은 것이므로, 변하지 않는다. 회전계에서 가속도를 계산하려면 미적분 용어를 사용하면 위치의 미분에 대한 미분을 취하는 것이다. 이렇게 두 번 미분하면 네 개의 항이 나타난다. 각 항이 한 개의 가상적인 힘에 대응된다. 그 수학은 새로운 물리적인 힘이 발견되거나 우주가 끝이 나도 성립한다. 네 가지 가상적인 힘은 언제나 네 개이다.

8.2 토크와 회전

줄다리기(5.6.1절)를 해보았다면 정지마찰력이 발을 제 자리에 고정시키고, 똑바로 서있으면 밧줄은 사람을 앞으로 잡아당긴다는 것을 알 것이다. 넘어지지 않으려면 뒤로 몸을 기울여야 한다. 스키를 타보았다면 (연습문제 7.9) 똑바로 서있다면 뒤로 자빠질 것이라는 것을 안다. 엉덩방아를 찧지 않으려면 앞으로 몸을 기울여야 한다.

그러나 넘어지는 것은 Newton의 법칙으로 설명할 수 없다. (7.44)에서 통합된 이 법칙은 힘이 어떻게 물체의 질량중심의 운동을 변화시키는지 설명한다.

새로운 개념을 보여주기 충분한 이차원에서 회전을 기술하려면 두 가지 수학적인 양을 지정해야 한다. (1) 회전축. 예를 들어 문의 경첩을 통하는, 혹은 스키 타는 사람의 질량중심을 통하는 회전축. (2) 이 축에 대한 회전각도.

한편 회전을 설명하려면 새로운 물리량인 토크가 필요하다. 힘은 미는 강도를 측정하고 (위치의 이차미분인) 가속도를 일으키듯이, 토크는 비틀림 강도를 측정하고 (각도의 이차미분인) 각가속도를 일으킨다.

토크와 힘에 대한 관계는 토크는 힘이 만들어낸다는 것이다. 따라서 물체에 작용하는 힘은 (1) 물체의 질량중심의 운동뿐만 아니라 (2) 질량중심에 대한 물체의 회전에 영향을 준다. 첫 번째 효과를 기술하는 Newton의 법칙에 두 가지 요소를 더할 필요가 있다. 토크를 어떻게 힘으로 계산하는지, 그리고 토크가 어떻게 물체의 회전에 영향을 주는지 알아야 한다.

일반적으로 토크는 (5.7절에서 정의했듯이) 유사벡터이다. 그러나 이차원에서는 진짜 스칼라라고 생각할 수 있다. 그 부호는 힘이 물체를 반시계 방향으로 돌리려고 하는지(양의 토크) 혹은 시계방향으로 돌리려고 하는지(음의 토크)를 말해준다. 그 크기는

$$|\text{토크}| \equiv |\text{힘}| \times \text{팔의 길이} \tag{8.4}$$

로 주어진다. 여기서 **팔의 길이**는 회전축과 점이 아닌 힘의 작용선 사이의 거리이다. (두 선 사이의 거리는 두 선의 수직거리이다.) 예를 들어 조금 열린 식기세척기 문을 수평으로 잡아당길 때(그림 8.6) 팔의 길이는 축(경첩)에서 점선까지의 수직거리이지 문을 따르는 거리가 아니다.

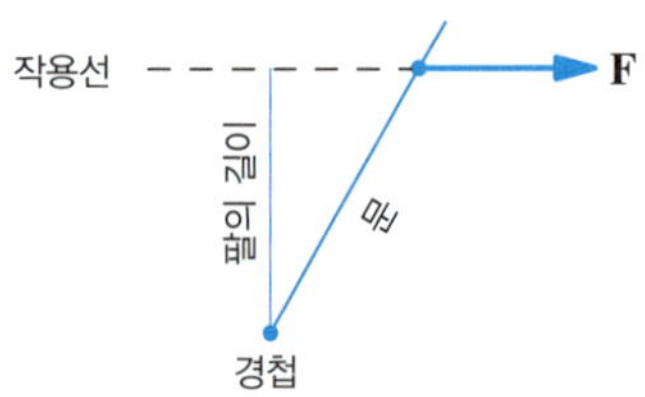

그림 8.6 잡아당겨 여는 식기세척기 문(옆에서 본 그림).

(8.4)의 토크에 대한 정의로 그 회전에 대한 효과를 수식화할 수 있다.

$$\frac{1}{\text{회전관성}} \times \text{알짜 외부토크} \rightarrow \text{각가속도}. \tag{8.5}$$

여기서 **회전관성**은 회전에서 질량에 해당하고, **각가속도**는 회전에서 가속도에 해당한다. (각가속도는 **각속도**의 변화율이다.) 회전관성은 물체의 질량뿐만 아니라 질량이 회전축에서 어떻게 분포되어 있는가에 의존한다.

식 (8.5)는 회전에 대한 Newton의 2.5법칙 (7.44)에 해당한다. (7.2절) 힘에 대해서는 Newton의 제3법칙(7.2절) 때문에 외부의 영향만이 중요하다. 토크에 대해서는 1쪽에서 말하고, 지금까지 공부해온 제3법칙의 더 강한 형태이기 때문에 외부 영향만이 중요하다. 일상적인, 더 약한 형태로는 상호작용은 단순히 같고, 반대인 두 힘만으로 구성되어 있으므로 알짜힘 벡터합에서는 상쇄된다. (이것은 상호작용에서 양쪽 물체에 작용하는 힘을 포함한다.) 그러나 각각의 토크는 상쇄되

지 않을 수도 있다. 이것은 Newton의 제3법칙의 더 강한 형태가 금지하는 것이다. 이 법칙에 의하면 두 힘은 반대 방향으로 향할 뿐만 아니라 작용선이 같아야 한다. 따라서 그 팔은 같아서 각각의 토크도 크기가 같고 방향은 반대이다. 그래서 알짜 토크합에서는 상쇄된다. 따라서 (8.5)에서 (외부힘이 만들어낸 토크인) 외부토크에 대해서만 계산하면 된다.

Newton의 제2법칙이 힘이 가속도가 아니라 속도를 만들어낸다고 말하면 쉽게 오해될 수 있는 것처럼, 토크도 각속도를 만드는 것으로 쉽게 오해할 수 있다. 대신 힘이 속도를 변화시키고, 토크는 각속도를 변화시킨다. 따라서 일정한 속도로 운동하려면 힘이 없어야 하는 것처럼 각속도가 일정하려면 토크가 없어야 한다. 일정한 속도는 알짜힘이 0이라는 것을 뜻하고, 일정한 각속도는 알짜토크가 0이라는 것을 뜻한다.

예를 들어 막대기를 개가 물어오도록, 되도록 멀리 던져보자(그림 8.7) 막대의 질량중심은 (끌림을 무시하고) 유일한 외부힘인 중력으로 인해 곡선궤도(포물선)로 움직인다.

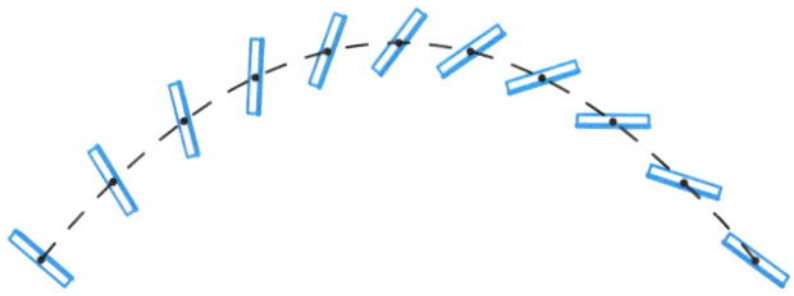

그림 8.7 던진 막대. 질량중심은 (끌림이 없을 때) 어떤 질점도 그렇듯이 포물선으로 움직인다. 한편 막대는 질량중심 주위로 회전한다.

▶ 이 힘이 어떻게 질량중심 주위로 막대가 회전하는 것에 영향을 주는가?

이 힘은 회전축인 막대의 질량중심에 작용하기 때문에 팔의 길이는 0이다. 토크의 정의 (8.4)로부터 팔의 길이가 0이면 토크가 0이다. 그러므로 토크가 회전에 미치는 영향 (8.5)로부터 막대의 각속도는 처음의 일정한 값으로 남아 있다.

막대를 던지려면, 아래 끝을 잡고 팔과 손을 빨리 원을 그리며 움직이면서, 막대를 놓을 때 손목과 막대를 재빨리 앞으로 낚아챈다. 그러면 막대를 질량중심에 대해 톱스핀을 갖게 회전하며 던진다. 궤도를 따라 움직일 때 같은 회전 방향과 비율을 유지한다. (끌림은 반시계방향의 토크를 만들어 이 비율을 천천히 줄인다.)

유명한 영화 장면은 Stanley Kubrick의 영화 2001: A Space Odyssey (1969)의 처음 장면으로, 여기서 영감을 받은 우리 조상으로 여겨지는 유인원이 큰 뼈를 공중으로 높이 던진다. 이 뼈는 움직이고, 회전하고, 갑자기 우주선으로 바뀐다. 이것은 많은 도구 개발의 백미이지만, Newton의 법칙이 적용되지는 않는다.

이전의 토크와 회전에 대한 소개 이후 이 개념을 이용하여 스키를 타는 동안 어떻게 서있는지 계산할 수 있다. 간단하게 만들어서 비탈은 마찰이 없다고 하자. 더구나 필자가 스키를 자원해서 타겠다. 왜냐하면 필자는 끔찍하게 스키를 타다가 다음의 물리학을 이해하였기 때문이다. (이제는 그저 그렇게 탄다.) 내가 비탈 아래로 움직이기 시작한 것을 상상해보자. 내 속력은 작아서 속력의 제곱에 비례하는 공기저항(1.3.3절)은 무시할 정도로 작다. 따라서 마찰이 없는 비탈을 미끄러져 갈 때 (7.1.4절) 수직(접촉)힘과 중력의 두 힘만 내게 작용한다.

▶ 똑바로 서려고 할 때 어떻게 이 힘이 작용하는가?

7.1.4절에서 질량중심의 효과를 구하였다. 질량중심은 가속도의 크기 $g \sin \theta$로 비탈 아래로 가속된다. (여기서 θ는 비탈의 경사각도이다.) 이로 인한 짜릿함이 스키를 타는 이유이다.

그러나 짜릿함이 계속되는가? 나는 계속 서있을까, 아니면 넘어질까? 이 질문은 말하자면 질량중심 주위로 돌기 시작하거나 회전하는가 물어보는 것이다. 이것은 (8.5)로부터 내게 작용하는 알짜외부토크에 의존한다.

이 토크를 계산하려면 사람에 작용하는 각각의 외부힘에 대해 (8.4)를 이용하여 이에 대응하는 토크를 계산한다. 이 계산을 하려면 회전축을 지정해야만 알 수 있는 팔의 길이가 필요하다. 이 회전축은 질량중심을 지나고 지면에 수직이다. 이 축에 대한 회전은 문제가 있다. 즉 넘어지게 된다. (조금 복잡한 이유로 회전축은 여기서는 편리하지는 않은 고정되게 하거나, 고정되지 않으면 질량중심을 지나게 해야 한다.)

질량중심에 작용하는 중력에 대해 팔의 길이는 0이므로 이 힘은 전혀 토크에 기여하지 않는다. 한편 수직항력이 주는 토크는 서있는 방법에 따라 다르다.

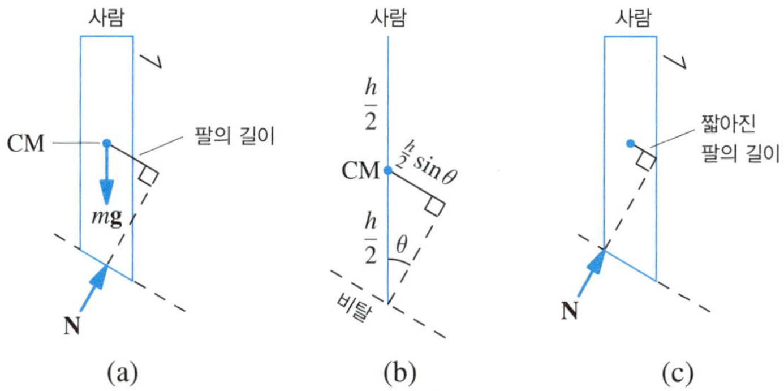

그림 8.8 똑바로 서서 스키 타기. (a) 자유물체그림. 수직항력은 사람을 질량중심에 대해 반시계방향으로 회전시키려고 한다. 한편 중력은 팔의 길이가 0이므로 수직항력의 토크에서 구해줄 수 없다. 나는 엉덩방아를 찧게 된다. (b) (8.6)에서 팔의 길이 계산하기. 길이는 빗변이 $h/2$인 직각삼각형의 높이이다. (c) 자세를 약간 위로 옮기기. 이렇게 이동하면 팔의 길이가 줄어들지만, 0이 되지는 않는다. 나는 여전히 엉덩방아를 찧는다.

똑바로 서면(그림 8.8a) 질량중심은 수직항력의 작용선 뒤에 있다. 팔의 길이가 0이 아니므로 수직항력이 만드는 토크는 0이 아니고, 더 빨리 반시계방향으로 회전시키려고 한다. 따라서 삼각형 질문에 대답하면 나는 엉덩방아를 찧게 된다.

▶ 이 가정은 대략 얼마동안 일어나는가?

(8.5)로부터 토크는 각가속도를 만들어내는데 각가속도는 토크에 비례하고, 회전관성에 반비례한다. 따라서 먼저 (1) 사람에 작용하는 토크 (2) 회전관성을 추정하여 (3) 각가속도를 추정하겠다.

1. 토크. 키가 인 사람이 각도 인 비탈을 내려갈 때

$$\text{팔의 길이} = \frac{h}{2}\sin\theta \qquad (8.6)$$

이다. 계수 1/2이 붙은 것은 질량중심이 사람의 중간에 있기 때문이고, $\sin\theta$는 팔이 각도가 θ인 직각삼각형의 높이이기 때문이다. (그림 8.8b) 나에 대해서는 h는 대략 (어릴 때 더 많이 먹었다면 이보다 약간 작겠지만) 2 미터이다. 쉬운 중급 스키경사는 대략 $\theta \approx 15°$(퍼센트로는 $\tan\theta$값을 나타내는데 약 25 퍼센트 기울기이다.) 이 값을 사용하면 팔의 길이는 대략 0.25 미터이다. 내게 작용하는 수직항력은 $mg\cos\theta$, 즉, $m = 60$ kg이면 대략 600 뉴턴이다. 따라서 (8.4)

로부터 수직항력은 반시계방향으로 150 N·m의 토크를 작용한다.

2. 회전관성. (사람을 적절하게 근사한) 가는 막대가 질량중심 주위로 회전할 때 회전관성 I는

$$I = \frac{1}{12}mh^2 \tag{8.7}$$

이다. 여기서 m은 막대의 질량이고, h는 길이이다. 나에 대해서는 다음과 같다.

$$I \approx \frac{1}{12} \times 60\,\text{kg} \times (2\,\text{m})^2 = 20\,\text{kg}\,\text{m}^2. \tag{8.8}$$

3. 각가속도. 따라서 내 각가속도를 α로 쓰면 다음과 같다.

$$\alpha = \frac{\text{토크}}{I} \approx \frac{150\,\overbrace{\text{N}}^{\text{kg}\,\text{m}\,\text{s}^{-2}}\,\text{m}}{20\,\text{kg}\,\text{m}^2} \approx 7\,\text{rad}\,\text{s}^{-2}. \tag{8.9}$$

("rad"은 라디안을 생략해서 쓴 것이다. 2π가 원을 한 바퀴 도는 것이다.)

이제 지면에 부딪치기 전에 각가속도가 얼마동안 지속되는지 추정할 수 있다. 이러한 일정한 (각)가속도인 상황에서 회전각도는 자유낙하운동을 할 때 정지상태에서 떨어지기 시작하는 돌이 떨어지는 거리와 마찬가지로 시간에 대해 이차함수로 증가한다. 돌에 대한 (7.2)와 비슷하게

$$\theta = \frac{1}{2}\alpha t^2 \tag{8.10}$$

이다. 넘어진다는 것은 예를 들어 1 라디안(약 60도) 정도 회전하는 것을 뜻하므로, 약 0.5초 정도 걸린다.

$$\frac{1}{2} \times \underbrace{7\,\text{rad}\,\text{s}^{-2}}_{\alpha} \times \underbrace{(0.5\,\text{s})^2}_{t^2} \approx 1\,\text{rad}. \tag{8.11}$$

내가 스키를 타다가 가끔 뒤로 자빠진 경험에 의하면 이 추정한 시간은 맞는 것 같다. 이 시간은 알아채기 충분히 길다. 나는 항상 내가 엉덩방아를 찧는다는 것을 알았다. 한편 넘어지는 것을 피하기에는 너무 짧은 시간이다. 주어진 시간에 나는 엉덩방아 찧는 것을 결코 막지 못했다.

▶ 넘어지는 것을 어떻게 막을 수 있는가?

막는다는 것은 각가속도를 제거한다는 것을 의미하고, 그래서 그 원인인 수직항력의 토크을 없애는 것이다. 이 토크의 크기는 수직항력의 크기 N과 팔의 길이를 곱한 양이다. 비록 N을 줄이기 어렵지만, 팔의 길이는 두 가지 방법으로 짧게 할 수 있다.

첫째 (나를 포함한) 많은 초보자들이 사용하는 방법으로 뒤꿈치를 들어 자세를 바꾸는 것이다. 즉 뒤꿈치로 땅을 밀어 몸을 시계방향으로 회전시킨다. 그러며 수직항력은 몸의 낮은 왼쪽 구석에 작용한다. (그림 8.8c) 이러한 변화로 수직항력의 팔의 길이를 짧게 한다. 그러나 몸을 매우 납작하게(썰매!) 만들지않는 한 팔의 길이를 0으로 만들 수 없다. 따라서 여전히 엉덩방아를 찧는다.

둘째, 질량중심을 앞으로 옮겨 수직항력의 작용선 쪽으로 옮길 수 있다. 질량중심이 이 선상에 있을 때 팔의 길이는 0이다. 더 간단히 설명하면 앞으로 몸을 기울여서 비탈에 수직으로 서있도록 한다. (그림 8.9) 이제 엉덩방아를 찧지 않고 스키를 탈 수 있다.

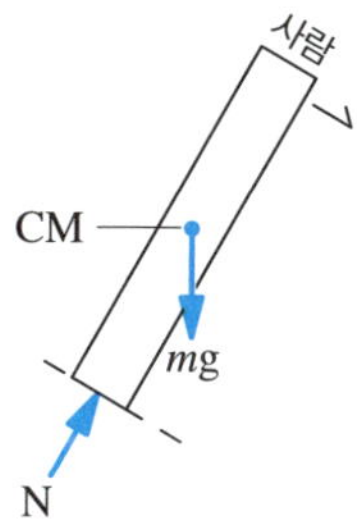

그림 8.9 비탈에 수직으로 서있는 사람의 자유물체그림. 이제 수직항력 팔의 길이가 0이므로, 사람을 넘어뜨리지 않는다.

팔의 길이에 대한 이전 지식은 이전의 자유물체그림에 들어가 있다. 예를 들어 가속도가 0인 수평면에서 자전거를 타는 경우이다. (그림 5.6c) 사람과 자전거의 합성물체는 질량중심에 대해 고정된 회전비율(0)을 유지한다. 따라서 물체에 작용하는 알짜 외부토크는 0이 되어야 한다. 그리고 각 힘의 작용선이 질량중심을 지난다면 0이 된다. 이러한 이유로 길의 접촉힘이 아래 표면의 중심보다 약간 뒤에 작용하는 것으로 그렸다. (그 위치는 즐거운 수수께끼가 된다. 이것은 7.1.6절의 논의를 확장하는 것으로 연습문제로 남겨 놓겠다. 어떻게 수동적인 힘이 작용점을 알게 되는가?)

8.3 Newton의 법칙 넘어서기

필자도 30년 넘게 배우고 있는데 Newton의 운동법칙을 숙달하려고 노력을 기울여도 이 법칙은 절대적인 진리가 아니다. 이 마지막 절에서 그 제한과 그 제한이 나오게 된 물리적인 개념을 언급하겠다.

8.3.1 변하는 질량

고치기 쉬운 첫 번째 제한은 제2.5법칙 (7.44)는 물체의 질량 M이 일정하다고 가정하는 것이다. 비록 점입자는 질량이 변할 수 없지만 (그렇지 않다면 그 물체는 점입자가 아니고 내부구조가 있을 것이다) 합성물체는 질량을 잃거나 얻을 수 있다.

그 예가 우주에 있는 로켓이다. 여기서 로켓과 연료의 합성물체는 고립되어 있다. 즉 구성 물질이 참여하는 모든 상호작용은 합성물체 내부에 있다는 뜻이다. 따라서 합성물체에 작용하는 알짜 외부힘은 0이고, 가속도도 0이다.

그러나 로켓을 가속한다. 그 이유는 폭발, 연소, 팽창하는 연료가 로켓에 앞으로 향하는 힘을 가하기 때문이다. (제3법칙에 의하면 마찬가지로 로켓은 연료에 대해 뒤로 향하는 힘을 가한다.) 로켓에 작용하는 유일한 외부힘인 이 힘이 로켓을 가속시킨다.

그러나 제2.5법칙 (7.44)를 로켓에 작용할 때 질량 M은 어느 물체의 질량을 말하는 것인가? 질량이 일정한 로켓 자체인가? 로켓의 질량과는 다르지만, 역시 일정한 전체 연료의 질량인가? 질량이 변하는 로켓 안에 남아있는 연료를 포함한 로켓의 질량인가?

이 질문은 한 번에 작은 단계를 하나씩 분석하면 해결된다. 각 단계에서 우주를 두 물체로 나눈다. (1) 이 시간 동안 분출되는 연료의 작은 조각과 (2) 로켓과 (분출된 작은 부분을 제외한) 남아있는 연료이다. 이 단계에서 각 물체의 질량은 고정되어 있다. 따라서 Newton의 2.5법칙은 성립한다. 연료가 로켓에 대해 얼마나 빨리 배출되는지 알면(배출속력) 제2.5법칙과 제3법칙을 사용하여 그 사이의 상호작용 세기를 결정하고, 따라서 두 물체 사이에 작용하는 힘을 구한다. 최종적인 결과는 남아있는 연료량의 함수로 표현한 로켓의 속력에 대한 미분방정식을 얻는다.

더 단순한 해결 방법은 새로운 물리량인 운동량을 이용하여 Newton의 법칙을 재수식화하는 것이다. 이것은 벡터량이고, **P**라는 기호로 쓰고 "운동량"이라고 기술한다. 이 양은 7.1.2절에서 도입한 물리량이고, 속도에 대해 너무 많이 생각하지 않도록 직관을 방해하려고 하였다. 질량 m, 속도 $\mathbf{v}$인 물체에 대해

$$\mathbf{P} \equiv m\mathbf{v} \tag{8.12}$$

이다. Newton의 제2법칙은 힘은 운동량의 변화율 $\mathbf{F} = d(m\mathbf{v})/dt$라는 일반적인 서술 중 특별한, 일정한 질량에 대한 경우이다. m이 일정할 때 $\mathbf{F}$는 $md\mathbf{v}/dt$로 단순하게 되고, 이것이 제2법칙의 친근한 형태인 $m\mathbf{a}$이다.

그리고 운동량은 생기거나 없어지지 않고, 단지 한 물체에서 다른 물체로 흘러가는 것이라는 (국소적인) 운동량 보존원리는 두 물체 사이의 상호작용에서 운동량이 한 물체를 떠나는 비율은 다른 물체에 운동량이 도달하는 비율과 같다는 것을 의미한다. 따라서 해당되는 힘은 같고 방향이 반대이므로, 이것이 Newton의 제3법칙이다.

로켓-연료계에서 배출되는 연료 각각의 작은 부분은 운동량을 가지고 나간다. 이 양은 조각의 질량과 배출 속력으로부터 쉽게 계산할 수 있다. 이 운동량은 로켓(그리고 남은 연료)에서 온다. 운동량의 변화를 같게 놓으면 힘을 이용한 더 길고 복잡한 분석에 의해 얻는 것과 같은 로켓의 속력에 대한 미분방정식을 빨리 얻게 된다.

따라서 로켓에 대해서는 운동량은 편리한 도구이지만 조심스럽게 생각하려면 힘을 사용할 수 있다. 그러나 양자역학과 상대론과 같은 고급 물리학에서는 운동량이 더 기본적인 역할을 한다. 힘은 운동량의 흐름에서 계산한다.

8.3.2 광속 제한

Newton 법칙의 두 번째이고, 더 기본적인 제한은 제3법칙의 순간적인 성질에 있다. 이는 상호작용을 구성하는 힘은 항상 같고 방향이 반대인 것을 요구한다. 이

안에 숨어있는 문제는 짧은 영역의 상호작용에서는 명백하게 보이지 않지만, 긴 영역의 상호작용에서는 명백하다.

이 책의 예제에서는 짧은 영역이지만, 전자기적인 상호작용 또한 긴 영역의 상호작용이다. 태양에서 오는 빛을 생각해보면 된다. 이 상호작용을 Newton 법칙의 문제로 바꾸기 위해 세 개의 전하를 다음과 같이 배열한다. (그림 8.10a) 양의 전하를 태양에 놓는다. 음의 단위전하를 지구의 남극에 놓고, 양의 단위전하를 지구의 북극에 놓는다. (지구 자전축이 기울어져 있지 않다고 생각하자.)

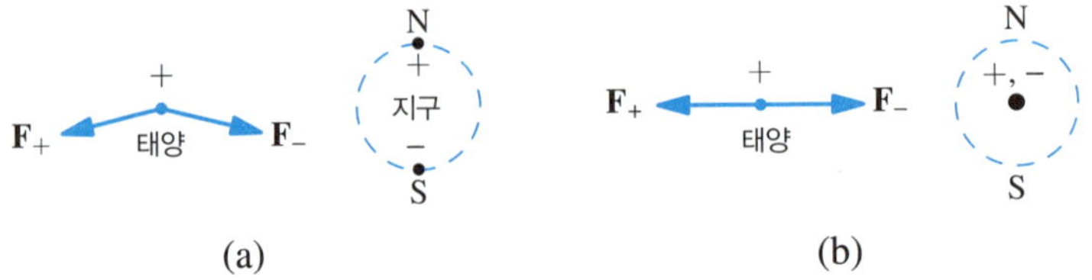

그림 8.10 지구에 있는 양과 음의 전하에 의해서 태양에 있는 양의 전하에 작용하는 힘. (a) 극점이 있고, 수직으로 분리된 지구의 전하. (b) 적도로 모아놓은 지구의 전하. 이제 태양에 작용하는 힘은 균형을 이룬다.

이 배열에서 태양의 전하에는 두 상호작용이 참여한다. 남극에 있는 음의 전하와 잡아당기는 Coulomb 법칙의 상호작용과, 북극에 있는 양의 전하와 밀어내는 Coulomb 법칙의 상호작용이다. 두 힘의 크기는 같다. (1.30)에 주어진대로 크기는 전하 사이의 거리와 전하의 크기에만 의존한다. (전하를 질량으로 바꾸면 중력도 그렇다.) 힘은 대체로 반대방향을 향하지만, 약간 차이가 나는 것은 두 힘은 모두 약간 아래로 향한다는 것이다. 그 결과로 태양에 있는 전하에 작용하는 알짜힘은 아래로 향하고, 더 중요한 것은 0이 아니다.

이제 북극과 남극의 전하를 지구 중심으로 빨리, 예를 들어 1분만에 가져온다. (그림 8.10b) (그러면 각 전하는 100 km/s로 움직인다.) 양의 전하와 음의 전하가 정확하게 한 곳에 모이면 타양의 전하에 작용하는 두 힘은 정확히 반대 방향이다. 따라서 태양 전하의 알짜힘은 이제 0이 된다.

지구 전하의 상대적인 위치에 대한 정보는 지구에서 태양으로 1억 5천만 km를 1분에 보낸다. 이 신호는 대략 광속의 여덟 배로 이동한다! 움직일 수 있는 전하를 가까이 놓고, 가져다 놓는 속력을 높여서 신호전달 속력이 임의로 크게 증가시킬 수 있다. Coulomb의 법칙에만 근거한 이 분석에서는 그렇게 보인다.

그러나 완전한 분석을 하려면 Maxwell 방정식[4]이 필요하고, 그 중 하나만이 Coulomb의 법칙이다. 완전하게 분석하면 지구의 각 전하가 변하는 위치는 전하에서 태양전하로 이동하는 파동에 의해 신호가 간다. 운동량을 전달하는 이 파동은 Maxwell 방정식으로 기술하는 전자기장이라는 새로운 물리량을 통해 이동한다. 그 결과로 변하는 전기장은 주위에 자기장을 변하게 하고, 이것은 다시 주위에 전기장을 변화시킨다. 이 장은 서로의 꼬리를 물고 지구로부터 태양까지 1억5천만 km를 이동한다. 이러한 변화는 대략 3×10^5 km/s인 빛의 속도 c로 이동한다. 따라서 조심스럽게 분석하면 전자기적 상호작용과 이로 인한 힘(즉 운동량 전달)은 신호를 임의로 빠르게 보낼 수 없다.

자주 일어나듯이 한 문제를 해결하면 다른 문제가 생긴다. 따라서 발전해나가는 데 모순이 생긴다. 여기서 새로운 문제는 전자기적 신호의 속력 제한과 물체 자체에는 속력 제한이 없다는 것 사이의 모순이다. 한 방향으로 물체를 계속 밀면 물체는 계속 가속되어 결국 빛의 속도보다 빠르게 움직인다. 그러면 물체 자체를 이용하여 광속보다 빠르게 신호를 보낼 수 있고(물체에 메모를 붙이기만 하면 된다) 전자기파의 속도제한을 피해갈 수 있다. 따라서 Maxwell 방정식이 나타내는 전자기학과, Newton의 법칙(특히 제2법칙)이 나타내는 Newton 역학은 서로 모순이 된다.

이 문제는 Einstein이 특수상대론을 도입하여 해결하였다. (필자가 좋아하는 설명은 Edwin Taylor와 John Wheeler[22]가 쓴 책이다.) 이러한 해결을 요약하면 (8.12)에서 $m\mathbf{v}$로 이전에 정의한 물체의 운동량은

$$\mathbf{P} \equiv m\mathbf{v}\gamma \tag{8.13}$$

이 된다는 것이다. 여기서 새로운 계수 γ는

$$\gamma \equiv \frac{1}{\sqrt{1 - v^2/c^2}} \tag{8.14}$$

이다. 힘은 계속 운동량의 변화율이다. 그러나 이제 v가 c로 접근하면 무한대로 접근하는 계수 γ 때문에 P는 속력 v가 광속 c를 넘어서지 않더라도 무한대로 접근

할 수 있다. 따라서 일정한 힘은 P를 영원히 증가시킬 수 있지만, v는 결코 c를 넘어가지 않는다.

다행스럽게도 (Newton의 제2법칙에 담겨진) 운동량의 $m\mathbf{v}$에 대한 정의에 기초를 둔 Newton 역학에서 새로운 계수 γ는 물체의 속력이 광속과 비슷할 때만 중요하다. (혹은 천천히 움직이는 GPS 위성과 같은 경우에 극단적인 정밀도가 필요할 때 중요하다.) 지구, 그리고 태양계에서 조차 일상 생활에서 대부분의 모든 물체와 빛에 비해 천천히 움직여서 v^2/c^2는 거의 0이고, γ는 거의 정확히 1이다. 따라서 Newton의 법칙은 쓸모있는 어림방법으로 남는다.

특수상대론의 계수 γ로 인하여 광속은 전자기학뿐만 아니라 역학 자체에도 숨어들어 있어서 역학과 전자기학이 일관성이 있게 되었다. 그러나 특수상대론을 만든 직후 Einstein이 인정하였듯이 다른 긴 영역의 상호작용인 중력에 대한 문제가 생기게 되었다.

이 문제를 보기 위해 지구가 태양 주위를 공전할 때 지구가 태양에 작용하는 중력을 고려하자. (그림 8.11) 만유인력의 법칙 (1.2)에 의하면 이 힘은 항상 태양에서 지구로 향한다. 이제 그렇다고 가정하자.

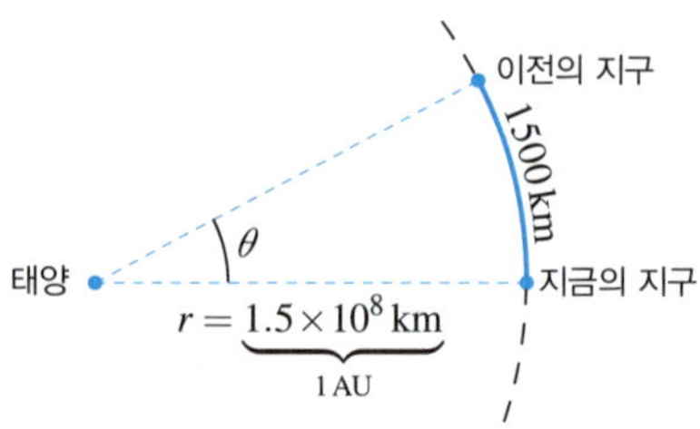

그림 8.11 (50초 정도 되는) 궤도 위의 작은 원호를 지나는 지구

그러나 다음 50초 동안 어떤 일이 일어나는지 보자. 지구는 그 50초 동안 30 km/s로 공전하여 태양 궤도의 원호를 따라 1500 km를 움직인다. 이 거리는 각도로는 라디안에 해당한다.

$$\theta(\text{라디안}) \equiv \frac{\text{호의 길이}}{\text{반지름}} = \frac{1500\,\text{km}}{1.5 \times 10^8\,\text{km}} = 10^{-5}. \qquad (8.15)$$

태양에 작용하는 지구의 중력 또한 같은 (작은) 각도로 회전해야 한다. 따라서 이 50초 동안 지구는 태양에 지구의 새로운 위치에 대한 신호를 보낸다. 이 신호는

500광초(지구–태양의 거리)를 이동하므로 광속의 10배로 이동하였다. 따라서 순간적인 중력을 허용하면 보편적인 광속 c에 대한 새로운 구멍이 열린다.

중력과 같이 거리 제곱에 반비례하는 Coulomb의 법칙이 있는 전하에 대한 비슷한 문제는 Maxwell 방정식과 전자기장의 개념으로 해결할 수 있었다. 그러나 이 구멍을 메꿀 수 있는 Maxwell 방정식과 비슷한 중력에 대한 장방정식은 무엇인가?

Einstein은 다음과 같은 놀라운 생각을 이용하였다. 그는 중력을 제거하였다. 그는 각 물체에 작용하는 가상적인 좌표계의 가속도 힘 $-m\mathbf{a}_{\text{frame}}$이 (214쪽에 있는 가상적인 힘 3) 정확히 역시 m에 비례하는 중력과 정확하게 균형을 이루는 비관성계를 항상 선택할 수 있다는 것을 주목하였다. 이 좌표계를 선택하는 것은 복잡해보인다. 그러나 이것은 가속도 $\mathbf{a}_{\text{frame}}$이 중력장 $\mathbf{g}$와 같은 좌표계를 선택한다는 의미이다. 그러면 다음을 얻는다.

$$-m\mathbf{a}_{\text{frame}} + m\mathbf{a} = 0. \tag{8.16}$$

그리고 여기에 간단한 물리학을 집어넣는다. 자유낙하하는 운동으로 돌아가자. 자유낙하 좌표계에서 중력은 좌표계 가속도 힘과 균형을 이루어 사라진다. 중력이 사라지면 무한한 전달 속력에 대한 문제도 사라진다!

이제 의심스럽겠지만 이러한 해결방법은 새로운 문제를 만들어낸다. 자유낙하하려면 이 비관성계는 작아야 한다. (물리용어로는 국소적이어야 한다.) 왜냐하면 어떤 중력 원천에 가까이 있는 작은 자유낙하하는 좌표계는 기속도가 달라지기 때문이다. (그림 8.12) 따라서 이 좌표계는 (전체 우주를 볼 수 있는 8.1절의 비관성계와 같은) 더 큰 가속좌표계에 갖다붙일 수 없다.

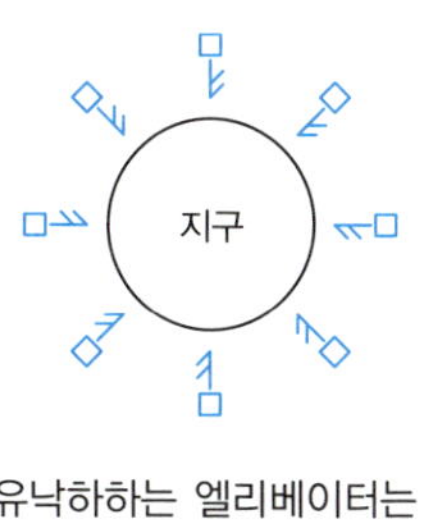

그림 8.12 국소적인 관성계. 작은 자유낙하하는 엘리베이터는 관성계이지만, 이들을 이어붙여 거대한 관성계를 만들 수는 없다.

작은 비관성계로만 제한하면 불리된 좌표계에 있는 관측자들은 어떻게 측정한 것을 비교하거나 우주에 대한 전체적인 그림을 그릴 수 있는가? 예를 들어 각 관측자가 물체가 자신의 작은 좌표계에서만 일정한 속도로 움직인다는 것을 알면 돌이 일정한 속력으로 직선 위로 움직인다고 어떻게 말할 수 있는가?

이 국소적인 측정을 이어붙이기 위해 Einstein의 다음 개념이 필요하다. 즉 공간(그리고 시간)이 휘어있다는 것이다. 중력에 대해 오랫동안 찾고 있던 장방정식은 물질이 어떻게 시간(그리고 공간)을 휘게 만드는지 기술하고, 소위 측지선 원리를 이용해 광속의 제한을 만족하며 신호가 어떻게 전달되고 물체가 어떻게 움직이는지 기술한다. 이 놀라운 해결방법이 Einstein의 일반상대론이다. (필자가 좋아하는 이에 대한 책은 다시 Edwin Taylor와 John Wheeler[23]의 책이다.) 이 이론은 지난 100년 동안 확인된 많은 예측을 하였다. [26, 27] 그 중에는 2015년에 처음 관측된 [1] 중력파의 존재가 있다. 동시에 새로운 문제가 생겼다. 이 중력이론, 즉 어디에나 있고, 모든 물리현상이 일어나는 무대를 제공하는 항상 변하는 중력장과 미시세계에 대한 이론인 양자역학을 결합하는 것이다. 이 문제는 아직 해결되지 않았다. 아마 독자 중에 영감을 받아 연구할지도 모른다.

비록 Newton 법칙의 제한으로 이 시간을 마치는 것이 슬플지 모르지만, 사실은 정반대이다. Newton 법칙의 제한을 탐구하면서 인류는 우주에 대한 새로운 이론과 새로운 모형을 만들게 되었다. 한 세대의 지식의 한계는 다음 세대의 발전에 불을 밝힌다.

8.4 좋은 여행을!

운동에 대한 Newton의 제1법칙, Newton의 제2법칙과 제3법칙이 된 Galileo의 관성 법칙은 번쩍 불을 일으켰고, 17세기에 과학적 혁명에 불을 붙였다. 이 혁명은 아리스토텔레스나 다른 고대 그리이스의 박학다식한 천재를 포함하는 수천년간 존경받는 권위를 무너뜨렸다. 그러나 문화적 변화만으로는 무력하다. 왜냐하면 과학적 문화를 포함하는 문화는 같이 연구하고, 세상을 이해하고 변화시키는 개인이 수행해야 하기 때문이다. 따라서 과학적 혁명은 각 세대에서 우리 모두에게 새롭게 만들어져야 한다. Newton의 법칙을 이해하여 독자 내부에서 이 혁명을 만들고 있다. 끝이 없는 여행인 우주를 이해하는 우리의 여정의 많은 과정의 한 걸음이 되기 바란다.

8.5 연습문제

8.1 7.3.2절의 등속원운동을 하며 돌아가는 자동차로 돌아가자. 여기서 공기저항을 무시하자. 이것은 정지마찰력 **f**가 안쪽을 향한다는 것을 뜻한다

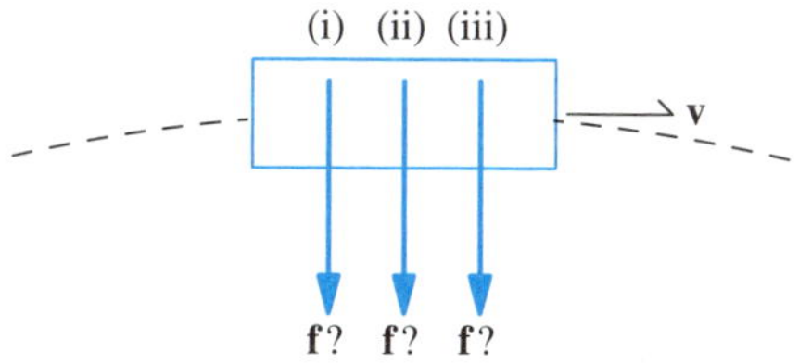

그림 8.13 회전하는 자동차에 작용하는 마찰력의 세 가지 가능한 위치. 질량중심 (i) 뒤 (ii) 통과 (iii) 앞에 있는 경우.

a. **f**의 작용선은 어디에 있는가? 자동차 질량중심의 뒤를 지나는가[그림 8.13의 (i)], 질량중심을 지나는가[(ii)], 그 앞에 있는가[(iii)]?

b. 여전히 원운동을 하는 자동차가 (속력을 증가시킨다는 일상적인 의미로) 가속하면 **f**의 작용선은 어디에 있는가?

c. 차가 감속하면 **f**의 작용선은 어디에 있는가?

올바른 작용선을 선택할 때 중력과 수직항력을 무시할 수 있다. 수직힘이기 때문에 이 힘은 수평면에서 자동차의 회전에 영향을 끼치지 않는다. (자동차를 왼쪽이나 오른쪽으로 돌리지 않는다.)

8.2 7.4.3절의 쐐기 위에서 비탈 아래로 스키를 타는 것을 보았을 때 뒤로 넘어지지 않으려면 웅크리거나 꼿꼿하게 서야 한다고 하였다. 이 상황에 대한 단순한 모형으로 사람이 폭 w이고, 높이 h인 균일한 토막으로 상상하자. 뒤로 넘어지지 않을 수 있는 최대비율 h/w를 경사각도 θ의 함수로 나타내어라. 최대비율로 그린 그림 7.23에 있는 m 토막과 비교하여 결과를 대략 확인할 수 있

을 것이다.

8.3 연습문제 8.2의 최대비율을 갖는 토막에 작용하는 힘과 가속도를 다시 분석하지만, 쐐기나 토막과 같은 비관성계에서 문제를 풀어라.

a. 이 좌표계에서 토막의 가속도는 얼마인가? (너무 생각하지 말아라!)

b. 8.1절의 제 가지 가상적인 힘중 어떤 가상적인 힘이 자유물체그림에 포함되어야 하는가? 그 크기와 방향을 구하고 (질량중심에 작용하는) 이 힘을 토막의 자유물체그림에 포함시켜라.

c. 가상적인 힘과 중력을 하나의 "유효중력" $\mathbf{F}_{\text{g effective}}$로 결합하여 그림을 다시 그려라. $\mathbf{F}_{\text{g effective}}$와 접촉힘 $\mathbf{F}_{\text{scale}}$은 (방향, 크기, 작용선에 대해) 어떤 관계가 있는가?

d. 이 좌표계에서 어느 방향이 "위"인가? (이 방향은 유효중력 방향과 반대방향이다) (8.2절에서 분석한) 스키를 탈 때 뒤로 넘어지지 않으려면 이 방향을 향해 서야 한다.

참고문헌

[1] B. P. Abbott, R. Abbott, T. D. Abbott, et al. Observation of gravitational waves from a binary black hole merger. *Physical Review Letters*, 116:061102, 2016.

[2] Florian Cajori, editor. *Sir Isaac Newton's Mathematical Principles of Natural Philosophy and His System of the World.* University of California Press, Berkeley, CA, 1966.

[3] Stillman Drake. *History of Free Fall: Aristotle to Galileo with an Epilogue on π in the Sky.* Wall & Thompson, Toronto, 1989.

[4] Daniel Fleisch. *A Student's Guide to Maxwell's Equations*. Cambridge University Press, Cambridge, UK, 2008.

[5] Simon Gindikin. *Tales of Mathematicians and Physicists*. Springer Verlag, New York, 2007.

[6] Robert Goddard. How my speed rocket can propel itself in a vacuum. *Popular Science Monthly*, page 38, August 1924.

[7] Cornellis Hellingman. Newton's third law revisited. *Physics Education*, 27(2):112–115, 1992.

[8] Paul G. Hewitt. *Conceptual Physics*. Pearson, Boston, 12th edition, 2015.

[9] E. T. Jaynes. Probability theory as logic. In Paul F. Fougere, editor, *Maximum Entropy and Bayesian Methods*, pages 1–16. Kluwer Academic Publishers, Dordrecht, NL, 1990.

[10] E. T. Jaynes. A backward look into the future. In W. T. Grandy Jr. and P. W. Milonni, editors, *Physics and Probability: Essays in Honor of Edwin T. Jaynes*, pages 261–275. Cambridge University Press, Cambridge, UK, 1993.

[11] Bob Kibble. Understanding forces: What's the problem? *Physics Education*, 41(3):228–231, 2006.

[12] Jill Larkin, John McDermott, Dorothea P. Simon, et al. Expert and novice performance in solving physics problems. *Science*, 208(4450):1335–1342, 1980.

[13] Sanjoy Mahajan. *Street-Fighting Mathematics: The Art of Educated Guessing and Opportunistic Problem Solving*. MIT Press, Cambridge, MA, 2010.

[14] Sanjoy Mahajan. *The Art of Insight in Science and Engineering: Mastering Complexity*. MIT Press, Cambridge, MA, 2014.

[15] Mars Climate Orbiter Mishap Investigation Board. Phase I report. Technical Report, NASA, 1999.

[16] Judea Pearl and Dana MacKenzie. *The Book of Why: The New Science of Cause and Effect*. Basic Books, New York, 2018.

[17] George Pólya. Let us teach guessing: A demonstration with George Pólya [videorecording]. Mathematical Association of America, Washington, DC, 1966.

[18] Frederick Reif. Millikan Lecture 1994: Understanding and teaching important scientific thought processes. *American Journal of Physics*, 63(1):17–32, 1995.

[19] Frederick Reif and Sue Allen. Cognition for interpreting scientific concepts: A study of acceleration. *Cognition and Instruction*, 9(1):1–44, 1992.

[20] Alexander Renkl. Learning from worked examples: How to prepare students for meaningful problem solving. In Victor A. Benassi, Catherine E. Overson, and Christopher M. Hakala, editors, *Applying Science of Learning in Education: Infusing Psychological Science into Curriculum*, pages 118–130. Society for the Teaching of Psychology, Washington, DC, 2014.

[21] Angus Stevenson and Christine A. Lindberg, editors. *New Oxford American Dictionary*. Oxford University Press, New York, 3rd edition, 2010.

[22] Edwin F. Taylor and John Archibald Wheeler. *Spacetime Physics*. W. H. Freeman, New York, 2nd edition, 1992.

[23] Edwin F. Taylor and John Archibald Wheeler. *Exploring Black Holes: Introduction to General Relativity*. Addison Wesley Longman, San Francisco, 2000.

[24] Colin Terry and George Jones. Alternative frameworks: Newton's third law and conceptual change. *European Journal of Science Education*, 8(3):291–298, 1986.

[25] J. W. Warren. *Understanding Force: An Account of Some Aspects of Teaching the Idea of Force in School, College, and University Courses in Engineering, Mathematics and Science*. John Murray, London, 1979.

[26] Clifford M. Will. *Theory and Experiment in Gravitational Physics*. Cambridge University Press, Cambridge, UK, revised edition, 1993.

[27] Clifford M. Will. *Was Einstein Right? Putting General Relativity to the Test*. Basic Books, New York, 2nd edition, 1993.

찾아보기